逆变电源的原理及 DSP 实现
（第 2 版）

马骏杰　编著

北京航空航天大学出版社

内容简介

本书以逆变器的控制应用为主线，按照电路拓扑结构分析、数学建模、控制器设计、DSP 数字实现的顺序，详细介绍了主流 UPS 逆变器的控制策略、波形控制及测试方法。从工频机与高频机、单相输出与三相输出、逆变器并机控制策略的融合等多个角度对比分析了数字化实现方式。此外，针对 UPS 逆变系统复杂的通信架构，详细分析了以 DSP 为核心的多种 MCU 的通信方式在 UPS 系统中的应用，并给出了详尽的程序分析。书中程序都已调试通过，而且其基本思想均已应用于目前主流电力电子产品中，具有很高的参考和实用价值。

本书注重电力电子的理论分析与工程应用的结合，可作为高等院校自动化、电气工程专业高年级本科生、研究生及工程技术人员的参考用书。

图书在版编目(CIP)数据

逆变电源的原理及 DSP 实现 / 马骏杰编著. -- 2 版
. -- 北京 : 北京航空航天大学出版社，2024.1
ISBN 978-7-5124-4126-2

Ⅰ. ①逆… Ⅱ. ①马… Ⅲ. ①逆变电源②数字信号处理 Ⅳ. ①TM91②TN911.72

中国国家版本馆 CIP 数据核字(2023)第 134441 号

逆变电源的原理及 DSP 实现(第 2 版)
马骏杰 编著
策划编辑 董立娟 责任编辑 杨 昕
*
北京航空航天大学出版社出版发行
北京市海淀区学院路 37 号(邮编 100191) http://www.buaapress.com.cn
发行部电话:(010)82317024 传真:(010)82328026
读者信箱: emsbook@buaacm.com.cn 邮购电话:(010)82316936
涿州市新华印刷有限公司印装 各地书店经销
*
开本:710×1 000 1/16 印张:14.75 字数:314 千字
2024 年 1 月第 2 版 2024 年 10 月第 2 次印刷 印数:1 001～2 000 册
ISBN 978-7-5124-4126-2 定价:59.00 元

第 2 版前言

自本书的第 1 版出版以来，得到了广大读者的关注。同时，也收到了很多较好的意见和建议，在此对这些读者表示衷心的感谢。

第 2 版的修订工作以第 1 版一贯坚持的“加深概念，关联实际”为编写原则，旨在更全面地阐述逆变电源的结构特点、并联算法和相关的控制策略。同时，综合了一些读者的意见和建议，在具体内容和体系结构上做了如下几方面的修订：

首先，对原书部分内容进行了整合，优化了第 1 章的结构和内容，以更系统地分析三相逆变电源的结构特点及相应的发波方法。

其次，针对下垂控制应用于逆变系统的改进算法，在第 3 章进行了多示例分解，同时增加了逆变电源应用于分布式系统的算法分析。

最后，优化了本书的部分章节，删除了第 1 版的第 7 章并重写了第 6 章的同步锁相算法，并把第 8 章改为第 7 章。

第 2 版的修订工作由山东工商学院马骏杰统筹编写，东方电子股份有限公司杜刚强、刘可述、于家文协助完成。山东工商学院周托博士在多智能体系统协同控制方面提供了大量资料，中国航天科工集团第二研究院宋星毅做了文字编辑工作。

本书出版受山东博士后科学基金（SDCX－ZG－202303085）资助。感谢博士后期间周前总工程师、王辉教授两位合作导师，以及马长武、王良、代文明等各位领导的关怀和帮助。同时，还要感谢山东工商学院领导、同事在工作中给予的无私帮助，并再次感谢北京航空航天大学出版社长久以来的信任和支持。

由于作者水平有限，书中的错误或不妥之处在所难免，敬请广大读者批评指正。作者邮箱：mazhencheng1982@sina.com。

编　者

2023 年 11 月

前　言

不间断电源(Uninterruptible Power System,UPS)是应用最广泛的、以逆变器为基本电路结构的逆变电源。不间断电源是一种含有储能装置的恒压恒频的逆变电源,包含电力电子技术及变流技术中的4大模块(DC/DC、DC/AC、AC/DC、AC/AC),广泛应用于中型数据机房、银行/证券结算中心、通信网管中心、自动化生产线及其控制系统中的复杂电力电子装置。

为克服中、大型计算机网络系统集中供电造成的供电电网环境日益恶劣的问题,全数字化工频隔离双变换在线式智能型UPS应运而生。其在技术上突破了尖峰、浪涌、电压瞬变、噪声等电网不稳定因素对负载正常工作造成的影响,目前高频化、模块化的UPS逐渐成为市场主流产品。UPS制造商的国际品牌主要有施耐德、艾默生以及伊顿,本土品牌主要有科华恒盛、冠军、科士达以及中达电通。其中,伊顿、施耐德和艾默生所占市场份额超过60%。尽管华为于2012年进入UPS行业,但是三大国际品牌在中国市场上所占的份额短期内很难被打破。

目前,市场上讲述UPS控制的书籍不多,本书是作者将近10年开发经验的沉淀,希望能为广大读者系统理解逆变器控制技术的数字化应用提供帮助。

全书共分为8章,第1章对比研究了高频机与工频机的性能特点,分析了目前主流逆变器的拓扑结构及应用场合;第2章和第3章分别阐述了单相输出及三相输出逆变器数学建模方法、控制器的设计、单机控制策略、多种发波方式,给出了基于C语言设计的源代码,并介绍了基于MATLAB的真实DSP代码设计方式,详细分析了目前常见的工频输出隔离变压器的结构;第4章分析了逆变器波形控制中重复控制器的作用、改进算法、基于谐波控制的逆变器控制策略及DSP编码方法;第5章讨论了基于瞬时环流控制、下垂控制及下垂补偿控制的逆变器的并机算法和DSP实现手段;第6章为逆变锁相技术,系统地分析了三相锁相、单相锁相、工频锁相、广义二阶积分锁相的理论,并给出了算法的软件实现方式;第7章为系统的网络通信,这部分难度较大,但实用性较强,建立了基于CAN和McBSP的多核MCU通信网络,对DSP的远程升级、Kernel编码、多核信息交互容错处理进行了设计和代码分析;

第 8 章针对关键性能指标,分析了逆变器设计过程中的常见误区和解决方案。各章节内容紧凑,并包含最核心、最流行的元素,书中所附的程序及其思想也为读者扩展思维提供了帮助。

本书由哈尔滨理工大学马骏杰编著。王振东、白亚丽、王光、吴正浩、张媛媛、尹艳浩、郎一凡、葛欣、王钦钰、丁一同学做了大量的图表及文字编辑工作。由衷感谢博士生导师王旭东教授在求学及工作中给予的关怀和支持!感谢各位领导及众多老师的帮助,感谢那些年陪伴我在电力电子科研道路上奋斗的小伙伴们,感谢北京航空航天大学出版社长久以来的信任,还要感谢我的父母、岳父母、妻子给我的关爱;并将此书作为两周岁礼物献给宝贝"子越":越努力,越幸运,愿好运伴随你健康快乐地成长。

此外,本书得到国家自然科学基金(51177031)、广东省重大科技专项项目(2015B010118003、2016B010135001)、山东省高等学校科技计划项目(J17KB136)、2017 年国家级大学生创新创业训练计划项目(201710214018)的资助,并受到汽车电子功率驱动与系统集成教育部工程研发中心的支持,在此对相关的老师及同学表示衷心的感谢。

由于作者水平有限,本书难免存在不妥之处,敬请读者提出宝贵的意见和建议。作者邮箱:mazhencheng1982@sina.com。

编　者
2018 年 4 月

目　　录

第1章 概论

1.1 逆变电源的基本原理

1.1.1 UPS概述

UPS(Uninterruptible Power System),即不间断电源,是一种含有储能装置,以逆变器为主要组成部分的恒压恒频的逆变电源。UPS为重要负载(如通信和数据处理设备等)提供稳定而不间断的高质量交流电。UPS输出电压不受市电中断、尖峰等带来的电压幅值和频率波动的影响。

当市电输入正常时,UPS将市电稳压后供给负载使用,此时的UPS就是一台交流市电稳压器,同时向机内电池充电;当市电中断(事故停电)时,UPS立即将机内电池的电能通过逆变转换向负载继续供应220 V交流电,使负载维持正常工作,并保护负载的软硬件不受损坏。UPS设备通常对电压过高或过低都提供保护。目前,UPS多采用最新高频双变换脉宽调制(PWM)技术和全数字控制(DSP)技术,可靠性高,使用方便。

1.1.2 基本结构

一个完整的UPS主要由6部分组成:

1) 交流滤波调压回路

交流滤波调压回路主要是对输入的交流电进行滤波净化,去掉电网中的干扰成分,并在一定范围内调压。

2) 整流充电回路

整流充电回路是将交流整流成直流,经充电电路给蓄电池充电,并向内部提供所需的直流电。

3) 蓄电池组电路

在中小型 UPS 中广泛应用的是 M 型密封电池,这是一种密封、免维护电池。一般每节电池的额定电压可为 2 V、4 V、6 V 或 12 V,它们经串并联组成电池组在 UPS 中使用。

蓄电池是 UPS 的重要组成部分,电池性能的好坏直接影响 UPS 的性能。

4) 逆变器及控制电路

实现直流转变成交流的电路称为逆变器。逆变器及其控制电路是 UPS 的核心。

5) 检测报警保护电路

为了确保 UPS 安全可靠地工作,UPS 必须设有完善的检测报警保护电路。一般 UPS 均设有过流、过压、空载保护、电池欠压检测电路、电池极性检测电路、指示灯和喇叭报警电路。

6) 智能监控及通信电路

新型的智能 UPS 具有与计算机通信和自动监控的功能,UPS 监控软件通过接口通信线路随时监控 UPS 及供电线路的运行情况。

1.1.3 工作原理

在线式 UPS 是一种典型的 UPS,下面以在线式 UPS 为例阐述其基本工作原理。

图 1-1 所示为在线式 UPS 的基本拓扑。一般而言,其有两种工作方式,即正常工作模式及 ECO 工作模式。"静态开关"包含电子控制切换电路,可使负载连接到逆变器输出或者通过静态旁路连接到旁路电源上。

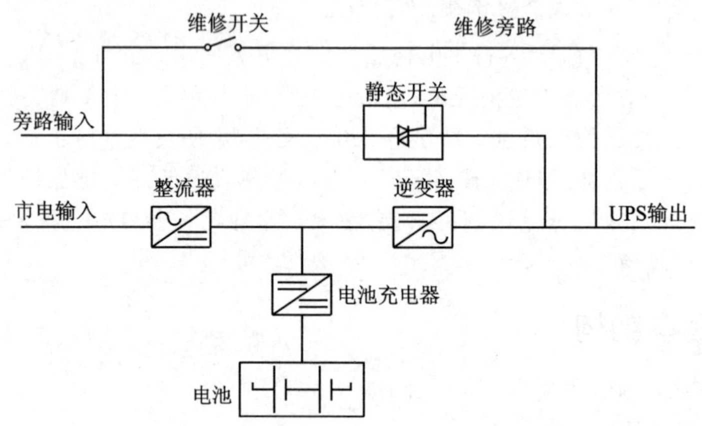

图 1-1 在线式 UPS 的基本拓扑

1. 正常工作模式

交流市电电源输入由整流器转换为直流电源。逆变器将此直流电源或来自电池的直流电源转换为交流电提供给负载。当市电中断时,由电池通过逆变器给负载提供后备电源。市电电源还可通过静态旁路向负载供电。当须对 UPS 进行保养和维修时,可将负载切换到维修旁路供电,负载电源不中断。

正常运行状态下,逆变器输出与静态旁路电源必须完全同步,这样才可实现逆变器与静态旁路电源间的无间断切换。逆变器输出与静态旁路电源的同步通过逆变器控制电路实现。当静态旁路电源频率在允许的同步范围内时,逆变器控制电路总是使逆变输出频率跟踪静态旁路电源频率。

UPS 还提供手动控制维修旁路。当需要关闭 UPS 进行日常保养和维修时,UPS 可通过维修旁路向重要负载供电。

2. ECO 工作模式

交流市电电源直接通过旁路提供给负载,此时主路整流器工作,并为电池供电;逆变器待机,保持与静态旁路电源完全同步,并实时监测输出电压的质量。若输出电压掉电,则旁路的静态开关断开,逆变器立即输出,以保证输出电压的质量。

1.2 常见分类

常见 UPS 的分类如下:

- 按照输出功率的不同,UPS 可分为小功率(<10 kV·A)、中小功率(10~20 kV·A)、中大功率(20~80 kV·A)、大功率(>80 kV·A);
- 按照供电体系的不同,UPS 可分为单相输入单相输出 UPS、三相输入单相输出 UPS 及三相输入三相输出 UPS;
- 按照电池位置的不同,UPS 可分为电池内置式 UPS(标准机型)及电池外置式 UPS(长延时机型);
- 按照工作原理的不同,UPS 可分为后备式 UPS、互动式 UPS 及在线式 UPS;
- 按照有无隔离变压器,UPS 可分为高频 UPS(无内置隔离变压器)及工频 UPS(有内置隔离变压器)。

1.2.1 常见性能分析与比较

从技术角度看,目前 UPS 可分为 4 类,分别是后备式(off line)、在线互动式(inter active)、Delta 变换式、在线式(on line)。

1. 后备式 UPS

后备式 UPS 是一种价格低廉、仅能满足一般客户要求的普及型 UPS。由于性能的限制,其容量一般只有 0.5~2 kV·A。其结构原理图如图 1-2 所示。

后备式 UPS 的功率变换主回路的构成比较简单,主要由滤波电路、电池充电与逆变电路组成,滤波电路可对市电中的干扰起到一定的抑制作用。

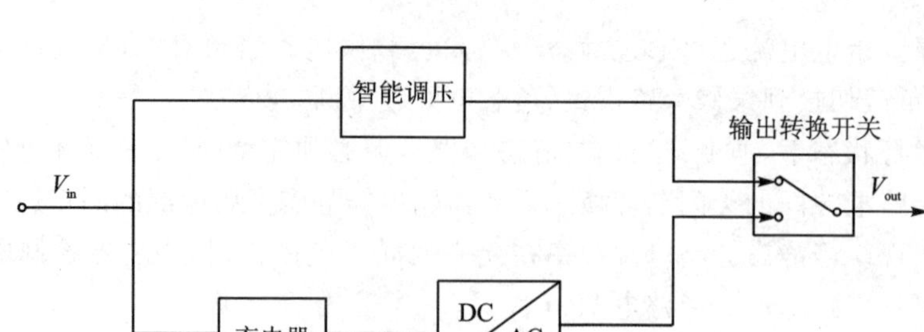

图 1-2 后备式 UPS 结构原理

当市电正常时,UPS 一方面通过滤波电路向用电设备供电,另一方面通过充电回路给后备电池充电;当电池充满时,充电回路停止工作,在这种情况下,UPS 的逆变电路不工作。

当市电发生故障时,逆变电路开始工作,后备电池放电,在一定时间内维持 UPS 的输出。可见,UPS 存在一个从市电供电到电池供电的转换过程,这种转换一般通过继电器来实现,因此会有转换时间,转换期间 UPS 的输出会出现瞬间掉电的现象。不过转换时间很短,一般只有几个 ms,并不会影响普通计算机的正常工作,但对于服务器等高端设备来说,后备式 UPS 的供电质量是远远不够的。

出于成本考虑,后备式 UPS 工作在逆变状态时输出电压波形失真比较大,普通后备式 UPS 输出波形是方波或梯形波,部分高档产品可以实现准正弦波输出。后备式 UPS 由于在市电供电时不使用变换器,因此具有很高的效率,这一点是显而易见的。

2. 在线互动式 UPS

在线互动式 UPS 也称为准在线式 UPS,其结构原理如图 1-3 所示。当市电供电在 220×(1±0.2) V 时,UPS 认为电网基本正常,交流电通过工频变压器直接输送给负载;当市电超出上述范围,但在 150～276 V 之间时,UPS 通过逻辑控制驱动继电器动作,从而使工频变压器抽头升压或降压,然后向负载供电。若市电低于 150 V 或高于 276 V,则 UPS 将启动逆变器,由电池逆变向负载供电。当市电在 150～276 V 之间时,UPS 在身兼充电器/逆变器的同时还给电池充电,处于热备份状态;一旦市电异常,马上转换为逆变状态,为负载供电。

在线互动式 UPS 与后备式 UPS 的区别:变换器时刻处于热备份状态,市电/逆变切换时间比后备式要短。相对在线式 UPS 而言,一方面,它的电路实现简单,带来的是生产成本的降低和可靠性的提高;另一方面,这类产品在市电供电时也不存在 AC/DC、DC/AC 的转换,从而使整机效率有所提高。但是,在电网电压正常时,由于它是直接通过工频变压器供电给负载,所以负载使用的同样是充斥着谐波和尖峰的交流电,不利于高端设备的使用,市电逆变切换时也存在切换时间。

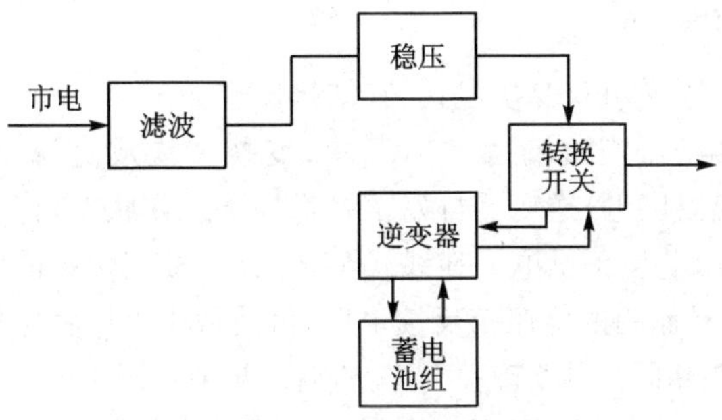

图 1-3　在线互动式 UPS 结构原理

3. Delta 变换式 UPS

Delta 变换式 UPS 是一种将串联交流稳压技术与脉宽调制技术相结合所制备的产品,是利用小功率(设计容量为 20% UPS 的标称输出功率)经主供电通道上的补偿变压器对不稳定的市电电压执行一定数量级电压调整的电压补偿型的交流稳压电源(最大的输出电压调节量小于±15%UPS 的标称输出电压)。

Delta 变换式 UPS 结构原理如图 1-4 所示。它主要由分别位于主供电通道和交流旁路供电通道上的静态开关、补偿变压器、具有四象限控制特性的 Delta 变换器和主变换器，以及电池组等部件组成。其电池组采用双极性配置法。

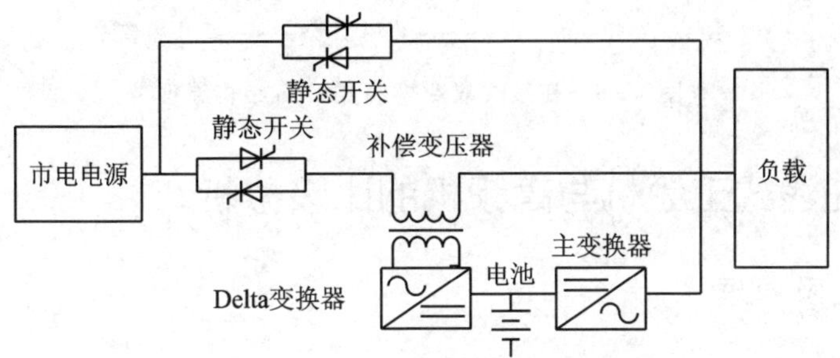

图 1-4　Delta 变换式 UPS 结构原理

Delta 变换式 UPS 实际相当于一台串联调控型的交流稳压电源,主要功能是对市电进行稳压处理,将原来不稳定的普通市电电源变成稳压精度为 380×(1±0.01) V 的交流稳压电源。除此之外,对于来自市电网的频率波动、电压谐波失真和传导干扰等无实质性改善。

Delta 变换式 UPS 的控制原理与利用伺服电机来调节碳刷位置进行电压补偿的全自动补偿方式交流稳压电源的控制原理没有实质性的变化,重大改进就是采用高频脉宽调制技术和双向能量传递特性的四象限变换器(Detla 变换器和主变换器)来取代产生机械磨损的伺服电机和碳刷调节系统。

4. 在线式 UPS

在线式 UPS 一般采用双变换模式,其结构原理如图 1-5 所示。

当市电正常供电时,交流输入经 AC/DC 变换转换成直流,一方面给蓄电池充电,另一方面给逆变器供电,逆变器自始至终都处于工作状态,将直流电压经 DC/AC 逆变成交流电压给用电设备供电。在线式 UPS 具有极其优越的电气特性:

- 具有微处理器控制的电压负反馈电路,可使输出电压稳定精度高达±0.5%~±1%;利用锁相同步电路确保 UPS 的输出频率在同步窗口内锁相同步,当超出同步窗口时,UPS 处于本机振荡状态,输出频率精度可达到 50×(1±0.001) Hz。
- 在线式 UPS 普遍采用正弦脉宽调制(SPWM)技术,输出的波形失真度一般在 3%以下,当峰值比(crest ratio)为 3∶1负载时,失真度不超过 5%。
- 由于采用了 AC/DC、DC/AC 双变换设计,可完全消除来自市电电网的任何电压波动、波形畸变、频率波动及干扰产生的任何影响,UPS 逆变器向负载提供毫无干扰的高质量的纯洁正弦波电源。

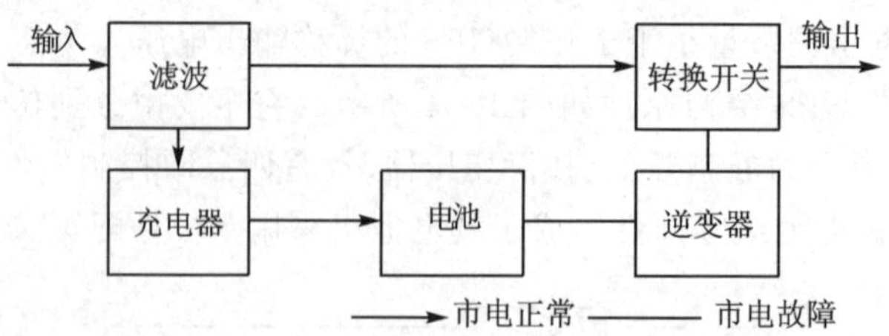

图 1-5 在线式双变换模式 UPS 结构原理

1.2.2 在线式工频机与高频机的比较分析

1. 定义及原理

(1) 工频机

UPS 通常分为工频机和高频机两种。工频机由可控硅(SCR,即晶闸管)整流器、IGBT 逆变器、旁路和工频升压隔离变压器组成。因其整流器和变压器工作频率均为工频50 Hz,顾名思义就叫工频 UPS。

典型的工频 UPS 拓扑如图 1-6 所示。

三相交流电输入经过换相电感接到 3 个 SCR 桥臂组成的整流器后变换成直流电压,通过控制整流桥 SCR 的导通角来调节输出直流电压值。由于 SCR 属于半控器件,控制系统只能控制开通点,一旦 SCR 导通,即使门极驱动撤销也无法关断,只有等电流为零后才能自然关断。所以,其开通和关断均基于一个工频周期,不存在高频的开通和关断控制。

由于 SCR 整流器属于降压整流,所以直流母线电压经逆变输出的交流电压比输

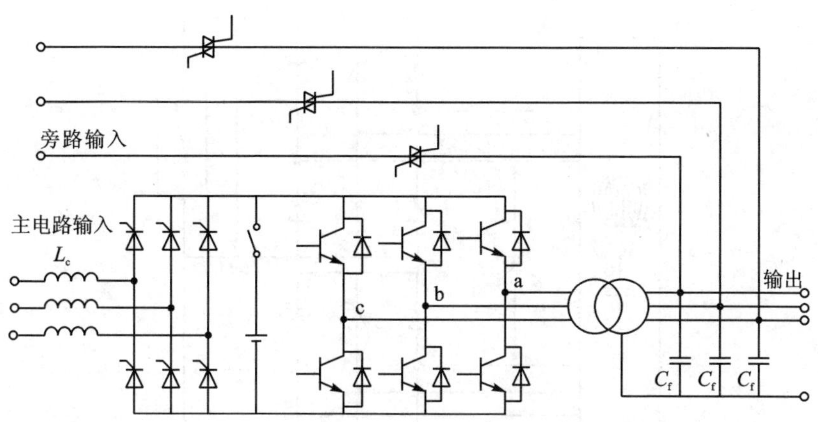

图1-6 典型的工频UPS拓扑

入电压低。要使输出相电压能够得到恒定的220 V电压,就必须在逆变输出增加升压隔离变压器。同时,由于增加了隔离变压器,系统输出零线可以通过变压器与逆变器隔离,显著减少了逆变高频谐波给输出零线带来的干扰。

同时,工频机的降压整流方式使电池直挂母线成为可能。工频机典型母线电压通常为300~500 V,可直接挂接30多节电池,不需要另外增加电池充电器。

按整流SCR管数量的不同,工频机通常分为6脉冲和12脉冲两种类型。6脉冲是指以6个SCR组成的全桥整流,由于有6个开关脉冲分别对6个SCR进行控制,所以称为6脉冲整流。6脉冲整流拓扑如图1-7所示。

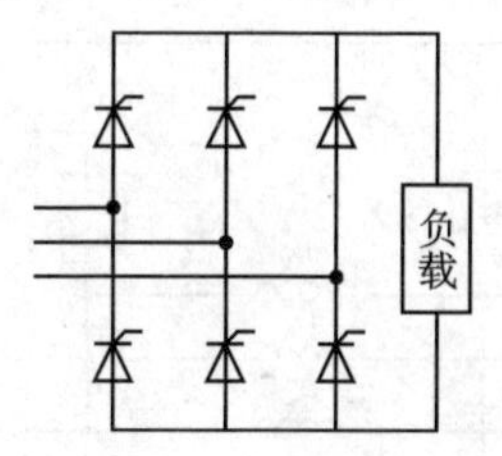

图1-7 6脉冲整流拓扑

12脉冲是指在原有6脉冲整流的基础上,在输入端增加移相变压器后再增加一组6脉冲整流器,使直流母线由12个SCR整流完成,因此又称为12脉冲整流。图1-8所示是由两个三相整流电路通过变压器的不同连接构成的十二相整流电路。

(2) 高频机

高频机通常由IGBT高频整流器、电池变换器、逆变器和旁路组成。IGBT可以通过控制加在其门极的驱动信号来控制开通与关断,IGBT整流器开关频率通常在几kHz至几十kHz,因此相对于50 Hz工频,称为高频UPS。典型的高频机拓扑如图1-9所示。

高频UPS整流属于升压整流模式,其输出直流母线的电压一定比输入线电压的峰峰值高,在常规市电情况下一般典型值为800 V左右。如果电池直接挂接母线,则需要的标配电池节数达到67节,这样给实际应用带来极大的限制。因此,一般高频UPS会单独配置一个电池变换器,当市电正常时电池变换器把800 V的母线电压降到电池组电压,当市电故障或超限时,电池变换器把电池组电压升压到800 V的母线电压,从而实现电池的充放电管理。由于高频机母线电压为800 V左右,所以逆变器

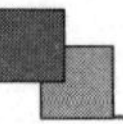

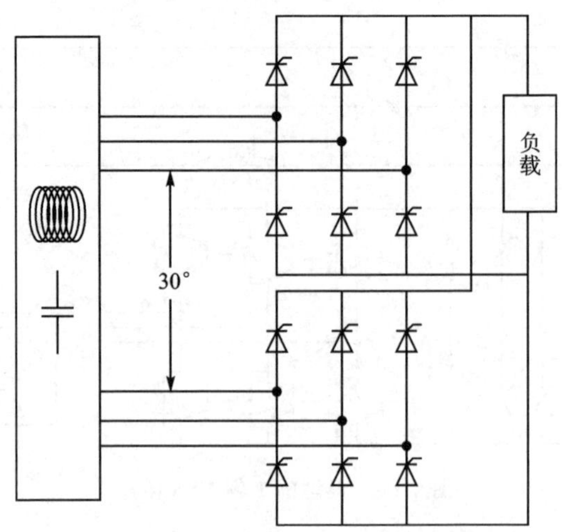

图 1－8　典型 12 脉冲整流电路

输出相电压可以直接达到 220 V,逆变器之后就不再需要升压变压器。

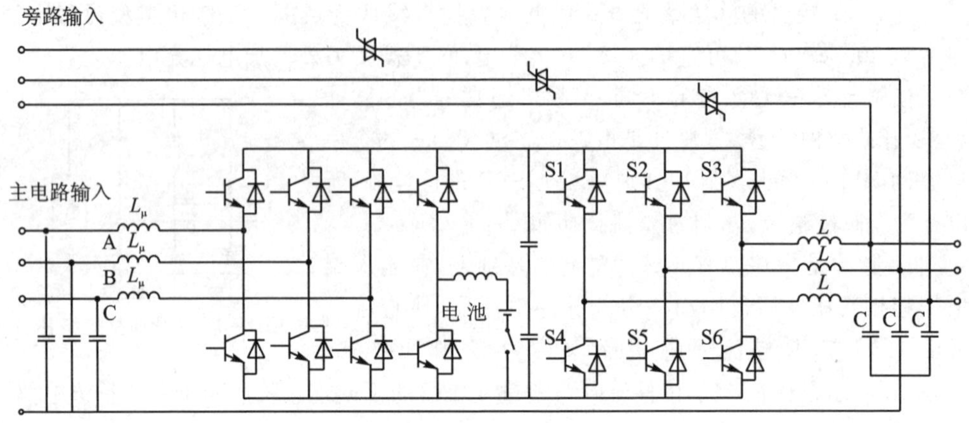

图 1－9　典型的高频 UPS 拓扑

2. 工频机和高频机的性能对比

随着电力电子技术的发展和高频功率器件的不断问世,中小功率段的 UPS 产品正逐步高频化,高频 UPS 具有功率密度大、体积小、质量小的特点。但在高频 UPS 功率段向中大功率过渡推进的过程中,高频拓扑 UPS 在使用过程中暴露出一些固有缺点,并影响到 UPS 的安全使用和运行。

(1) UPS 输入缺零线无法正常工作

某型号四桥臂高频机拓扑如图 1－10 所示。可见,UPS 输入是三相四线(相线＋零线),整流器为四桥臂变换器。A、B、C 三相和零线(N)均通过 IGBT 整流。

此变换器存在先天缺陷,即零线在主路工作时不能断开。当 A、B、C 三相闭合且

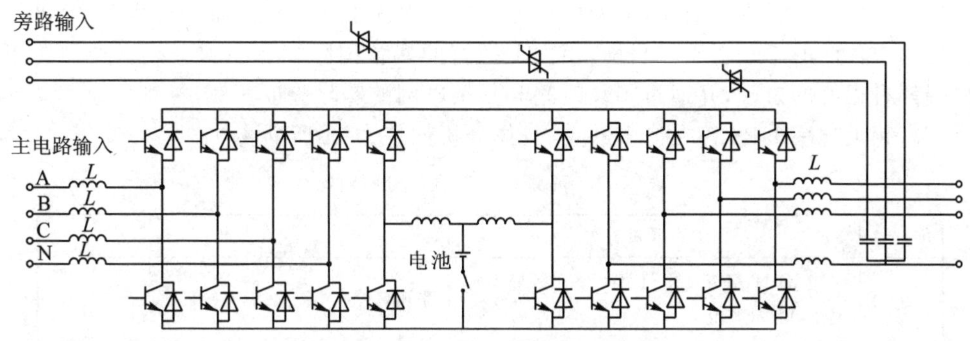

图 1-10 某型号四桥臂高频机拓扑

零线断开时,如果 UPS 输出端接不平衡负载,则零点(N)参考点会突然消失,从而造成严重的 UPS 输出零偏故障,进而导致 UPS 后端负载设备的损坏、输出闪断等重大故障。如果 A、B、C、N 同时断开(这种情况往往会发生在市电和发电机切换过程),则此种拓扑的高频机因零线缺失而必须转旁路工作,在特定工况下(电压过零点,非同步切换)可能造成负载闪断的重大故障。而工频机因整流器不需要零线参与工作,在零线断开时,UPS 可以保持正常供电。

(2) 零地电压抬升和电池架带电问题

由图 1-9 和图 1-10 可以看到,大功率三相高频机零线会引入整流单元,并将其作为正负母线的中性点。此种结构会造成整流器和逆变器高频谐波耦合在零线上,抬升零地电压,从而造成负载端零地电压抬高,很难满足 IBM、HP 等服务器厂家对零地电压小于 1 V 的场地需求。

按照行业标准(GB 13870.1—93《电流通过人体的效应》),50 mA 的电流就可以致人死亡。该型号 UPS 在电池架未与大地短接时,人体触摸到电池架会有明显被电击的感觉,因为充电回路中高频分量通过人体与大地形成通路,造成人体触电。同时,此高频谐波严重干扰了外置的 UPS 电池单体电压监控系统,使电池电压监控测试仪无法正常工作。

(3) 可靠性降低

自 1947 年底首个晶体管问世,随后不到 10 年,可控硅(SCR,即晶闸管)整流器在晶体管渐趋成熟的基础上问世,至今 SCR 已历经半个多世纪的发展和革新,耐受高电压、大电流的 SCR 技术非常成熟,其抗电流冲击能力非常强。SCR 是半控器件,不会出现直通、误触发等故障。

相比而言,20 世纪 80 年代初问世的 IGBT(绝缘栅双极晶体管)就有许多优点,其开关频率可在几 kHz 至几十 kHz 之间,是目前高频 UPS 的主要功率器件。但是,IGBT 工作时有严格的电压、电流工作区域,抗冲击能力有限。在可靠性方面,IGBT 一直比 SCR 差。根据大量的数据统计,采用晶闸管的整流器故障率远远低于 IGBT 整流器的故障率,前者大约为后者的 1/4。工频机通常采用 SCR 整流器,而高频机多采用IGBT整流器。因此,工频机在可靠性方面优于高频机。而大功率UPS可靠性是用户关注的第一要素。目前,市面上销售的多款国际知名品牌工频机产品在用户端都有很好的口碑,并通过了长时间和复杂电网的实际验证。

高频大功率UPS存在诸多缺点,具体分析如表1-1所列。

表1-1 高频机与工频机分析对比

编号	高频机	工频机
1	采用IGBT整流技术,IGBT整流故障率远高于可控硅整流	采用可控硅整流技术,系统可靠性高
2	输出有高次谐波,高次谐波耦合在零线上,可能抬升零地电压,很难满足IBM、HP等对零地电压小于1 V的场地需求	输出配置隔离变压器,零地电压增量为零,能更可靠地保证负载运行
3	逆变器直接挂接负载,抗负载冲击能力弱,降低逆变器的可靠性	具有输出隔离变压器自身短路阻抗作用及高频衰减隔离特性、抗负载冲击、降低负载突变和短路对UPS的影响
4	逆变器直接带载,带不平衡负载能力弱	输出变压器具有3*n*次谐波电流的隔离能力,带非线性负载的能力强
5	负载直挂,带非线性负载的能力弱	输出变压器具有3*n*次谐波电流的隔离能力,带非线性负载的能力强
6	无输出隔离变压器,在UPS故障时存在输出直流电压损坏负载的风险	即使在UPS故障的情况下也不存在输出直流电压的风险,负载更安全可靠
7	主旁路零线必须相同,故无法实现主旁路不同源配置	可实现主旁路不同输入源的配置方案,满足高可靠性场地的配电要求
8	输入零线中断时UPS无法正常工作。当市电切换时,因零线短时“缺失”可出现“零偏”故障,造成输出闪断、负载掉电重大故障	隔离变压器重新生成中心点,UPS输入零线中断时可正常工作
9	专用充电器充电能力弱,只能满足短时间(5~10 min)后备电池充电能力,长延时配置时电池充电能力不足,电池寿命严重缩短	电池直接挂接母线,负载不足满载时可将剩余的整流器容量用于充电,特别适应于我国客户长延时配置后备电池的需求
10	电池与逆变器之间增加电压变换电路,降低电池放电时系统的效率,同等负载时须配置更多的电池,且系统可靠性降低	电池直接挂接母线,逆变效率高,节省了电池的配置容量

通过以上分析可知,UPS工频机和高频机各有其优缺点。就目前技术发展和成熟度而言,高频大功率机有许多缺点还需要进一步技术优化和升级。某些厂商推出的高频大功率UPS仍在试用阶段。在可靠性第一原则下,使用在重要场合的大功率UPS仍然以工频机为首选。

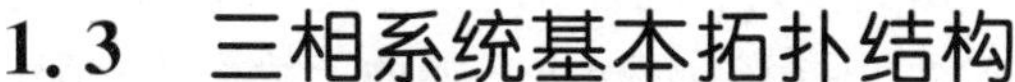

1.3 三相系统基本拓扑结构

UPS 拓扑结构是 UPS 设计的基本特征。本节对典型的三相 UPS 拓扑结构进行介绍并归纳其优缺点，以便读者在接触到新的结构时可以举一反三。

1.3.1 三进单出电路拓扑

图 1－11 所示为三相输入单相输出 UPS 电路拓扑示意图，该拓扑具有以下特点：

① 输入整流器采用三相双管双 Boost 倍压 PFC 整流电路，PFC 整流器采用交错并联技术，以解决 IGBT 并联均流问题。该电路结构简单，控制技术成熟；输入电流不连续，可视为单相双管倍压 PFC 拓扑的延伸。

② 输入电流性能指标较 IGBT 整流差。

③ 两组电池直接挂接于正负母线，无须单独的放电电路，但仍需要两组独立的充电电路。

④ 逆变器采用单相半桥逆变电路。

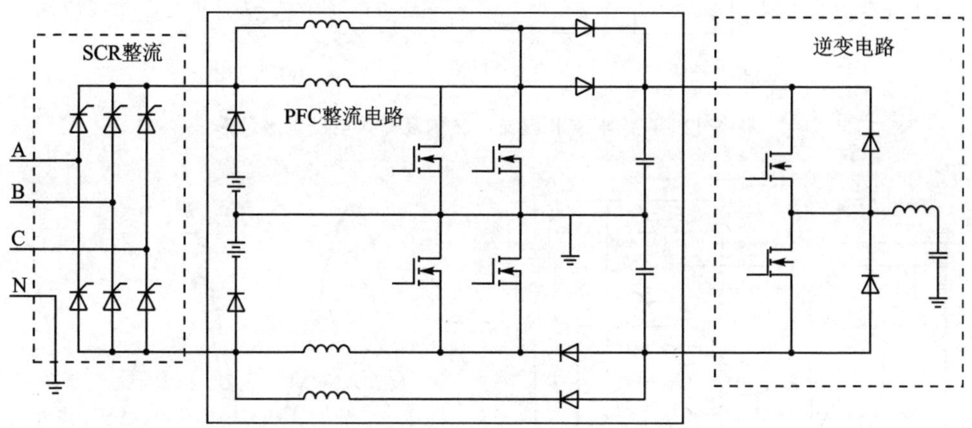

图 1－11 三相输入单相输出 UPS 电路拓扑示意图

1.3.2 三进三出电路拓扑

三进三出电路是中高功率 UPS 最常用的结构。依据不同的工作场合，市场上可分为工频机和高频机两大类。这两类 UPS 在结构上有一定的不同，需分别进行讨论。

1. 工频机的拓扑结构

工频机拓扑的主要特点如下：

① 逆变器输出配备隔离变压器。由于隔离变压器自身的短路阻抗及高频衰减的隔离特性,使得工频机具有很好的抗负载冲击能力。通过变压器的负载重新分配,提高了 UPS 带不平衡负载的能力。此外,输出变压器具有 $3n$ 次谐波电流的隔离能力,因此带非线性负载的能力强。

② 输入常采用晶闸管(SCR)整流拓扑结构。根据输入整流器的不同,可分为 6 脉冲和 12 脉冲整流,其拓扑结构和电流电压波形如图 1-12 和图 1-13 所示。SCR 控制技术成熟,可靠性高,成本相对较低。但输入功率因数小(约 0.8),输入电流 THD 较大(6 脉冲整流时达 30%,12 脉冲整流时约为 10%)。输入电流 THD 和功率因数随负载和输入电压变化,输入市电电压低、输出负载大时指标好。

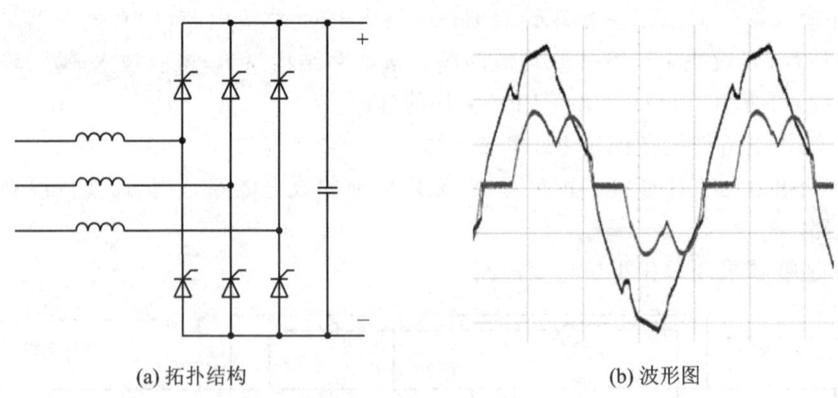

(a) 拓扑结构　　(b) 波形图

图 1-12　6 脉冲 SCR 整流器结构及输入电压电流波形

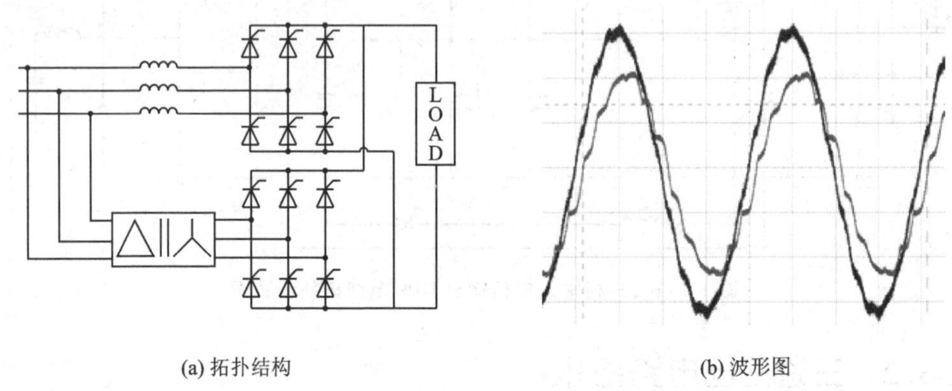

(a) 拓扑结构　　(b) 波形图

图 1-13　12 脉冲 SCR 整流器结构及输入电压电流波形

③ 可实现主旁路不同输入源的配置方案,满足高可靠性场地的配电要求。

④ 系统的零地电压容易实现小于 1 V 的要求。

12 脉冲整流器所构成的 UPS 拓扑如图 1-14 所示,当去除"移相变压器+三相整流组件"后,该拓扑等效为 6 脉冲整流器构成的 UPS 结构。

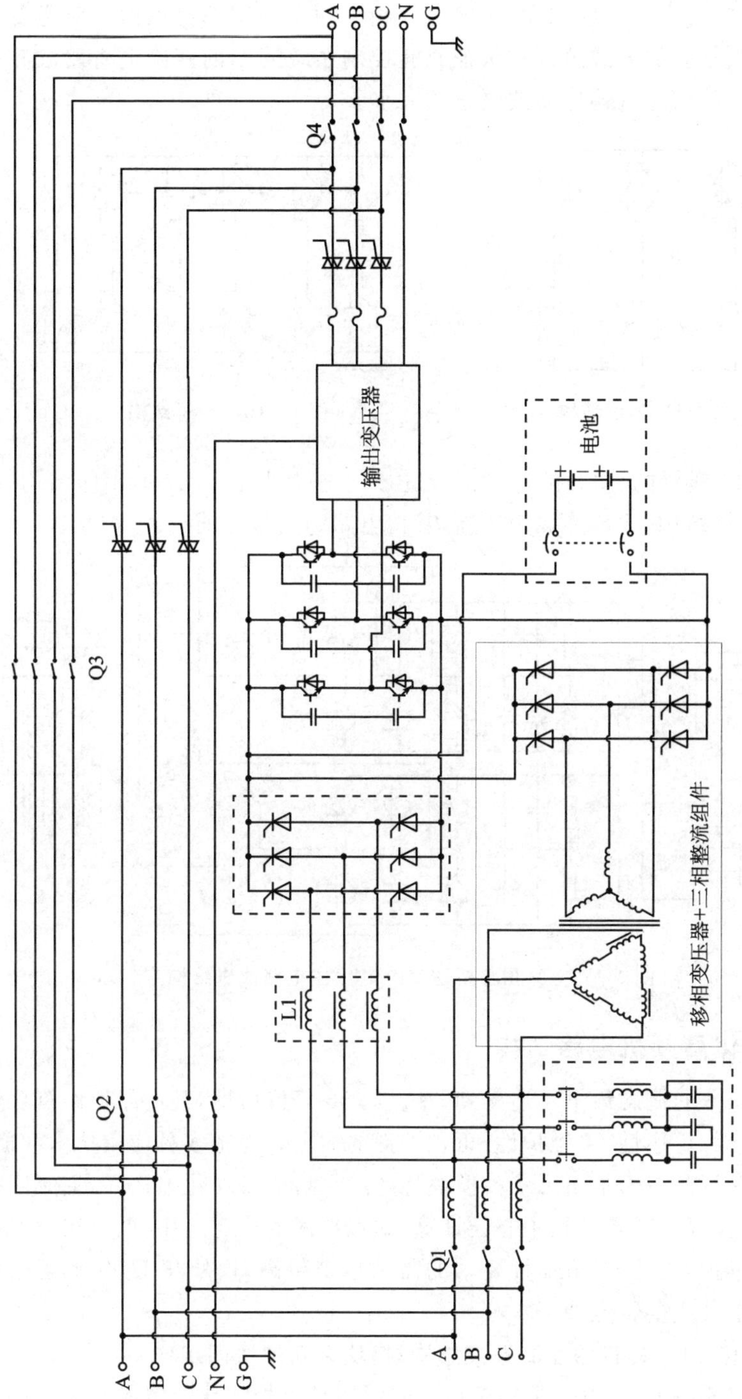

图1-14 整流器为12脉冲的UPS拓扑结构(变压器移相30°)

将逆变半桥结构(见图 1-15)变为全桥结构(见图 1-16)后,在输出变压器的制作上可降低一定成本。其原因在于,输出三相中的每一相都可以由一对逆变桥单独控制,采用单极倍频的方式可以在保证原有控制系统周期的基础上将发波频率提高至原有的两倍,从而降低输出滤波电感的大小。

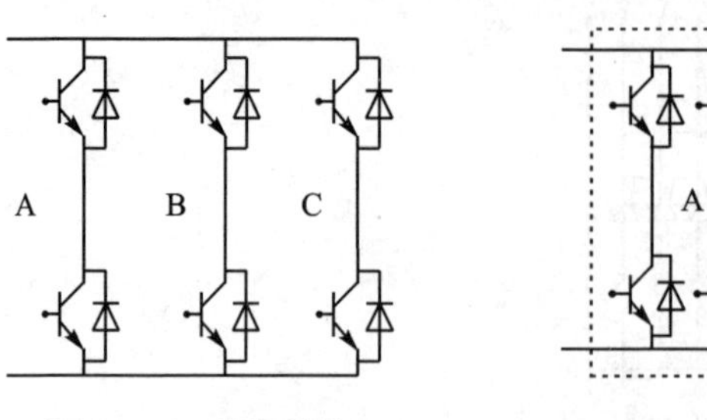

图 1-15　半桥结构

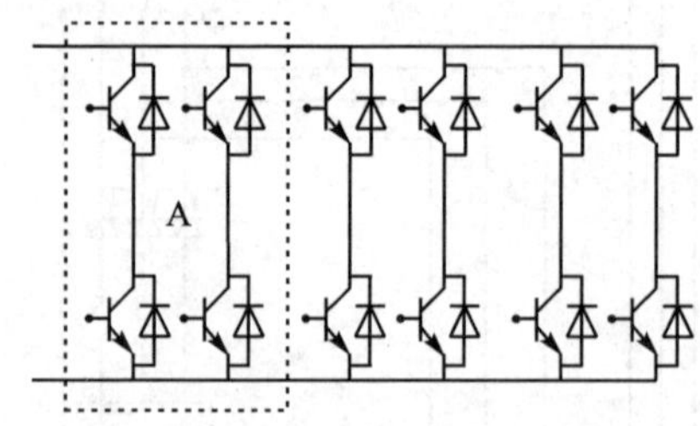

图 1-16　全桥结构

将图 1-14 所示的 UPS 的逆变部分进行优化得到图 1-17 所示的结构。其中,逆变器采用全桥结构,输出连接变压器,其他电路结构与先前一致,在此省略。

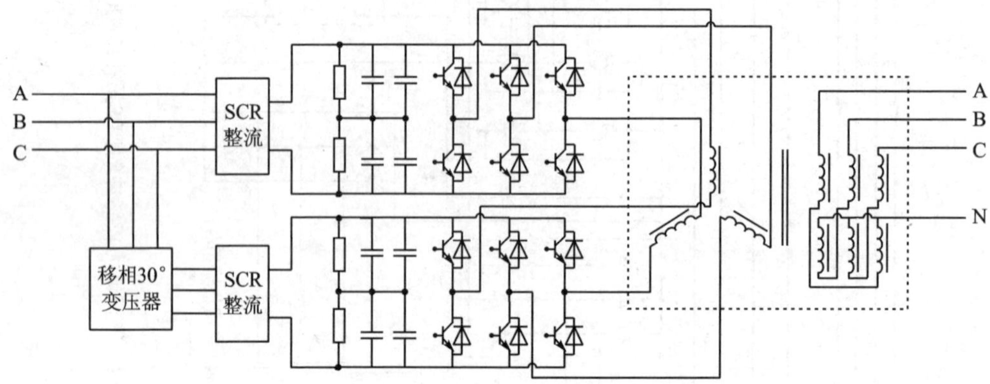

图 1-17　采用全桥逆变的 UPS 主电路改进结构

2. 模块化高频机电路结构

模块化 UPS 的概念最早可追溯到 20 世纪 90 年代后期,其产品特性符合用户对供电系统可靠性、可用性、可维护性、可扩展性的需求。伴随多种应用技术的成熟,促使国内外 UPS 厂商纷纷推出了多种模块化产品。目前模块化 UPS 的主流厂家有华为、艾默生、伊顿等。随着数据中心云计算、虚拟技术的广泛运用,以及用户对数据中心可用性、易维护、灵活性、节能性要求的需求越来越高,模块化 UPS 正逐渐成为用户需求的主流,其主要特点如下:

(1) 模块化 UPS 具有独立的框架结构,模块之间能协同工作

模块化 UPS 由输入配电、输出配电、功率模块、监控模块等组成。功率模块包括整流、逆变、充电(可选)、功率因数校正和相关控制电路。功率模块是 UPS 系统的主

要模块，正常工作模式下应具有热插拔和并联冗余功能。监控模块负责实时监视UPS系统工作状态、采集和存储UPS系统运行参数（包含故障诊断和故障记录）。

(2) 模块化UPS具有高可靠性和高可用性

可靠性是指UPS所有部件及功能不能发生任何故障。可用性是指UPS在任何情况下都不能造成客户端断电，即使UPS运行中出现了某个小问题，也不会扩大该问题的影响。用一句话概括：客户端永不断电。模块化UPS的系统架构具备先天的优势，可通过多种冗余设计避免单点故障：

① 功率模块冗余：通过模块化并联达到功率冗余。

② 集中控制器冗余：除功率模块和旁路模块配备单独的控制器外，系统集中控制器还可以实现双备份冗余。

③ 通信信号冗余：重要通信信号实现双备份冗余。通过对比数据可知，模块化UPS的平均无故障时间略高于传统塔式机，模块化UPS平均维修时间明显短于传统塔式机，模块化系统宕机时间明显短于传统塔式机。

(3) 模块化UPS具有较强的故障隔离保护功能

并机环流和同步问题是衡量系统安全性的重要指标。传统并联模式下并机数量越多，环流和同步问题越难控制，故可靠性越低。随着芯片技术的发展，使得模块化UPS中的各个模块可以独立并实时监测和上报模块内部的状态指标。每个功率模块内均有独立的控制器（如整流DSP、整流CPLD、逆变DSP、逆变CPLD）、检测电路和驱动电路。系统上电初始，每个模块的控制器会逐一监测整流器、逆变器、充电器等各子功能器件的状态，如有异常，系统将告警并隔离异常模块。

每个功率模块的输入端和输出端均配置了保险丝，逆变输出端配备了继电器，这些措施都可以保证异常情况下故障模块与系统安全脱离，避免故障扩大。即便某个功率模块出现故障，其他功率模块还可以正常运行，不影响客户输出端。传统塔式机最多只能做到单机故障隔离，一旦内部有功率器件短路，输出端就会断电，对客户端影响较大。

3. 模块化高频UPS的拓扑结构

图1-18所示为模块化UPS的电路拓扑图，该UPS包含两个模块，并共享一个旁路。

系统内包含的两个功率模块结构相同，均由整流和逆变两个单元构成，如图1-19所示。整流器为3个单相双Boost-PFC整流电路，逆变器为三电平电路，零线从母线引出。

可以看出图1-19所示的三相输入和三相输出的结构完全对称，因此在分析时可以将其简化成单相结构，如图1-20所示。

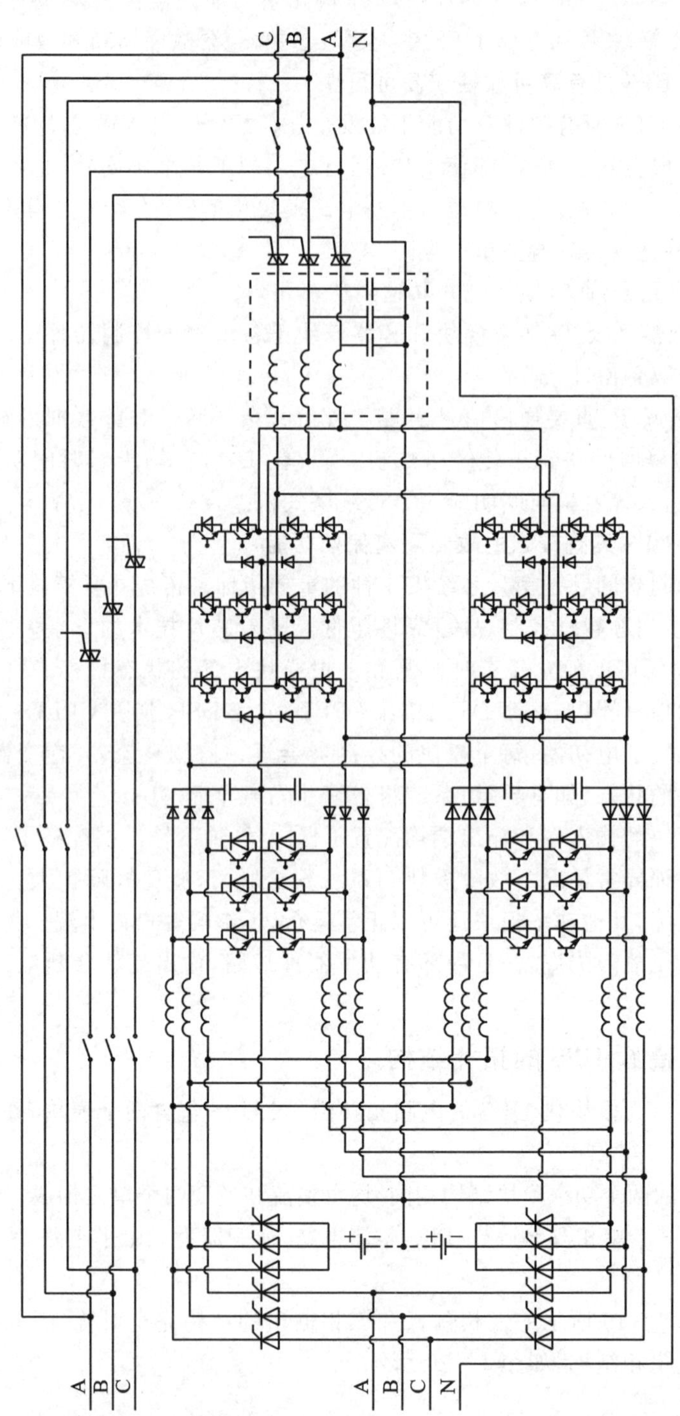

图1-18　模块化UPS的电路拓扑图

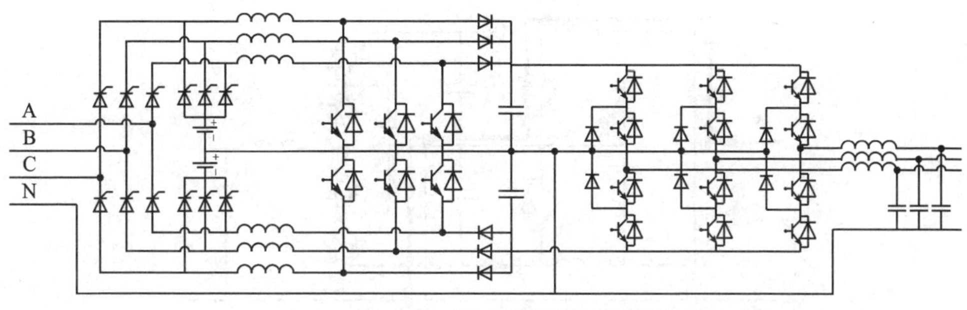

(a) 单个模块整流+逆变电路拓扑结构

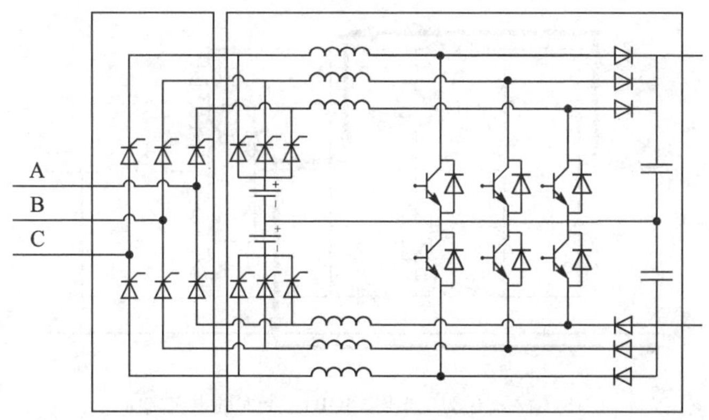

(b) 三相SCR+PFC电路拓扑

图 1－19 单个模块电路拓扑结构

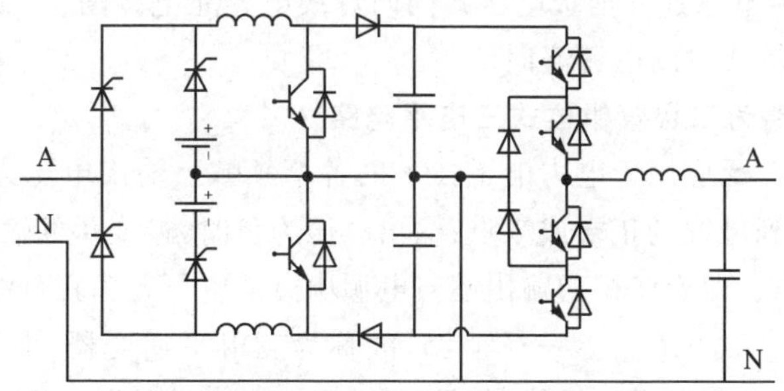

图 1－20 A 相电路拓扑结构

(1) 整流环节可视为 SCR 软启动电路+Boost 电路

市电模式下,SCR 进行软启动,母线电容获得初始电压,待软启动结束后 IGBT 进行 PWM 斩波。IGBT 导通时为 Boost 电感充电;IGBT 关断时储能电感连同前级电压共同向母线电容充电。图 1－21 所示为输入电压为正半周且 IGBT 斩波时的电流流向。

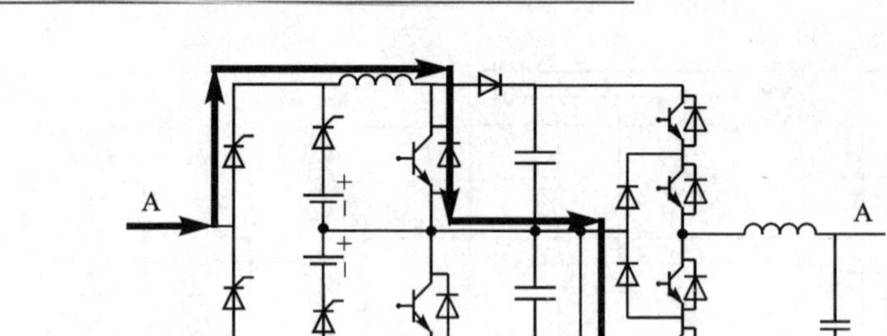

(a) 输入电压为正半周，IGBT导通时的电流流向

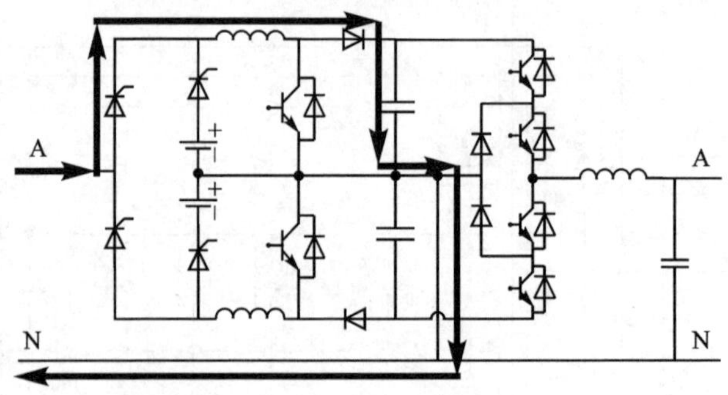

(b) 输入电压为正半周，IGBT关断时的电流流向

图 1-21　输入电压为正半周且 IGBT 斩波时的电流流向

电池模式下，电池通过 Boost 电路接入母线。IGBT 导通时为 Boost 电感充电；IGBT 关断时储能电感连同前级电压共同向母线电容充电。图 1-22 所示为正向电池放电且 IGBT 斩波时的电流流向。

(2) 逆变电路为二极管钳位式三电平电路

该结构目前广泛应用于电力电子技术的各个领域。输出电压为正时，逆变桥的输出端交替地接到母线的正端或零点；输出电压为负时，逆变桥的输出端交替地接到母线的负端或零点，即逆变桥的输出端与电源中点的电压差为正母线电压、负母线电压或零($U_{d}+=U_{d}/2$，0；$U_{d}-=-U_{d}/2$)，故称为三电平逆变器，也称为三电平单极性逆变器(每个工频周期有正母线、负母线和零电平三种变化)。该拓扑的优势在于各个开关管承受的反向电压为直流母线电压的一半，可以用较低电压等级的开关管组成较高电压等级的变流器。

三电平电路存在两种常见结构：I 形三电平和 T 形三电平。两种结构的工作原理类似，下面以 I 形三电平电路为例，说明其工作原理。

当输出电压为正半周时，管 Sa2 常通，管 Sa4 常闭，管 Sa1、Sa3 为 PWM 互补导通。当 Sa1 导通时正半周母线电压为电感充电并给负载供电，如图 1-23(a)所示；

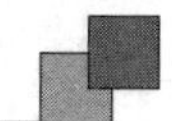

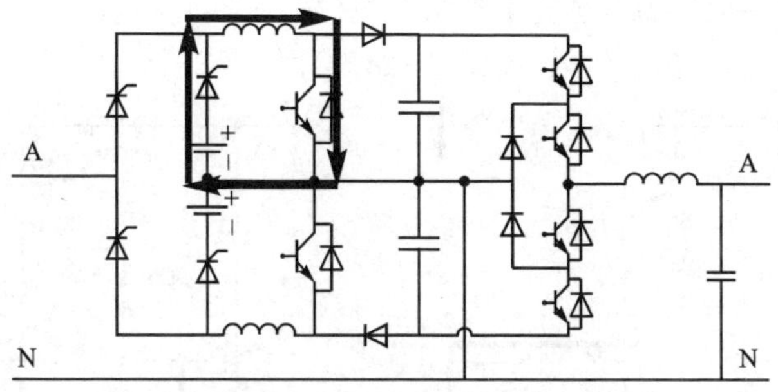

(a) 正向电池放电，IGBT导通时的电流流向

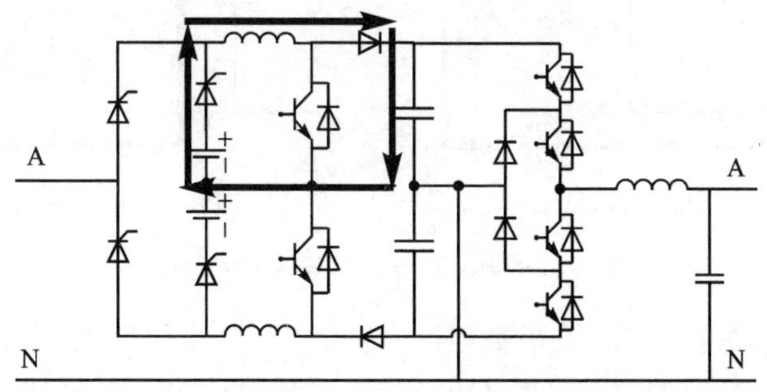

(b) 正向电池放电，IGBT关断时的电流流向

图 1-22　正向电池放电且 IGBT 斩波时的电流流向

当 Sa1 截止时二极管续流，由电感给负载供电，如图 1-23(b)所示。

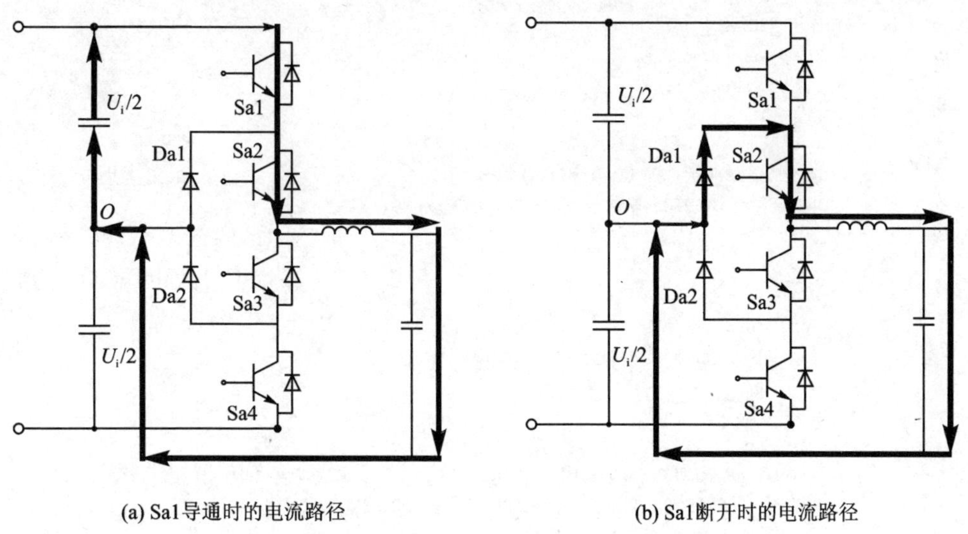

(a) Sa1导通时的电流路径　　(b) Sa1断开时的电流路径

图 1-23　输出电压正半周时导通方式及电流流向

当输出电压为负半周时，Sa3 常通，Sa1 常闭，Sa2、Sa4 为 PWM 互补导通。Sa4

导通时负半周母线电压为电感充电并给负载供电如图 1-24(a)所示,当 Sa4 截止时二极管续流,由电感给负载供电,如图 1-24(b)所示。

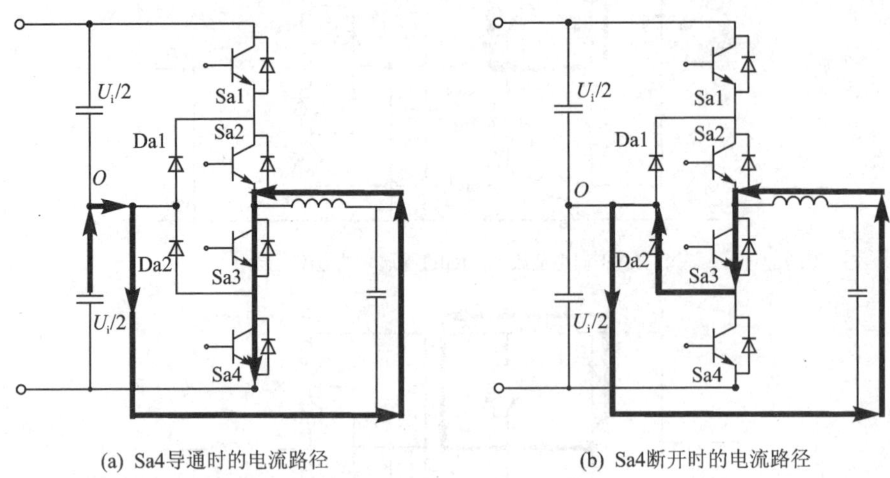

(a) Sa4导通时的电流路径　　(b) Sa4断开时的电流路径

图 1-24　输出电压正半周时导通方式及电流流向

下面给出了三电平发波子函数,其中:Va、Vb、Vc 是控制器输出的三相调制波,KSPWM_UP 为正半周的发波系数 Q10 定标,KSPWM_DN 为负半周的发波系数 Q10 定标。

```
void 3Level_Generation()
{
    //计算比较值
    VaAct = (abs(Va));
    VbAct = (abs(Vb));
    VcAct = (abs(Vc));
    if (Va > 0)
    {
        GpioDataRegs.GPACLEAR.bit.GPIO6 = 1;                    //A 相正半周
        VaAct = ((INT32)VaAct * KSPWM_UP) >> 10;
    }
    else
    {
        GpioDataRegs.GPASET.bit.GPIO6 = 1;                      //A 相负半周
        VaAct = ((INT32)VaAct * KSPWM_DN) >> 10;
    }
    if (Vb > 0)
    {
        GpioDataRegs.GPACLEAR.bit.GPIO7 = 1;                    //B 相正半周
        VbAct = ((INT32)VbAct * KSPWM_UP) >> 10;
    }
    else
    {
```

```
        GpioDataRegs.GPASET.bit.GPIO7 = 1;                  //B相负半周
        VbAct = ((INT32)VbAct * KSPWM_DN) >> 10;
    }
    if (Vc > 0)
    {
        GpioDataRegs.GPACLEAR.bit.GPIO9 = 1;                //C相正半周
        VcAct = ((INT32)VcAct * KSPWM_UP) >> 10;
    }
    else
    {
        GpioDataRegs.GPASET.bit.GPIO9 = 1;                  //C相负半周
        VcAct = ((INT32)VcAct * KSPWM_DN) >> 10;
    }
    ……                                                      //饱和处理省略
    //三相发波
    EPwm1Regs.CMPA.half.CMPA = VaAct;                       //A桥臂脉冲
    EPwm2Regs.CMPA.half.CMPA = VbAct;                       //B桥臂脉冲
    EPwm3Regs.CMPA.half.CMPA = VcAct;                       //C桥臂脉冲
}
```

1.4 逆变电源的发展趋势

随着电子信息技术和自动化控制技术的高速发展,计算机的普遍应用、信息产业的飞速发展,特别是进入互联网时代以来,对电力供电质量提出了越来越高的要求。数据/控制中心需要良好的供电系统来保证服务器、交换机、场地设备及辅助用电设备安全运行,为保证供电质量,要求数据/控制中心有独立的配电系统。UPS 作为一种重要可靠的电源,已从最初提供后备电源的单一功能,发展到今天提供后备电源及改善供电质量的双重功能,在保护数据/控制中心用电系统数据、改善供电质量、防止停电和电网污染等方面对供电系统造成的各类危害等方面起着很重要的作用。

UPS 技术是在电力电子技术、微电子技术、计算机控制技术、电化学技术、自动控制技术发展的基础上不断创新发展的。新一代 UPS 在设计中采用了一系列高新技术,其总的发展趋势是高频化、智能化、网络化、数字化、绿色化和可用化。目前,各厂家生产的 UPS 主要在以下方面取得了长足的发展。

1. 高频化

第一代 UPS 功率开关为可控硅,第二代为大功率晶体管或场效应管,第三代为 IGBT(绝缘栅双极晶体管)。这种新的功率器件大大降低了逆变器换流损耗以及交流滤波器的损耗,因此逆变器的效率得以提高,整机效率可达 94%~96%。由于 IGBT 的开关频率为 50 kHz,明显提高了逆变器的性能,使输出电压谐波含量大为减少(小于 1.5%),动态响应更好。UPS 高频化体现在中小容量 UPS 中,即采用高频隔离的形式取代笨重的工频隔离变压器。高频隔离可以采用两种方式实现:一种方式是在整流器与逆变器之间加一级高频隔离的 DC/DC 变换器,另一种方式是采用高频链逆变技术。变换电路频率的提高,使得用于滤波的电感、电容以及噪声、体积等大为减少,使 UPS 效率、动态响应特性和控制精度等大为提高。

2. 智能化

当前,数字控制已成为新型 UPS 控制技术发展的主流,数字控制器的特点是精度高,抗干扰能力强,易于实现对 UPS 的检测、故障诊断和隔离,易于实现遥控遥测,易于实现对蓄电池的监控和管理。也就是说,计算机的介入使 UPS 具备了智能化,可以使其运行在最优状态。

在互联网时代下,UPS 需要更加智能化。一方面,网络的发展使网络管理员与 UPS、受 UPS 保护的计算机之间的物理距离明显拉大了。因此,在出现供电故障时,网络管理员可能来不及在 UPS 电池电量耗尽之前关闭计算机和 UPS 的电源,从而导致系统数据丢失,严重的还会损坏硬件。另一方面,现代网络管理员除了要管理多台服务器和普通计算机,以及集线器、路由器等网络设备外,还要管理多台 UPS。管理点的增加使网络管理员很难亲自到现场监控每台设备,这就需要计算机及外设能“自主”应付一些可能预见到的问题,并能进行自动管理和调整。随着计算机、网络通信技术的发展,UPS 系统智能化的重要体现是丰富的软、硬件监控功能。UPS 管理软件的主要功能是保护数据系统,在特定事件发生时通知用户和管理员,并自动采取应急保护措施。另外,UPS 必须具备自检功能,定期对主要元部件(诸如电池、逆变器、旁路开关及控制电路的状况)进行自检;如有异常,则以寻呼等方式通知系统管理员,以防患于未然。UPS 智能附件可提供特定环境下监控 UPS 系统的能力。例如,电话拨号卡可通过电话拨号方式对 UPS 进行远程监控和自动寻呼。另外,UPS 厂商还开发了适用于机架式安装的机型,从而使 UPS 系统在安装、监控上与信息系统实现完美的统一。可以说,UPS 智能附件可把 UPS 系统与计算机、网络通信系统的管理与服务纳入同一体系。一般而言,企业级用户选用的 UPS 数量多、机型复杂、分布区域广、管理工作量大、效率低。针对这一情况,宝士达开发了丰富的集中监控功能,代表性的产品有 SNMP 适配卡、SNMP Agent 软件、SNMP 管理平台等,这些产品遵循 SNMP(Simple Network Management Protocol,简单网络管理协议)、MIB Ⅱ标准,支持流行网管平台,如 HP Open View、Sun Net Manager、IBM Net View、CAUnicenter TNG、Cabletron Spectrum 等。此类产品的推出使系统管理员可以在局域网、广域网、Internet 及 Internet 等层次对 UPS 进行远程和集中监控,极大地减轻了管理员的工作量,提高了信息系统的可用性,最终提高企业的竞争力。其次,UPS 需要更加网络化。以前的概念是一台计算机配一台 UPS,或者说一台 UPS 只负责一台计算机的正常运行。如同在网络中需要使用网络打印机来为多个用户服务一样,网络时代同样需要“网络 UPS”,它拥有更大的蓄电量,可以同时为多台计算机或其他外设服务,并能够通过某种机制达成负载之间的动态配置。此外,将 UPS 系统与 Internet 技术紧密集成,增加整个信息系统的易用性在互联网时代显得尤为重要。虽然传统的技术(如电话拨号、SNMP、Telnet 等)已实现了对 UPS 的远程和集中监控,但这些技术通常要求特定的设备配置和操作技能。Internet 的普及对 UPS 系统的可靠性提出了更高的要求,UPS 厂商(如 APC)已推出了可使用浏览器监控 UPS 的产品,如 Web/SNMP Card、Master Switch、Web Device Manager 等。虽然这些只是一个开端,但毫无疑问,使用 Internet 技术监控 UPS 系统将成为未来 UPS 技术的主流之一。

在这样的前提下,智能网络 UPS 应运而生。UPS 智能化包括系统运行状态自动识别和控制、系统故障自诊断、蓄电池自动检测与管理、智能化内部信息检测与显示等。UPS 的异地远程监控系统将 UPS 系统作为网络的一个节点,在 UPS 主机端增设 RS232/485 接口及 SNMP 等类型的通信协议,利用接口经过专用通信电缆同 PC 服务器、路由器、网关等设备上相应的通信接口相连。UPS 的智能化主要是通过系统的控制软件来实现的。在系统运行状态识别与控制方面,通过内部传感器和状态逻辑及时识别系统所处的运行状态,判定系统运行程序运行是否正常,一般包括以下几方面:

- 根据负载被切换到旁路的时间、次数以及切换时的输入、输出参数等判定系统的运行模式,即是旁路运行还是主机运行、是充电运行还是放电运行。
- 根据系统运行的状态参数识别外部指令,再决定执行外部指令的方式,包括系统功能和运行参数的调整。
- 快速、准确地判定系统的故障状态并采取相应的故障处理措施,如封闭功率变换器、输出故障参数报警等。
- 记录历史事件并根据历史记录和当前运行参数预测蓄电池的后备时间等。
- 具有智能化的人机对话控制操作面板,包括图形显示等。

3. 网络化

UPS 网络化有两方面含义:一方面是 UPS 及其监控系统与其所保护的负载。当电源出现异常时,UPS 内部的微控制器会及时把异常信息发送给它所保护的计算机或局域网,并由监控软件在相应计算机上发出告警信息,提醒操作员或网络管理员及时处理。在 UPS 供电时间结束前,自动终止计算机或局域网的运行,并将现场信息自动存盘,通过 Modem 向有关人员发出 E-mail。在这个意义上,UPS 是其保护的网络的一个节点。另一方面是把 UPS 视为网络中的独立节点并分配独立的 IP 地址。基于 Web 的监控技术将 UPS 与一台主机相连,通过主机上的 Web 浏览器对分布在 WAN 范围内的 UPS 进行监控,定期产生 UPS 的状态报告(包括 UPS 状态和电池状态)并转换成一定的格式文件,以便于 UPS 的管理、诊断、事件处理,保障电力或 UPS 故障时计算机系统的安全关闭,使 UPS 处于健康的运行状态,提高电力故障时计算机网络的可用性。它的便利在于无须对现有的电源系统做任何改造。高度智

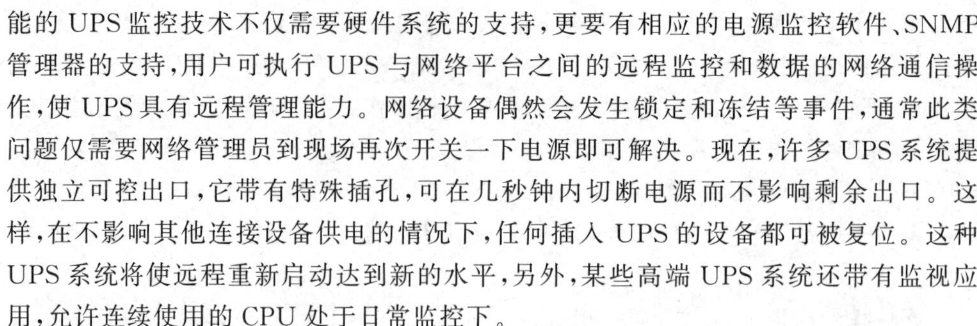
能的 UPS 监控技术不仅需要硬件系统的支持,更要有相应的电源监控软件、SNMP 管理器的支持,用户可执行 UPS 与网络平台之间的远程监控和数据的网络通信操作,使 UPS 具有远程管理能力。网络设备偶然会发生锁定和冻结等事件,通常此类问题仅需要网络管理员到现场再次开关一下电源即可解决。现在,许多 UPS 系统提供独立可控出口,它带有特殊插孔,可在几秒钟内切断电源而不影响剩余出口。这样,在不影响其他连接设备供电的情况下,任何插入 UPS 的设备都可被复位。这种 UPS 系统将使远程重新启动达到新的水平,另外,某些高端 UPS 系统还带有监视应用,允许连续使用的 CPU 处于日常监控下。

4. 数字化

一台完整的全数字化 UPS 一般包括以下几个部分:逆变电路、输入整流滤波电路、充电电路、蓄电池组、静态开关电路、显示、通信和控制电路等,另外还包括必要的保护和报警电路。控制系统采用先进的计算机数字控制技术及模拟量计算机控制技术,即通过主/协结构完成系统控制。系统由整流/充电器、逆变器、转换开关 3 个协处理器单元和一个模拟量计算机单元承担其所有的数据采集、模拟运算和功能调整等工作,然后送到主处理器进行集中控制、综合处理、记录存档和显示最终处理信息。借助 CPU 高速数据处理技术,充分发挥其系统硬件和软件的优越性,提高 UPS 实时控制、保护和监测的能力。UPS 系统结构中的监控、显示及保护电路采用如下方法:

1) 全微处理器化

如利用 TMS320F28x 来执行监控、显示及保护电路的功能。

2) 半微处理器化

利用模拟电路处理快速的反馈保护功能,而由处理器处理慢速反馈、告警、显示及通信接口的功能。全微处理器化的 UPS 虽有许多优点,但目前应用仍受限制。对于采用低频方式设计的不在线式 UPS,全微处理器化已经是最佳且近乎唯一的选择,但应用于在线式 UPS 上却未必收到如此效果,因为电路主结构的小型化及高频化决定了 UPS 大部分的成本与性能,而现行的微处理器应用在高频化(100～220 kHz)UPS 中速度仍显不足。

5. 绿色化

现代概念的 UPS 强调的不仅是对其保护的负载提供纯正的正弦电压,而且越来越看重对公共电网的环境保护意识,尤其是大功率的 UPS 在谐波污染、无功损耗等方面对电网的影响更加突出,这方面有着严格的指标要求。绿色 UPS 意味着节能、环境污染小、占地面积小、投资节省、运行费用低。其中,UPS 的输入功率因数、输入电流谐波畸变、运行效率作为关键的“绿色”指标,更应在 UPS 设计时予以正确理解。输入功率因数是衡量电气设备利用率高低的一个指标。提高输入功率因数,降低了供电线路中的电流,减小了供电系统中的电气设备(如变压器、保护装置、导线等)的容量,既降低了系统的无功损耗,又减少了设备的投资费用,节约了电力资源。输入

电流谐波是电力系统的噪声污染。目前，采用UPS输入谐波抑制技术包括无源滤波、有源滤波、IGBT整流等技术。UPS是常年不间断运行设备，因此，UPS整机效率是直接节能的因素。首先，根据实际负载大小，合理选择UPS容量；其次，UPS增加节能功能，采用UPS休眠功能，根据负载大小自动调节系统中UPS的运行数量，从而提高系统负载率。

6. 可用化

从20世纪90年代中期开始，随着信息技术的高速发展和网络时代的到来，对UPS可用性的要求越来越高。所谓UPS的可用性，指的是在规定的使用期间内，UPS的正常运行时间与整个时间的比例。根据该定义，提高UPS的可用性有两种方法：一是提高UPS的MTBF(Mean Time Between Failure，平均无故障时间)；二是降低UPS的MTTR(Mean Time To Repair，平均修复时间)。通常，提高UPS本身MTBF的方法有：提高功率开关器件的规格和档次；改进控制技术；使用更先进的主电路结构；提高智能管理和通信功能等。然而，当MTBF提高到一定程度后其效果就不明显了，可采用降低MTTR，效果显著，通常的方法有：加强对UPS关键部件的维护；采用"模块化＋并机冗余"配置方式；标准化UPS接口以实现供电系统的集成化。

第 2 章

单相逆变器数字控制技术

2.1 单相半桥逆变器数学模型

图 2-1 所示为正、负直流母线结构单相半桥逆变器带无源 LC 低通滤波器的等效电路模型。在实际电路中，输出滤波电感的寄生电阻(LSR)和输出连接线缆的等效电阻相对感抗来说是非常小的，因此，图 2-1 中省略了这部分阻值，也就是将输出滤波电感等效为一个理想的电抗器。假定各电压、电流的正方向定义如图 2-1 标注所示，则根据图 2-1 的等效电路模型，可以得到 LC 二阶低通滤波器的等效数学模型为

$$\begin{cases} L\dfrac{\mathrm{d}}{\mathrm{d}t}i_L = u_V - u_U \\ C\dfrac{\mathrm{d}}{\mathrm{d}t}u_U = i_L - i_o \end{cases} \tag{2-1}$$

式中：u_V 为桥臂中点对零线电压，是直流母线电压与开关函数的乘积；u_U 为输出电压，即滤波电容端电压；i_L 为输出滤波电感电流；i_o 为负载电流；L 为输出滤波电感器电感值；C 为输出滤波电容器电容值。

此外，对于 LC 输出滤波器的前级，带正、负直流母线结构的单相半桥电路若采用 SPWM 调制方式，则仅能采用双极性 SPWM 调制。双极性正弦脉宽调制原理如图 2-2 所示。

单相半桥逆变器的开关管按图 2-3 所示的调制方式工作，上管 S_1 与下管 S_2 互补导通。设 SPWM 载波周期(开关周期)为 T，在一个载波周期内，S_1 管导通时桥臂中点输出电压为 $+U_{DC}$(U_{DC} 为单边直流母线电压)，其导通时间为 DT。

根据调制原理，S_1 管的占空比 D 为

$$D = (u_r + U_c)/2U_c \tag{2-2}$$

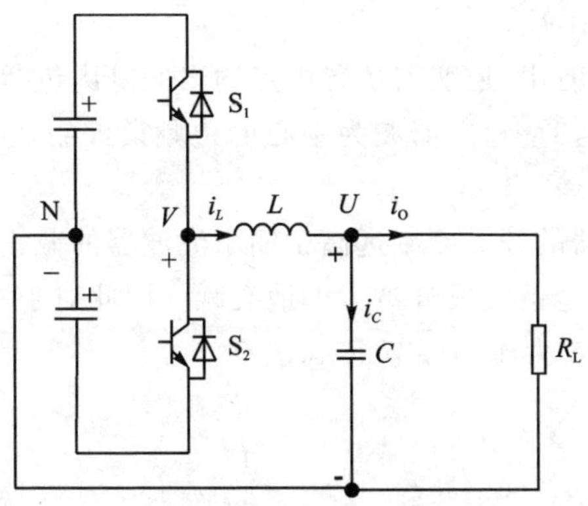

图 2-1　等效电路模型

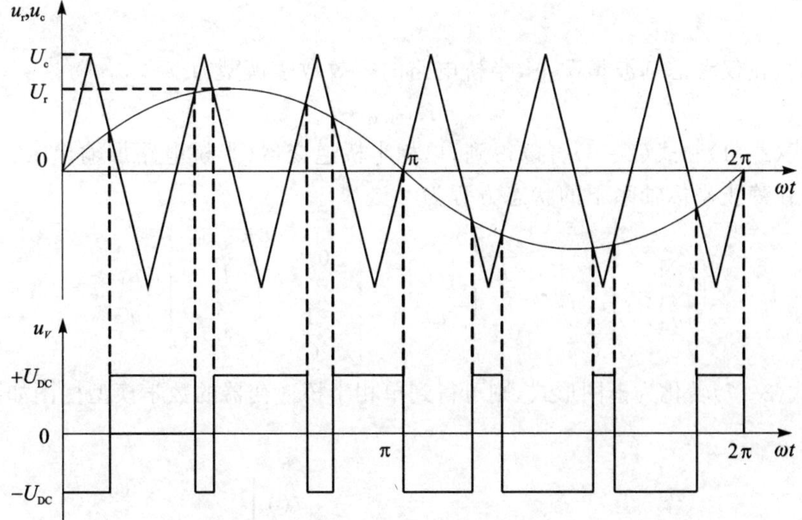

图 2-2　双极性正弦脉宽调制方式及逆变桥输出电压波形

式中：u_r 为参考信号（SPWM 调制波信号）的瞬时值，U_c 为三角波信号（SPWM 载波信号）的峰值。

假定三角波的频率为 ω_c，正弦调制波（参考信号）u_r 为

$$u_r = U_r \sin(\omega_r t + \phi) \tag{2-3}$$

那么，对如图 2-3 所示的逆变器桥臂中点输出电压波形进行傅里叶分解可得

$$u_V = \frac{U_r}{U_c} \cdot U_{DC} \cdot \sin(\omega_r t + \phi) + \frac{4U_{DC}}{\pi} \sum_{m=1,3,5,\cdots}^{\infty} \frac{J_0\left(\frac{mU_r\pi}{2U_c}\right)}{m} \sin\frac{m\pi}{2}\cos(m\omega_c t) + \frac{4U_{DC}}{\pi} \sum_{m=1,2,\cdots}^{\infty} \sum_{n=\pm1,\pm2,\cdots}^{\infty} \frac{J_0\left(\frac{mU_r\pi}{2U_c}\right)}{m} \sin\frac{(m+n)\pi}{2}\cos\left(m\omega_c t + n\omega_r t + n\phi - \frac{n\pi}{2}\right) \tag{2-4}$$

式中:J_0 为零阶贝塞尔函数。

从式(2-4)中可以看出,逆变器桥臂中点输出的电压包括基波、载波的奇次谐波和以载波的 $m(m=1,2,3,\cdots)$ 次谐波为中心的边频谐波组成,且边频谐波幅值自中心频率向两侧衰减。

工程中,设计逆变器的开关频率远高于输出滤波器的截止频率,则滤波器的输出电压除基波分量外的其他谐波成分被大大地衰减。因此对于基波而言,半桥电路(含 SPWM 调制环节)可等效为比例环节 K_{SPWM}。

结合式(2-4)有

$$K_{SPWM}=\frac{\frac{U_r}{U_c}\cdot U_{DC}\cdot\sin(\omega_r t+\phi)}{u_r}=\frac{\frac{U_r}{U_c}\cdot U_{DC}\cdot\sin(\omega_r t+\phi)}{U_r\sin(\omega_r t+\phi)}=\frac{U_{DC}}{U_c} \tag{2-5}$$

因此,在仅考虑基波情况下,半桥电路的等效数学模型为

$$u_V=K_{SPWM}\cdot u_r \tag{2-6}$$

由式(2-1)和式(2-6)可以得到,单相半桥逆变器(半桥电路加输出 LC 低通滤波电路)在静止坐标轴系下的状态方程为

$$\begin{bmatrix} i_L \\ u_U \end{bmatrix}=\begin{bmatrix} 0 & -\frac{1}{L} \\ \frac{1}{C} & 0 \end{bmatrix}\begin{bmatrix} i_L \\ u_U \end{bmatrix}+\begin{bmatrix} 0 & \frac{K_{SPWM}}{L} \\ -\frac{1}{C} & 0 \end{bmatrix}\begin{bmatrix} i_o \\ u_r \end{bmatrix} \tag{2-7}$$

将式(2-7)转化为框图形式,则可得到单相半桥逆变器的数学模型框图如图 2-3 所示。

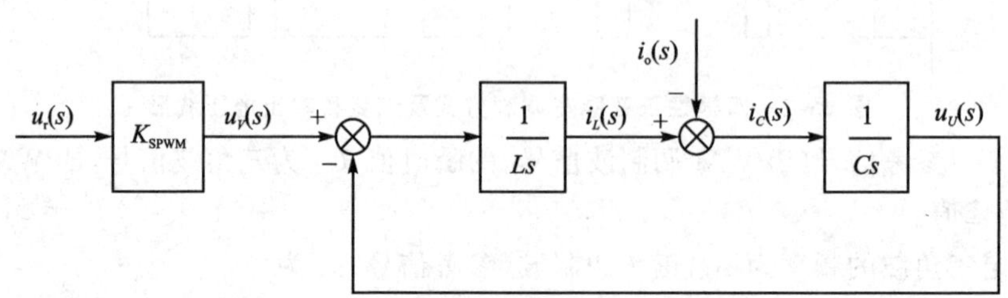

图 2-3 单相半桥逆变器数学模型框图

2.2 单相半桥逆变器控制系统设计

UPS 作为一种重要的电源设备,需要不断提高设备本身的可靠性,改善输出电压波形的质量。为了进一步提高 UPS 产品的可靠性、开发和维护升级的便利性,降低开发成本,对 UPS 进行全数字化控制将是一个必然的发展方向。目前,大多数 UPS 仍采用模拟控制或数/模混合控制技术,原因是采用全数字控制技术本身会导

致采样和控制的延时，增加了数字控制器设计的难度，同时也降低了 UPS 的输出性能。针对这些问题，学术上研究的控制方法有很多，如无差拍控制、自适应控制等，但这些控制方法都与控制对象的参数有着密切的关系，而对于批量生产的产品，器件的参数往往有着较大的偏差，因此这些控制方法在工业场合很难广泛应用。相反，经典 PID 控制技术由于简单、参数易整定、鲁棒性强等特点被广泛应用于工程实践中。

本书的单相半桥逆变器控制系统就是采用数字 PID 的电压、电流瞬时值双闭环控制技术，结合基于滤波电感电流的输出电压交叉反馈解耦控制技术以及负载电流前馈控制技术，使逆变器不仅具有良好的输出电压波形，而且具有良好的动态性能；同时，为了克服由于交流信号 PID 带来的有差控制导致输出电压稳压精度不满足 ±1%的要求，还采用了输出电压非线性控制技术（输出电压有效值闭环控制作为输出电压线性控制）输出电压瞬时值闭环控制的补偿。这样，输出电压线性控制技术和非线性控制技术相结合，不仅使逆变器的输出电压有着良好的波形，而且具有良好的稳态性能。

目前，数字控制系统的设计方法主要有模拟化设计法和直接数字化设计法两种。模拟化设计法是 S 平面上的一种设计方法，即把控制系统按模拟化进行分析，求取数字部分的等效连续环节，然后按连续系统的控制理论设计校正调节装置，再将该校正调节装置数字化；直接数字化设计法是 Z 平面上的一种设计方法，即把控制系统按数字化进行分析，求取系统的脉冲传递函数，然后按离散系统控制理论设计数字校正调节装置。

采用直接数字化设计法所设计的数字调节器可以用 DSP 直接实现，因此可以实现比较复杂的控制律，同时也为后续的软件代码实现提供了详细设计和理论保证，这是模拟控制系统难以做到的。但直接数字化设计法需要设计人员对线性离散系统分析与校正的理论有着深刻的认识和理解，而实际上，大部分设计人员对经典的连续系统控制理论比较熟悉，且有很多的研究与应用成果可供参考。

2.2.1 基于滤波电感电流的输出电压交叉反馈解耦控制

随着电力电子技术、控制技术与微处理器技术的飞速发展，逆变技术在许多领域得到了广泛应用。与此同时，对逆变器的性能指标也提出了很高的要求：既要控制输出电压的有效值，也要控制其波形，同时还要有较快的动态响应和较强的鲁棒性。近年来的研究表明，基于电压、电流瞬时值双闭环控制的逆变器系统可以满足高性能指标的要求，这是因为输出电压反馈瞬时值不仅包含了逆变器输出电压的有效值信息，而且也包含了输出电压波形信息；同时，电流反馈瞬时值带有一定的负载信息，可以提高系统的动态响应。

目前，电压、电流瞬时值双闭环控制主要分为电感电流瞬时值反馈控制和电容电流瞬时值反馈控制。

对于电感电流瞬时值反馈控制，由于电感电流等于流经功率开关管的电流，因此，通过对电流基准的限幅就可以方便地实现功率开关管的限流保护功能。以电感电流作为电流内环的反馈量,负载电流作用于电感电流内环的外部,且电感电流不能突变,因此,负载扰动效应将不能得到很好地抑制,输出外特性相对较差。

而对于电容电流瞬时值反馈控制,负载电流包含在电容电流内环,因此,负载的扰动可以在内环就得到很好地抑制;又由于输出电压是电容电流在电容上的纯积分,控制了电容电流的波形也就控制了输出电压的波形。因此,相对于电感电流瞬时值反馈控制来说,电容电流瞬时值反馈控制会提高逆变器的动态响应。但不足的是,电容电流瞬时值反馈控制不具有负载电流限制能力,对于功率开关管和负载短路限流保护功能无能为力,只能借助其他辅助措施和手段来实现。

在上述分析的基础上,这里结合两种控制方案的优点,采用带负载电流前馈控制技术的电感电流瞬时值反馈控制方案。负载电流前馈控制的加入,可以使电感电流内环对负载的扰动得到一定的抑制,提高系统的动态响应能力和输出外特性。当设计电感电流的反馈系数与负载电流的前馈系数相同时,该方案也就成了电容电流瞬时值反馈控制。

采用带负载电流前馈控制技术,输出电压、电感电流瞬时值双闭环控制的单相半桥逆变器模拟控制系统框图如图 2-4 所示。

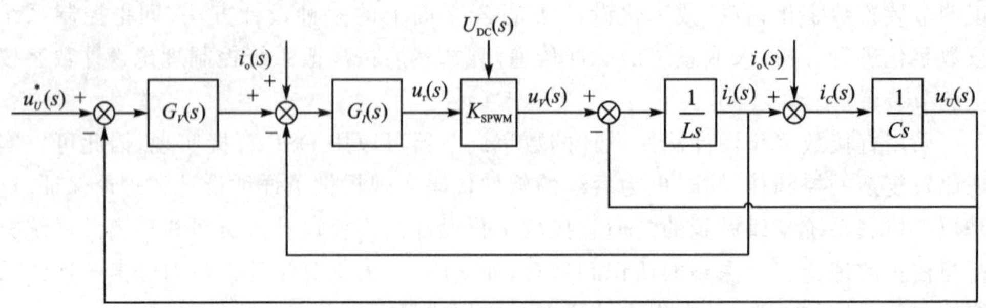

图 2-4 单相半桥逆变器模拟控制系统框图

可以看出,在电感电流内环引入了前馈的负载电流 $i_o(s)$,可以使电感电流内环对负载的扰动起到良好的抑制作用,改善了系统的动态响应能力。但是,单相半桥电路的等效数学模型为 $K_{SPWM}=U_{DC}(s)/U_c(s)$,软件中载波信号的峰值 $U_c(s)$ 是固定不变的,因此直流母线电压 $U_{DC}(s)$ 将会影响系统的开环增益,进而影响系统的稳态特性。如果考虑直流母线电压 $U_{DC}(s)$ 对系统的扰动,那么可以在控制系统设计中引入直流母线电压实时修正环节,即在图 2-4 电流调节器 $G_I(s)$ 之后串入修正环节 $K_{MOD}=\hat{U}_{DC}(s)/U_{DC}(s)$,则可实现修正后的单相半桥电路等效数学模型为恒定的比例环节 $K_{SPWM}\cdot K_{MOD}=\hat{U}_{DC}(s)/U_c(s)$,消除了直流母线电压的扰动对控制系统性能的影响。其中,$\hat{U}_{DC}(s)$ 是直流母线电压的给定值,为一个固定常数。考虑直流母线电压是由整流器控制的,且稳态下为固定值,因此,在控制系统的设计中忽略了直流母线电压扰动的影响，即控制系统没有对单相半桥电路的等效数学模型进行修正处理。

从图 2-4 中还可以看出，输出电压外环与电感电流内环是耦合的，输出电压对内环有交叉干扰，从而使内环不再是单输入单输出的系统。对于中小功率 UPS 而言，输出滤波器电感值 L 大于或接近于电容值 C，即内环的惯性比外环的惯性要大于或等于，因此，输出电压对内环控制的影响不能忽略。

基于上面的分析，输出电压交叉反馈使电感电流内环的控制对象变得复杂。为了简化内环控制对象，实现优良的控制效果，这里采用基于滤波电感电流的输出电压交叉反馈解耦控制技术，从而实现输出电压外环与电感电流内环的解耦控制。

引入中间变量 u_{i}，令

$$u_{\mathrm{r}} = u_{\mathrm{i}} + \frac{1}{K_{\mathrm{SPWM}}} \cdot u_U \tag{2-8}$$

由式(2-8)可得，输出电压交叉反馈解耦原理框图如图 2-5 所示。可以直观地看出，输出电压交叉反馈解耦的原理是引入输出电压前馈环节来抵消输出电压交叉反馈的影响，从而达到电感电流内环与输出电压外环解耦控制的目的。结合图 2-5，由于闭环控制的作用，稳态时输出电压瞬时值控制环的反馈值与给定值基本相等，即输出电压 $u_U(s)$等同于给定电压 $u_U^*(s)$；又考虑到前馈量应为一个少受扰动的量，所以在实际的控制系统设计中，以输出电压瞬时值闭环的给定量 $u_U^*(s)$来代替反馈量$u_U(s)$作为输出电压前馈的作用量。该做法的另一个好处是，当输出电压有扰动时，以 $u_U^*(s)$作为前馈可以进一步提高输出电压的动态响应速度。这是由于前馈的作用，相当于使输出电压瞬时值闭环的误差一部分直接作用于逆变器环节，避免了控制系统前向通道的延时。因此，实际控制系统设计的单相半桥逆变器输出电压交叉反馈解耦原理框图如图 2-6 所示。

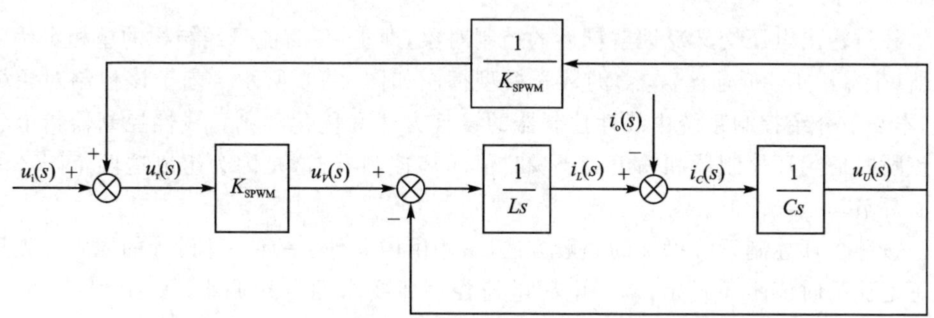

图 2-5　单相半桥逆变器输出电压交叉反馈解耦原理框图

由式(2-7)和式(2-8)可得到解耦后的单相半桥逆变器在静止坐标轴系下的状态方程：

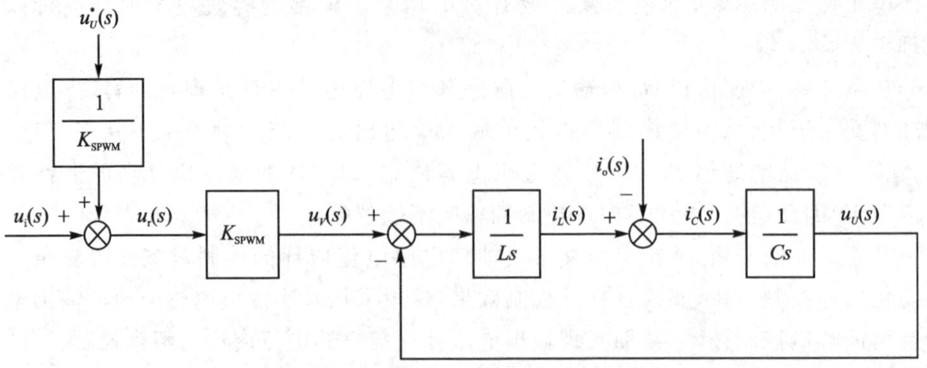

图 2-6　实际的单相半桥逆变器输出电压交叉反馈解耦原理框图

$$\begin{bmatrix} \dot{i}_L \\ \dot{u}_U \end{bmatrix} = \begin{bmatrix} 0 & 0 \\ \frac{1}{C} & 0 \end{bmatrix} \begin{bmatrix} i_L \\ u_U \end{bmatrix} + \begin{bmatrix} 0 & \frac{K_{SPWM}}{L} \\ -\frac{1}{C} & 0 \end{bmatrix} \begin{bmatrix} i_o \\ u_i \end{bmatrix} \tag{2-9}$$

将式(2-9)转化为框图形式，如图 2-7 所示。

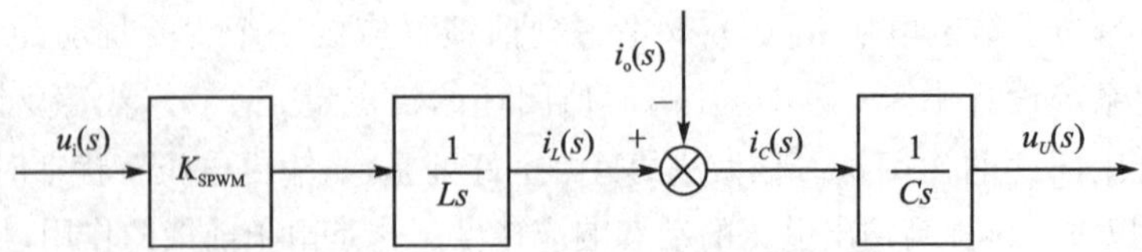

图 2-7　解耦后的单相半桥逆变器数学模型框图

2.2.2　线性控制器设计

经过输出电压交叉反馈解耦后的控制对象，即正、负直流母线结构的单相半桥逆变器(带输出 LC 低通滤波器)的数学模型框图如图 2-8 所示。基于该控制对象模型，本小节介绍控制系统中线性控制器的设计方法和优化准则。线性控制器指电感电流瞬时值闭环控制器和输出电压瞬时值闭环控制器，这是因为组成这两个闭环的所有环节均是线性的。

按照多环控制系统设计的一般方法，采用由内向外、一环一环设计的原则。先从电感电流瞬时值闭环开始，基于电感电流控制所要求的以超调小、跟随性能好的特点，确定将电感电流瞬时值闭环校正成典型的Ⅰ型系统，再根据电感电流瞬时值控制对象选择其控制器的类型，然后按Ⅰ型系统最优设计准则设计控制器的参数。设计完电感电流瞬时值闭环后，就把电感电流瞬时值闭环等效为输出电压瞬时值闭环的一个组成环节，基于输出电压控制要求的稳态静差小、抗扰性能强的特点，确定将输出电压瞬时值闭环校正为典型的Ⅱ型系统，再根据输出电压瞬时值控制对象选择其

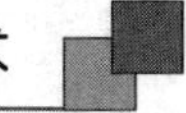

控制器的类型，然后按Ⅱ型系统最优设计准则设计控制器的参数。通过上面的设计原则和步骤，并加以实验调试，便可以获得预期的性能指标。

1. 电感电流瞬时值闭环设计

电感电流瞬时值闭环控制系统模拟化框图如图 2-8 所示。

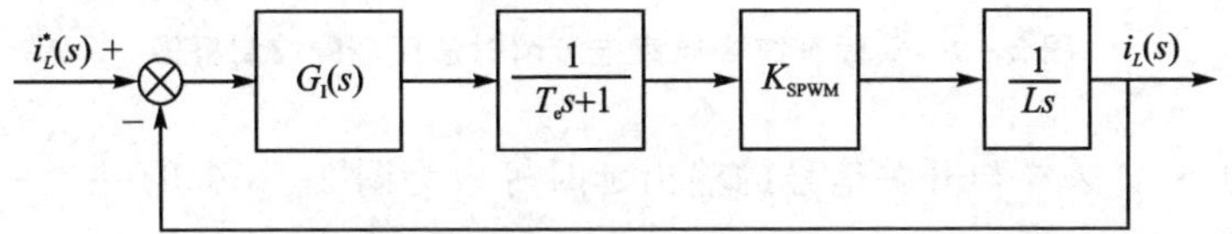

图 2-8　电感电流瞬时值闭环控制模拟化框图

图 2-8 中，$G_1(s)$为模拟化校正控制器，$\frac{1}{T_e s+1}$为电感电流采样保持与调制发波延时的等效模拟化环节，其中，T_e 的平均值近似为 1/3 个采样周期 T_s，即等效为一个采样周期的延时。这里采用 9 kHz 的采样频率，18 kHz 的开关频率，且采样定时计数器和载波定时计数器同步启动，并通过软件模块的精心安排和代码优化，保证在各种工况下从控制量采样、运算到最终 PWM 比较寄存器的刷新共用一个载波周期。

根据图 2-8 将电感电流瞬时值环设计成典型的Ⅰ型系统，且按模最佳原则选择控制器参数，必须满足如下准则：

① 开环传递函数表示为$\frac{K}{s(Ts+1)}$，且为单位负反馈系统。

② 选择 $K_T=0.5$，这适合动态响应快而又不允许过大超调量的系统。当然，还可以根据不同的控制要求灵活合理地选择其他满意的参数组合。

由准则①可知，应该选择电感电流瞬时值控制器为比例环节，即令 $G_1(s)=K_{pc}$，则电感电流瞬时值控制系统的开环传递函数为

$$G_{CO}(s)=\frac{K_{pc}K_{SPWM}}{Ls(T_e s+1)} \tag{2-10}$$

由准则②，并结合式(2-10)，令$\frac{K_{pc}K_{SPWM}}{L}\cdot T_e=0.5$，得

$$K_{pc}=\frac{L}{2K_{SPWM}T_e} \tag{2-11}$$

而在实际 DSP 全数字控制系统实现中，电感电流瞬时值闭环的控制框图如图 2-9 所示。图中，K'_{pc}为实际系统中电感电流瞬时值环的模拟化比例控制器参数，T_s 为采样周期，87 为额定输出电流有效值，230 为额定输出电压有效值，4 096 为各电流、电压瞬时值在定点 DSP 中的定标格式。

图 2-9 中的虚线框部分为数字校正控制器是图 2-8 中 $G_1(s)$环节的离散形式，

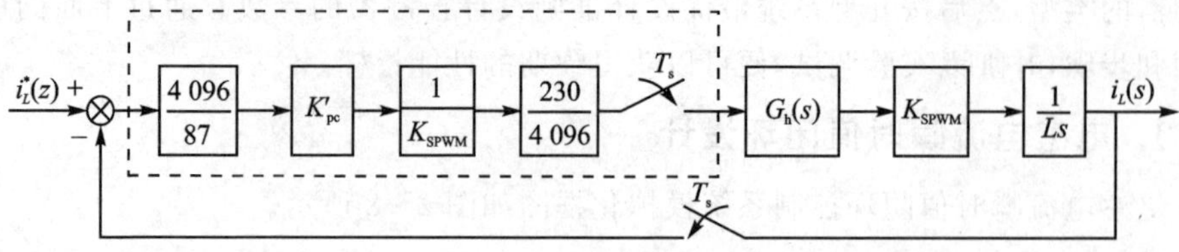

图 2-9　实际系统中电感电流瞬时值闭环的控制框图

反馈通道的 A/D 采样与开关信号的输出延时等效为图 2-8 中的$\frac{1}{T_e s+1}$一阶惯性环节。因此,按照图 2-8 和图 2-9 对应部分等效转换的原理,结合式(2-11)可以求得

$$K'_{pc}=\frac{87}{230}K_{SPWM}K_{pc}=\frac{87L}{460T_e} \tag{2-12}$$

式(2-12)为实际系统中电感电流瞬时值环的模拟化比例控制器参数计算公式。将该模拟化控制器参数转化为基于 DSP 与之等效的数字控制器参数,则有

$$K''_{pc}=K'_{pc}=\frac{87L}{460T_e} \tag{2-13}$$

最终选择了 $K''_{pc}=\frac{220}{1\ 024}=0.215$,实际中 $K_{SPWM}=\frac{U_{DC}}{U_c}=\frac{405}{555.5}=0.729$,因此有

$$K_{pc}=\frac{230K''_{pc}}{87K_{SPWM}}=0.78 \tag{2-14}$$

2. 输出电压瞬时值闭环设计

电感电流瞬时值闭环是输出电压瞬时值闭环的内环,因此,在设计输出电压瞬时值闭环之前,先把已设计好的电感电流瞬时值闭环看作是输出电压瞬时值闭环中的一个组成环节。为此,可以求得电感电流瞬时值环的闭环传递函数为

$$G_{CC}(s)=\frac{G_{CO}(s)}{1+G_{CO}(s)}=\frac{1}{2T_e^2s^2+2T_e s+1} \tag{2-15}$$

在实际设计中,输出电压瞬时值环的开环截止频率总是低于电感电流瞬时值环的开环截止频率。因此,只要设计输出电压瞬时值环的开环截止频率 ω_{cv} 满足以下条件:

$$\omega_{cv}\leqslant\frac{1}{\sqrt{20}\,T_e}=\frac{1}{4.47T_e} \tag{2-16}$$

就可以将电感电流瞬时值环的闭环传递函数降阶为一个一阶惯性环节,即式(2-15)可简化为

$$G_{CC}(s)=\frac{1}{2T_e s+1} \tag{2-17}$$

令电感电流瞬时值控制系统闭环的等效时间常数 $T_i=2T_e$，结合图 2-8 和图 2-9，则输出电压瞬时值闭环控制系统模拟化框图可以表示为图 2-10。

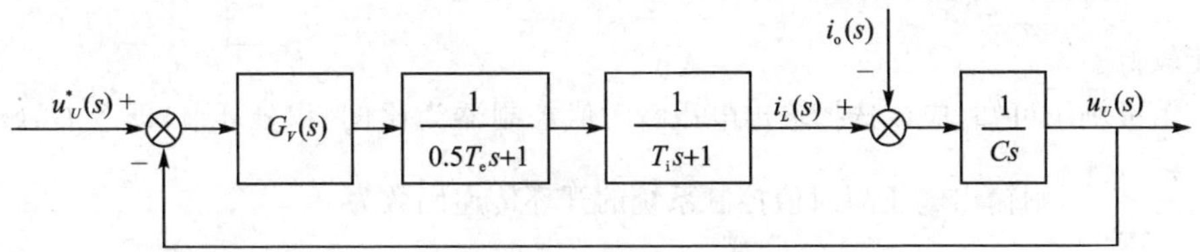

图 2-10　输出电压瞬时值闭环模拟化控制框图

在图 2-10 中，$G_V(s)$为模拟化校正控制器，$\frac{1}{0.5T_e s+1}$为输出电压采样保持延时等效模拟化环节(这是将输出电压保持看作零阶保持器的结果)，$\frac{1}{T_i s+1}$为电感电流瞬时值环的闭环等效传递函数。

对于$\frac{1}{0.5T_e s+1}$和$\frac{1}{T_i s+1}$两个小惯性环节，设计输出电压瞬时值环的开环截止频率 ω_{cv} 满足以下条件：

$$\omega_{cv}\leqslant\frac{1}{\sqrt{5T_e T_i}}=\frac{1}{\sqrt{10}\,T_e}=\frac{1}{3.16T_e}\tag{2-18}$$

则可以做下面近似处理：

$$\frac{1}{(0.5T_e s+1)(T_i s+1)}=\frac{1}{T_v s+1}\tag{2-19}$$

其中，$T_v=0.5T_e+T_i=2.5T_e$。从式(2-16)和式(2-18)可以看出，输出电压瞬时值控制系统最终设计的开环截止频率校验只需满足式(2-16)即可。通过式(2-19)的近似处理，图 2-10 可简化为图 2-11。

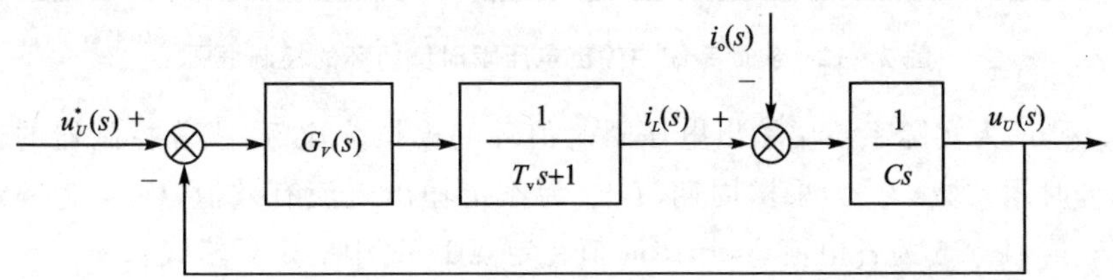

图 2-11　近似处理后的输出电压瞬时值闭环模拟化控制框图

可见，负载电流 $i_o(s)$作为系统扰动量，将输出电压瞬时值环设计成典型的Ⅱ型系统，且按闭环幅频特性峰值最小原则选择控制器参数，则必须满足如下准则：

① 开环传递函数表示为$\frac{K(\tau s+1)}{s^2(Ts+1)}$，且为单位负反馈系统。

② 令$\begin{cases}\tau=hT\\ K=\dfrac{h+1}{2h^2T^2}\end{cases}$,其中,$h$ 为中频宽带。经验表明,h 取 3~10 时系统的动态性能较好。

由准则①可知,应该选择输出电压瞬时值控制器为比例-积分环节,即令 $G_V(s)=K_{\text{pv}}\dfrac{\tau_{\text{v}}s+1}{\tau_{\text{v}}s}$,则输出电压瞬时值控制系统的开环传递函数为

$$G_{\text{VO}}(s)=\frac{K_{\text{pv}}}{\tau_{\text{v}}C}\frac{\tau_{\text{v}}s+1}{s^2(T_{\text{v}}s+1)} \tag{2-20}$$

此时,输出电压瞬时值环的开环截止频率为

$$\omega_{\text{cv}}=\frac{h+1}{2hT_{\text{v}}}=\frac{h+1}{5hT_{\text{e}}} \tag{2-21}$$

由式(2-16)和式(2-21),可得

$$h\geqslant 8.43 \tag{2-22}$$

由准则②,并考虑系统的抗扰性能,选择 $h=9$,同时结合式(2-20),可得

$$\begin{cases}\tau_{\text{v}}=9T_{\text{v}}=22.5T_{\text{e}}\\ K_{\text{pv}}=\dfrac{(h+1)C}{2hT_{\text{v}}}=\dfrac{2C}{9T_{\text{e}}}\end{cases} \tag{2-23}$$

在实际的 DSP 全数字控制系统中,输出电压瞬时值闭环的控制框图如图 2-12 所示。

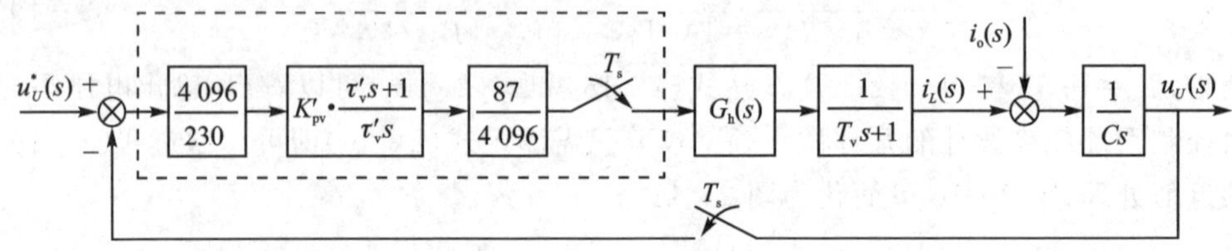

图 2-12　实际系统中输出电压瞬时值闭环的控制框图

K'_{pv}和 τ'_{v}为实际系统中输出电压瞬时值环的模拟化比例-积分控制器的比例参数和积分时间常数,T_{s} 为采样周期,I_{rated} 为额定输出电流有效值,V_{rated} 为额定输出电压有效值,4 096 为各电流、电压瞬时值在定点 DSP 中的定标格式。

图 2-12 中,虚线框部分为数字校正控制器,是图 2-11 中 $G_V(s)$环节的离散形式,反馈通道的 A/D 采样与保持延时等效为图 2-10 中的$\dfrac{1}{0.5T_{\text{e}}s+1}$一阶惯性环节。因此,按照图 2-10 和图 2-12 对应部分等效转换的原理,结合式(2-23)可以求得

$$\begin{cases}\tau'_{\text{v}}=\tau_{\text{v}}=22.5T_{\text{e}}\\ K'_{\text{pv}}=\dfrac{V_{\text{rated}}}{I_{\text{rated}}}K_{\text{pv}}\end{cases} \tag{2-24}$$

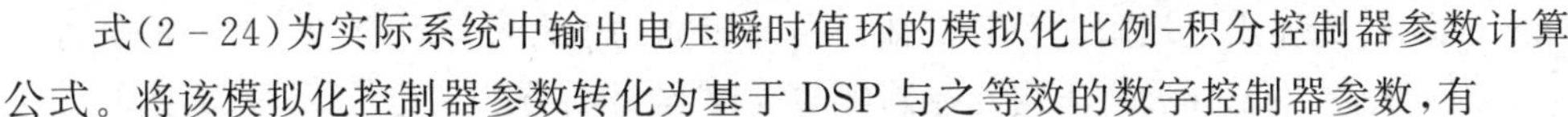

式(2－24)为实际系统中输出电压瞬时值环的模拟化比例-积分控制器参数计算公式。将该模拟化控制器参数转化为基于 DSP 与之等效的数字控制器参数，有

$$\begin{cases} \tau''_{\mathrm{v}} = \dfrac{\tau'_{\mathrm{v}}}{T_{\mathrm{s}}} = 7.5 \\ K''_{\mathrm{pv}} = K'_{\mathrm{pv}} \end{cases} \tag{2-25}$$

最终选择 $\tau''_{\mathrm{v}} = 20$，$K''_{\mathrm{pv}} = 2.438$，且软件中的采样周期 $T_{\mathrm{s}} = 111.11\ \mu\mathrm{s}$。结合式(2－24)和式(2－25)，则有

$$\begin{cases} \tau_{\mathrm{v}} = T_{\mathrm{s}} \tau''_{\mathrm{v}} = 0.002\,2 \\ K_{\mathrm{pv}} = \dfrac{87}{230} K''_{\mathrm{pv}} = 0.92 \end{cases} \tag{2-26}$$

结合上述分析，这里将对电感电流瞬时值环和输出电压瞬时值环两个线性控制器进行设计。

2.2.3　非线性控制器设计

按照上述的设计方法，单相半桥逆变器的输出电压具有良好的波形，但实验中发现其稳压精度约为 4%，严重超过了 1%的指标要求，这是输出电压瞬时值闭环无法实现无静差控制所致。

为了使逆变器输出电压的稳压精度满足±1%的要求，即使其输出外特性提高，也必须在控制系统中增加一个无静差控制器来补偿输出电压瞬时值闭环的静差。采用输出电压有效值控制器作为无静差补偿控制器，如图 2－13 所示。

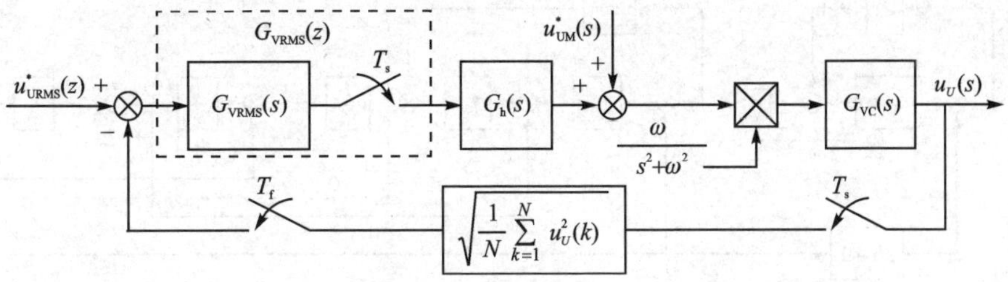

图 2－13　实际系统中输出电压有效值闭环的控制框图

图 2－13 所示框图的原理：软件中每工频周期实时计算实际输出电压的有效值，并将其作为反馈值与输出电压有效值给定值进行比较，当实际输出电压有效值偏高时，调低输出电压幅值的给定值，使实际输出电压降低；当实际输出电压有效值偏低时，调高输出电压幅值的给定值，使实际输出电压升高，从而保证逆变器输出电压具有良好的稳压精度。由于有效值计算环节为非线性环节，因此也将输出电压有效值控制器称为非线性控制器。

图 2－13 中，$G_{\mathrm{VRMS}}(z)$为输出电压有效值环的数字校正控制器(稳态下，输出电压有效值为一个恒定值，为实现无静差控制，因此选择控制器类型为比例-积分控

制),$G_{VC}(s)$为输出电压瞬时值环的闭环传递函数,T_s 为采样周期,T_f 为工频周期。

对于图 2-13 所示的非线性控制器的设计,学术界还没有一个通用、成熟的方法来设计,目前,大多采用近似法,如相平面法、描述函数法和计算机求解法等。而在工程中,对于非线性控制器参数的获取往往采用经验试凑法。在实际操作过程中,输出电压有效值环校正控制器的参数也是通过不断实验调试,在满足规格的各项指标范围内选择一组最优的参数。由于输出电压有效值环控制并非针对系统动态瞬间的扰动,因此其调节速度通常设计得比较慢,一般为几个工频周期。

实验调试中,最终选取实际系统中输出电压有效值数字比例-积分控制器的比例参数和积分时间常数,分别为 $\tau''_{VRMS}=20$,$K''_{PVRMS}=0.039$,且软件中的采样周期 $T_s=111.11\ \mu s$,并结合输出电压有效值和输出电压幅值在定点 DSP 中的定标格式,转换为对应的输出电压有效值模拟比例-积分控制器的比例参数和积分时间常数,即

$$\begin{cases}\tau_{VRMS}=T_s\tau''_{VRMS}=0.002\,2\\ K_{PVRMS}=K''_{PVRMS}\end{cases}\tag{2-27}$$

按以上分析设计的输出电压有效值环校正控制器,可以使实际单相半桥逆变器控制系统的稳压精度达到 0.73%,满足 1%的要求。

单相半桥逆变器的模拟控制系统框图如图 2-14 所示,图中,虚线框部分为系统控制的物理对象,即为输出带 LC 二阶低通滤波器的单相半桥逆变器。$H_{RMS}(s)$为有效值计算环节的传递函数,由于不能精确推导,所以没有在此具体写出。

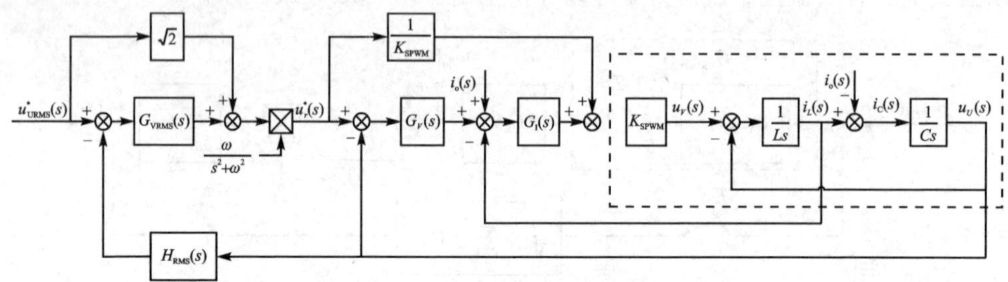

图 2-14 单相半桥逆变器的模拟控制系统框图

逆变器带整流负载的仿真波形如图 2-15 所示。其中,$L=120\ \mu H$,$C=2\,200\ \mu F$,额定电压有效值为 230 V。图 2-15(a)所示为不加入电压有效值闭环的仿真波形,输出电压有效值为 201.9 V,THD=7.71%;图 2-15(b)所示为加入电压有效值闭环后的仿真波形,输出电压有效值 228.5 V,THD=3.49%。作为输出电压瞬时值闭环的补偿,电压有效值环的加入可提高输出电压稳压精度并降低输出电压 THD 的值,即“硬化了”输出电压特性。

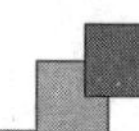

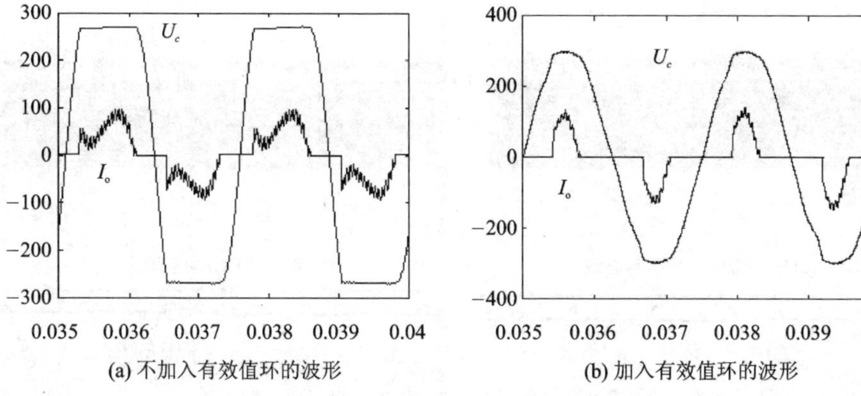

(a) 不加入有效值环的波形　　(b) 加入有效值环的波形

图 2-15　有效值环对系统的影响

2.2.4　实验结果分析

输出电压在 220 V/50 Hz 体制下的稳态电压波形如图 2-16 所示。其中，通道 2 为母线电压，通道 3 为 A 相输出电压，通道 4 为 A 相输出电流。

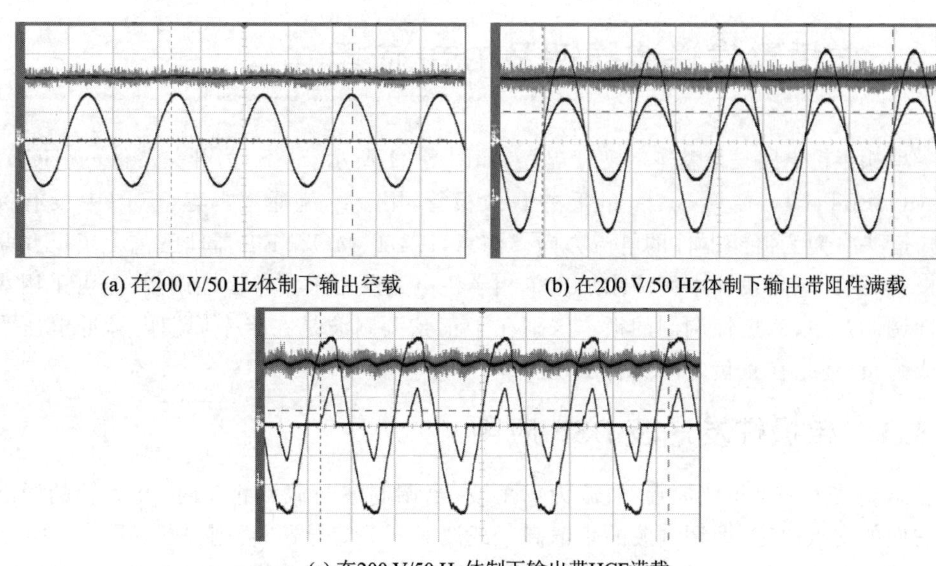

(a) 在200 V/50 Hz体制下输出空载　　(b) 在200 V/50 Hz体制下输出带阻性满载

(c) 在200 V/50 Hz体制下输出带HCF满载

图 2-16　220 V/50 Hz 体制下的稳态电压波形

输出电压在 220 V/50 Hz 体制下的瞬态电压波形如图 2-17 所示。其中，通道 2 为母线电压，通道 3 为 A 相输出电压，通道 4 为 A 相输出电流。

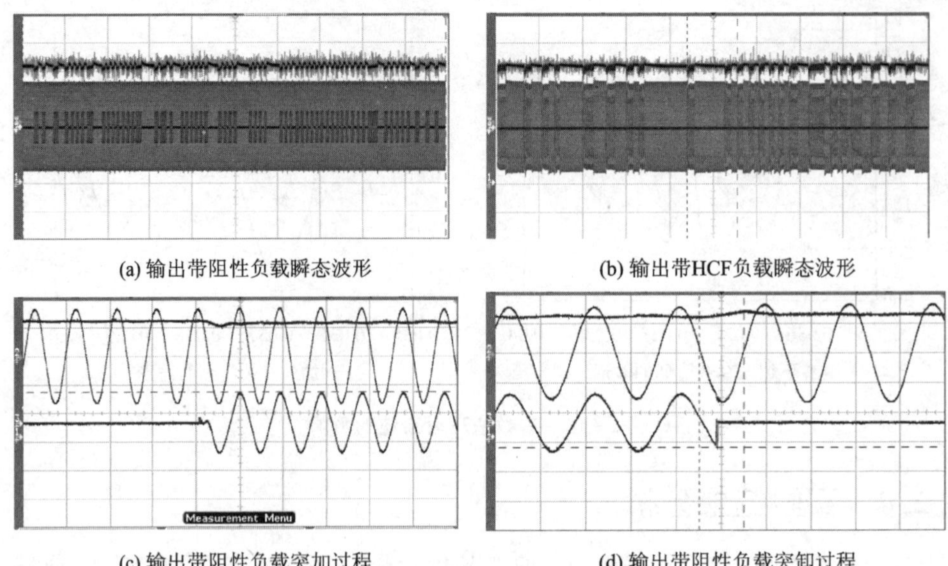

(a) 输出带阻性负载瞬态波形　　(b) 输出带HCF负载瞬态波形

(c) 输出带阻性负载突加过程　　(d) 输出带阻性负载突卸过程

图 2-17　220 V/50 Hz 体制下的瞬态电压波形

2.3　单桥臂发送波原理及 DSP 应用

单相半桥电路是最基本的逆变电路，如图 2-1 所示，S_1、S_2 为开关器件——IGBT 或 MOSFET；D1、D2 为 S_1、S_2 的反并联二极管，用于续流通道的建立（图中没有标出）；箭头方向为流经器件的电流方向。注意，IGBT、MOSFET 器件已包含了反并联二极管，因此电路设计中无须添加。单相半桥电路既可采用单极性调制，也可采用双极性调制。单、双极性调制的根本区别在于正弦调制波是在半个周期内脉冲电压为正或为负，还是在正负之间交替出现。

2.3.1　单极性发送波 DSP 应用

调制波为一个正弦波形，载波为三角波，当调制波与载波相交时，开关管的通断由它们的交点决定，即调制波的幅值高于载波时开关管导通，否则关断。图 2-18 所示为单相半桥单极性 SPWM 调制，其中，S_1、S_2 分别是开关管开通、关断时刻，U_o 为输出的脉冲电压序列。从图中可以看到，单极性 SPWM 调制时，在调制波的半个周期内电压脉冲序列只在正电压-零电压或负电压-零电压之间变化。

使用 DSP 控制也很方便，具体的操作如下：一般而言，将 EPWM1 的时钟 T1 作为基准。读者可直接参考下述 EPWM1 模块初始化程序。EPWM2～EPWM6 的相关配置与 EPWM1 类似，只是在模块同步时区别设置即可，设置方法详见时间管理器章节，这里不详细列出。

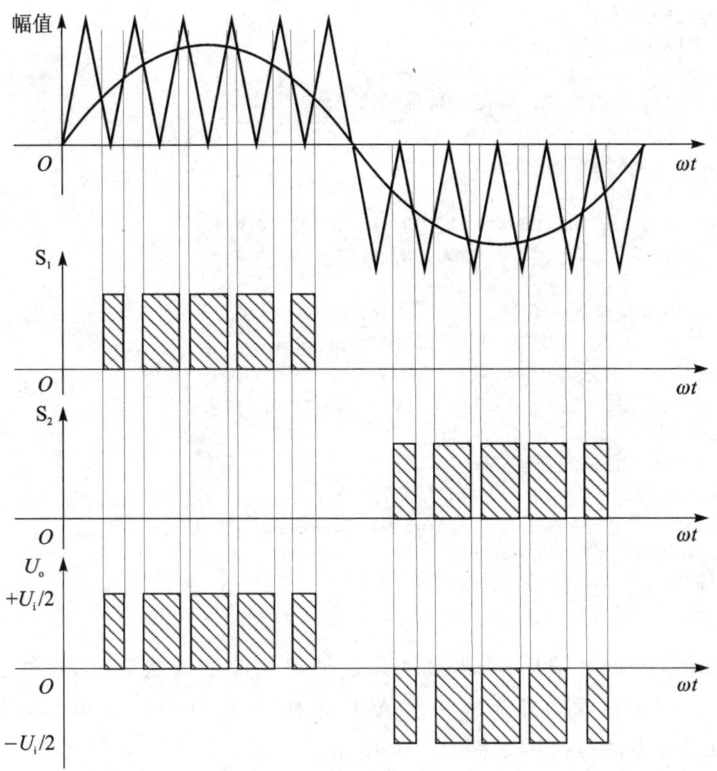

图 2-18　单相半桥单极性 SPWM 调制

```
EPWM1Regs.TBPRD = PrdCnst;                        //设置 TB 周期
EPWM1Regs.CMPA.half.CMPA = Cnst;                  //CMPA 初始化
EPWM1Regs.TBCTL.bit.CTRMODE = TB_UP_DOWN;         //TB 为连续增减模式
EPWM1Regs.TBCTL.bit.PHSEN = TB_DISABLE;           //不同步
EPWM1Regs.TBCTL.bit.PRDLD = TB_SHADOW;            //写入映射寄存器,下个周期载入
EPWM1Regs.TBCTL.bit.SYNCOSEL = TB_CTR_ZERO;       //PWM1 过零发同步信号
EPWM1Regs.TBCTL.bit.HSPCLKDIV = TB_DIV1;          //时钟设置 TBCLK
EPWM1Regs.TBCTL.bit.CLKDIV = TB_DIV1;             //SYSCLK /(HSPCLKDIV * CLKDIV)
//更新 CMPA 值不会立即生效,而是写到映射寄存器,载入时刻需要另外设置
EPWM1Regs.CMPCTL.bit.SHDWAMODE = CC_SHADOW;
//更新 CMPB 值不会立即生效,而是写到映射寄存器,载入时刻需要另外设置
EPWM1Regs.CMPCTL.bit.SHDWBMODE = CC_SHADOW;
//当 CTR = 0 或者 PRD 时,载入 CMPA 映射寄存器的值并生效
EPWM1Regs.CMPCTL.bit.LOADAMODE = CC_CTR_ZERO_PRD;
//当 CTR = 0 或者 PRD 时,载入 CMPB 映射寄存器的值并生效
EPWM1Regs.CMPCTL.bit.LOADBMODE = CC_CTR_ZERO_PRD;

//CTR = CMPA 且 TBPRD 正上升,EPWMA 输出低
EPWM1Regs.AQCTLA.bit.CAU = AQ_CLEAR;
//CTR = CMPA 且 TBPRD 正下降,EPWMA 输出高
```

```
EPWM1Regs.AQCTLA.bit.CAD = AQ_SET;
//CTR = CMPA 且 TBPRD 正上升,EPWMA 输出低
EPWM1Regs.AQCTLB.bit.CAU = AQ_CLEAR;
//CTR = CMPA 且 TBPRD 正下降,EPWMA 输出高
EPWM1Regs.AQCTLB.bit.CAD = AQ_SET;
//不使用 shadow 模式,立即装载
EPWM1Regs.AQSFRC.bit.RLDCSF = 3;
EPWM1Regs.AQCSFRC.bit.CSFA = AQC_NO_ACTION; //无影响
EPWM1Regs.AQCSFRC.bit.CSFB = AQC_NO_ACTION; //无影响

//上升沿、下降沿都加入死区
EPWM1Regs.DBCTL.bit.OUT_MODE = DB_FULL_ENABLE;
//EPWMAx 输出低有效,EPWMBx 输出高有效

EPWM1Regs.DBCTL.bit.POLSEL = DB_ACTV_LOC;
//上升沿死区设置值,这里指前边沿之间的死区时间计数值
EPWM1Regs.DBRED = DeadTimeCnst;
//下降沿死区设置值,这里指后边沿之间的死区时间计数值
EPWM1Regs.DBFED = DeadTimeCnst;
//不允许 ET 模块产生中断
EPWM1Regs.ETSEL.bit.INTEN = 0;
```

发波算法在控制算法后,将得到的调制波经相应的算法变换,再通过 DSP 对应的引脚输出。假设每次中断完成一次 A/D 采样、一次环路计算和一次 PWM 发波。单相半桥单极性发波流程图如图 2-19 所示。

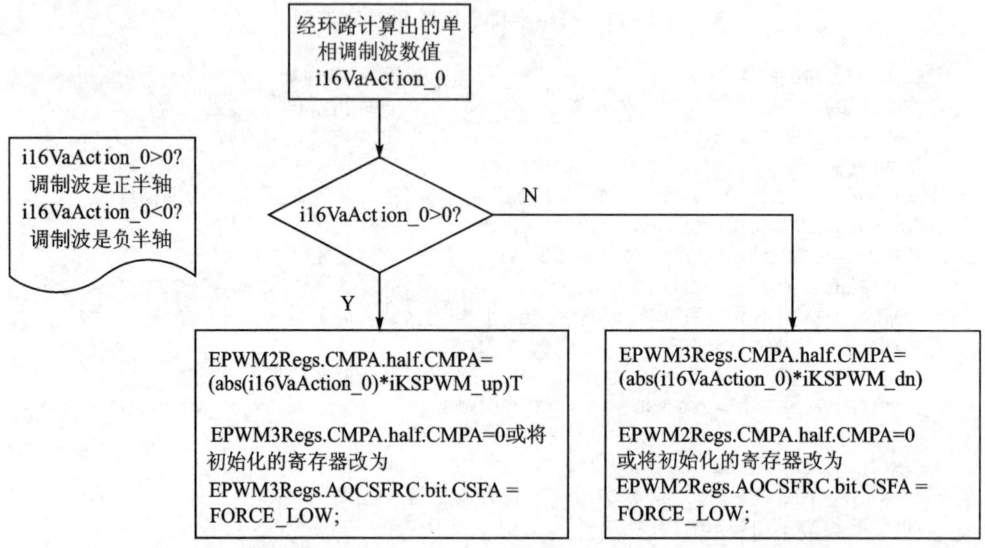

图 2-19 单相半桥单极性发波流程图

其中,寄存器 EPWM2Regs.CMPA.half.CMPA 对应的输出引脚作为 S_1 的驱动,寄存器 EPWM3Regs.CMPA.half.CMPA 对应的输出引脚作为 S_2 的驱动,S_1、

S_2 的驱动电平均为高有效。

iKpwm_up、iKpwm_dn 分别为调制波正、负半周的 PWM 调制系数：

$$\text{iKpwm\_up} = \frac{1}{U_{\text{DCup}}} \times U_{\text{out}} \times \text{TBPR} \tag{2-28}$$

$$\text{iKpwm\_dn} = \frac{1}{U_{\text{DCdn}}} \times U_{\text{out}} \times \text{TBPR} \tag{2-29}$$

TBPR 为时钟 T_1 的周期值，由于选用的是连续增减模式，则该值可以按下式计算：

$$\text{TBPR} = \frac{\text{SysClkOut}}{\text{IntFreq} \times 2} \tag{2-30}$$

式中：SysClkOut 为 CPU 系统时钟；IntFreq 为中断频率；U_{DCup}、U_{DCdn} 分别为正、负半周母线电压；U_{out} 为交流输出的额定电压，如 220 V。

2.3.2　双极性发送波 DSP 应用

双极性 PWM 调制区别于单极性调制最显著的特点是在半周期内输出电压脉冲序列在正、负两个点电平之间变化，还是正负交变。图 2－20 所示为 S_1、S_2 的开关序列和输出电压 U_o 的脉冲序列。

单极性 PWM 调制的输出电压中、高次谐波分量较小，双极性调制能得到正弦输出电压波形，但其代价是产生了较大的开关损耗。

发波流程图如图 2－21 所示。其中，寄存器 EPWM2Regs. CMPA. half. CMPA 对应的输出引脚作为 S_1 的驱动，寄存器 EPWM2Regs. CMPB 对应的输出引脚作为 S_2 的驱动，S_1、S_2 的驱动电平均为高有效。

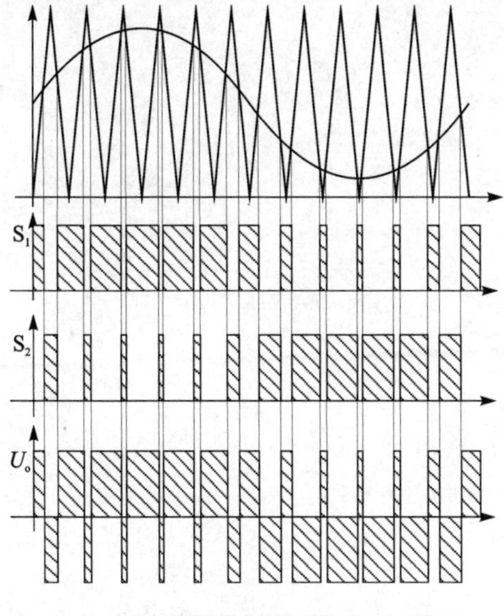

图 2－20　单相半桥双极性 PWM 调制

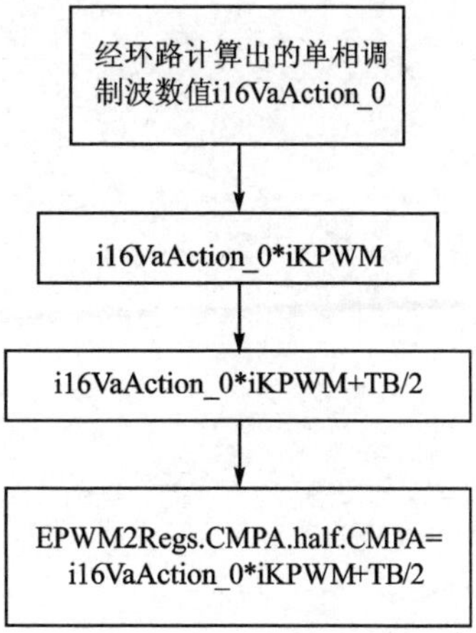

经环路计算出的单相调制波数值i16VaAction_0

↓

i16VaAction_0*iKPWM

↓

i16VaAction_0*iKPWM+TB/2

↓

EPWM2Regs.CMPA.half.CMPA=i16VaAction_0*iKPWM+TB/2

图 2－21　发波流程图

iKpwm 为调制波的 PWM 调制系数：

$$\text{iKpwm} = \frac{1}{U_{DC}} \times U_{out} \times \frac{\text{TBPR}}{2} \qquad (2-31)$$

式中：U_{DC} 为母线电压，可看作 $U_{DCup} + U_{DCdn}$；U_{out} 为交流输出的额定电压，如 230 V。

TBPR 为时钟 T_1 的周期值，由于选用的是连续增减模式，则该值可以按下式计算：

$$\text{TBPR} = \frac{\text{SysClkOut}}{\text{IntFreq} \times 2} \qquad (2-32)$$

式中：SysClkOut 为 CPU 系统时钟；IntFreq 为中断频率。

第3章 三相逆变器数字控制技术

3.1 逆变输出变压器等效模型

数学建模是分析和研究三相逆变电源的基础。带变压器的逆变结构在数学模型的建立中，只需对变压器副边电压电流进行原边等效，因此本质上与不带变压器的逆变结构相同。为了防止逆变器输出电压的三次谐波传输至输出端，隔离变压器常被设计成△/Z方式，其模型如图3-1所示。

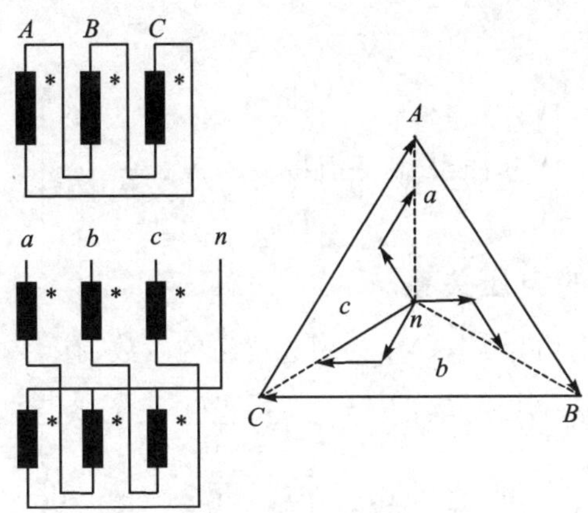

图3-1 △/Z形变压器的模型

令 $K_{tr}=N_2/N_1$，其中 N_1、N_2 分别为变压器原边、副边的线圈匝数。

本书以图3-2所示的△/Z形变压器UPS拓扑结构为例进行分析，并规定原边流入变压器的电流为正，副边流出变压器的电流为负。

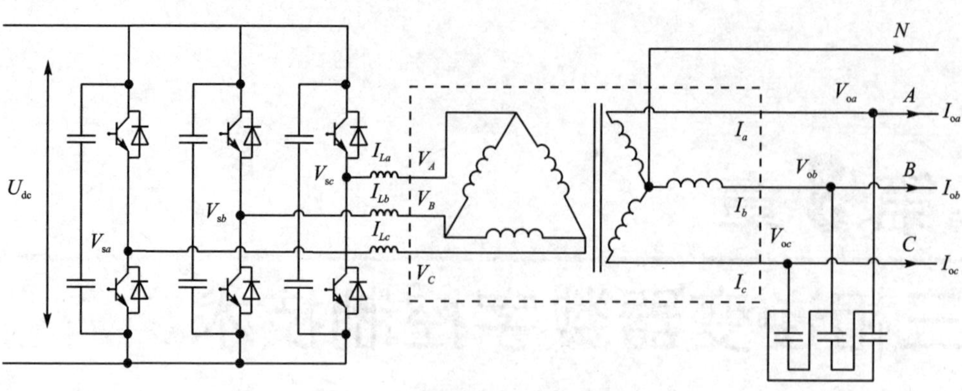

图 3-2　△/Z 形变压器 UPS 拓扑结构

1. 变压器原边的电压关系

令原边漏感大小均为 L_{d1}，变压器原边星形绕组产生的磁通分别为 φ_1、φ_2、φ_3，N_1 为原边绕组的匝数，有

$$\begin{cases} V_{AC} = L_{d1}\dfrac{dI_{AC}}{dt} + N_1\dfrac{d\varphi_1}{dt} \\ V_{BA} = L_{d1}\dfrac{dI_{BA}}{dt} + N_1\dfrac{d\varphi_2}{dt} \\ V_{CB} = L_{d1}\dfrac{dI_{CB}}{dt} + N_1\dfrac{d\varphi_3}{dt} \end{cases} \tag{3-1}$$

写成矩阵形式为

$$\begin{bmatrix} V_{AC} \\ V_{BA} \\ V_{CB} \end{bmatrix} = L_{d1}\frac{d}{dt}\begin{bmatrix} I_{AC} \\ I_{BA} \\ I_{CB} \end{bmatrix} + N_1\frac{d}{dt}\begin{bmatrix} \varphi_1 \\ \varphi_2 \\ \varphi_3 \end{bmatrix} \tag{3-2}$$

2. 变压器副边的电压关系

规定副边漏感大小均为 L_{d2}，N_2 为副边绕组的匝数，有

$$\begin{cases} V_{oa} = -L_{d2}\dfrac{dI_a}{dt} + N_2\dfrac{d\varphi_1}{dt} - N_2\dfrac{d\varphi_2}{dt} \\ V_{ob} = -L_{d2}\dfrac{dI_b}{dt} + N_2\dfrac{d\varphi_2}{dt} - N_2\dfrac{d\varphi_3}{dt} \\ V_{oc} = -L_{d2}\dfrac{dI_c}{dt} + N_2\dfrac{d\varphi_3}{dt} - N_2\dfrac{d\varphi_1}{dt} \end{cases} \tag{3-3}$$

写成矩阵形式为

$$\begin{bmatrix} V_{oa} \\ V_{ob} \\ V_{oc} \end{bmatrix} = -L_{d2}\frac{d}{dt}\begin{bmatrix} I_a \\ I_b \\ I_c \end{bmatrix} + N_2\begin{bmatrix} 1 & -1 & 0 \\ 0 & 1 & -1 \\ -1 & 0 & 1 \end{bmatrix}\frac{d}{dt}\begin{bmatrix} \varphi_1 \\ \varphi_2 \\ \varphi_3 \end{bmatrix} \tag{3-4}$$

3. 变压器原、副边电压关系

消去磁通关系：

$$\begin{bmatrix} V_{oa} \\ V_{ob} \\ V_{oc} \end{bmatrix} = -L_{d2}\frac{\mathrm{d}}{\mathrm{d}t}\begin{bmatrix} I_a \\ I_b \\ I_c \end{bmatrix} + \frac{N_2}{N_1}\begin{bmatrix} 1 & -1 & 0 \\ 0 & 1 & -1 \\ -1 & 0 & 1 \end{bmatrix}\left(\begin{bmatrix} V_{AC} \\ V_{BA} \\ V_{CB} \end{bmatrix} - L_{d1}\frac{\mathrm{d}}{\mathrm{d}t}\begin{bmatrix} I_{AC} \\ I_{BA} \\ I_{CB} \end{bmatrix}\right) \tag{3-5}$$

根据磁链平衡原理，列出变压器原边与副边的电流关系：

$$\begin{cases} I_{AC} = (I_a - I_c)\cdot K_{tr} \\ I_{BA} = (I_b - I_a)\cdot K_{tr} \\ I_{CB} = (I_c - I_b)\cdot K_{tr} \end{cases} \tag{3-6}$$

写成矩阵形式为

$$\begin{bmatrix} I_{AC} \\ I_{BA} \\ I_{CB} \end{bmatrix} = \frac{N_2}{N_1}\begin{bmatrix} 1 & 0 & -1 \\ -1 & 1 & 0 \\ 0 & -1 & 1 \end{bmatrix}\begin{bmatrix} I_a \\ I_b \\ I_c \end{bmatrix} \tag{3-7}$$

假设变压器为理想模型，将漏感等效到副边，等效电路如图 3－3 所示。

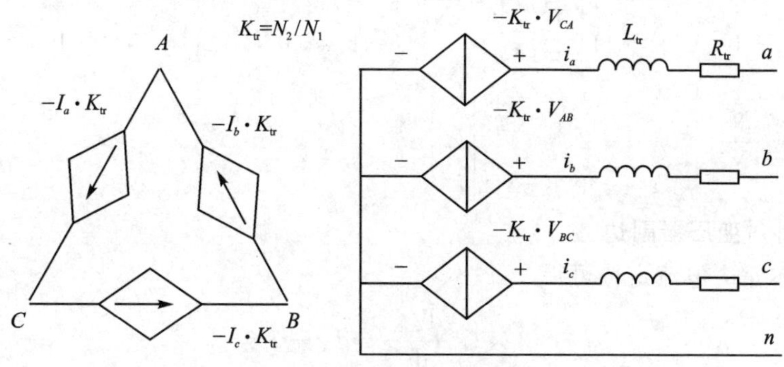

图 3－3　变压器的等效电路

3.2　逆变器的数学模型及控制器设计

3.2.1　逆变器的数学建模

1. ABC 三相坐标系下的数学模型

(1) 针对变压器原边

由基尔霍夫电压定律可得

$$\begin{cases} V_{sa}-V_{sb}=L\dfrac{\mathrm{d}I_{La}}{\mathrm{d}t}-L\dfrac{\mathrm{d}I_{Lb}}{\mathrm{d}t}+V_{AB} \\ V_{sb}-V_{sc}=L\dfrac{\mathrm{d}I_{Lb}}{\mathrm{d}t}-L\dfrac{\mathrm{d}I_{Lc}}{\mathrm{d}t}+V_{BC} \\ V_{sc}-V_{sa}=L\dfrac{\mathrm{d}I_{Lc}}{\mathrm{d}t}-L\dfrac{\mathrm{d}I_{La}}{\mathrm{d}t}+V_{CA} \end{cases} \tag{3-8}$$

写成矩阵形式为

$$\begin{bmatrix} 1 & -1 & 0 \\ 0 & 1 & -1 \\ -1 & 0 & 1 \end{bmatrix}\begin{bmatrix} V_{sa} \\ V_{sb} \\ V_{sc} \end{bmatrix}=L\begin{bmatrix} 1 & -1 & 0 \\ 0 & 1 & -1 \\ -1 & 0 & 1 \end{bmatrix}\frac{\mathrm{d}}{\mathrm{d}t}\begin{bmatrix} I_{La} \\ I_{Lb} \\ I_{Lc} \end{bmatrix}+\begin{bmatrix} V_{AB} \\ V_{BC} \\ V_{CA} \end{bmatrix} \tag{3-9}$$

由基尔霍夫电流定律可得

$$\begin{cases} I_{La}=I_{AC}-I_{BA} \\ I_{Lb}=I_{BA}-I_{CB} \\ I_{Lc}=I_{CB}-I_{AC} \end{cases} \tag{3-10}$$

写成矩阵形式为

$$\begin{aligned} \begin{bmatrix} I_{La} \\ I_{Lb} \\ I_{Lc} \end{bmatrix} &= \begin{bmatrix} 1 & -1 & 0 \\ 0 & 1 & -1 \\ -1 & 0 & 1 \end{bmatrix}\begin{bmatrix} I_{AC} \\ I_{BA} \\ I_{CB} \end{bmatrix}=\frac{N_2}{N_1}\begin{bmatrix} 1 & -1 & 0 \\ 0 & 1 & -1 \\ -1 & 0 & 1 \end{bmatrix}\begin{bmatrix} 1 & 0 & -1 \\ -1 & 1 & 0 \\ 0 & -1 & 1 \end{bmatrix}\begin{bmatrix} I_a \\ I_b \\ I_c \end{bmatrix} \\ &= -\frac{N_2}{N_1}\begin{bmatrix} -2 & 1 & 1 \\ 1 & -2 & 1 \\ 1 & 1 & -2 \end{bmatrix}\begin{bmatrix} I_a \\ I_b \\ I_c \end{bmatrix} \end{aligned} \tag{3-11}$$

(2) 针对变压器副边

由基尔霍夫电流定律可得

$$\begin{cases} 3\times C\dfrac{\mathrm{d}V_{oa}}{\mathrm{d}t}=I_a-I_{oa} \\ 3\times C\dfrac{\mathrm{d}V_{ob}}{\mathrm{d}t}=I_b-I_{ob} \\ 3\times C\dfrac{\mathrm{d}V_{oc}}{\mathrm{d}t}=I_c-I_{oc} \end{cases} \tag{3-12}$$

写成矩阵形式为

$$3\times C\frac{\mathrm{d}}{\mathrm{d}t}\begin{bmatrix} V_{oa} \\ V_{ob} \\ V_{oc} \end{bmatrix}=\begin{bmatrix} I_a \\ I_b \\ I_c \end{bmatrix}-\begin{bmatrix} I_{oa} \\ I_{ob} \\ I_{oc} \end{bmatrix} \tag{3-13}$$

进一步得到逆变器输入/输出关系为

$$\begin{bmatrix}V_{oa}\\V_{ob}\\V_{oc}\end{bmatrix}=-L_{d2}\frac{\mathrm{d}}{\mathrm{d}t}\begin{bmatrix}I_a\\I_b\\I_c\end{bmatrix}+\frac{N_2}{N_1}\begin{bmatrix}1&-1&0\\0&1&-1\\-1&0&1\end{bmatrix}\left(\begin{bmatrix}V_{AC}\\V_{BA}\\V_{CB}\end{bmatrix}-L_{d1}\frac{\mathrm{d}}{\mathrm{d}t}\begin{bmatrix}I_{AC}\\I_{BA}\\I_{CB}\end{bmatrix}\right) \tag{3-14}$$

因而有

$$\begin{bmatrix}V_{oa}\\V_{ob}\\V_{oc}\end{bmatrix}=K_{tr}\begin{bmatrix}1&-1&0\\0&1&-1\\-1&0&1\end{bmatrix}\begin{bmatrix}V_{AC}\\V_{BA}\\V_{CB}\end{bmatrix}-K_{tr}L_{d1}\begin{bmatrix}1&-1&0\\0&1&-1\\-1&0&1\end{bmatrix}\frac{\mathrm{d}}{\mathrm{d}t}\begin{bmatrix}I_{AC}\\I_{BA}\\I_{CB}\end{bmatrix}-L_{d2}\frac{\mathrm{d}}{\mathrm{d}t}\begin{bmatrix}I_a\\I_b\\I_c\end{bmatrix} \tag{3-15}$$

整理可得

$$\begin{aligned}\begin{bmatrix}V_{oa}\\V_{ob}\\V_{oc}\end{bmatrix}&=K_{tr}\begin{bmatrix}1&-1&0\\0&1&-1\\-1&0&1\end{bmatrix}\begin{bmatrix}1&1&0\\0&1&1\\1&0&1\end{bmatrix}\begin{bmatrix}V_{AB}\\V_{BC}\\V_{CA}\end{bmatrix}-\\&\quad K_{tr}^2L_{d1}\begin{bmatrix}1&-1&0\\0&1&-1\\-1&0&1\end{bmatrix}\begin{bmatrix}1&0&-1\\-1&1&0\\0&-1&1\end{bmatrix}\frac{\mathrm{d}}{\mathrm{d}t}\begin{bmatrix}I_a\\I_b\\I_c\end{bmatrix}-L_{d2}\frac{\mathrm{d}}{\mathrm{d}t}\begin{bmatrix}I_a\\I_b\\I_c\end{bmatrix}\\&=\begin{bmatrix}-2&1&1\\1&-2&1\\1&1&-2\end{bmatrix}\left(-K_{tr}\begin{bmatrix}V_{sa}\\V_{sb}\\V_{sc}\end{bmatrix}+K_{tr}L\frac{\mathrm{d}}{\mathrm{d}t}\begin{bmatrix}I_{La}\\I_{Lb}\\I_{Lc}\end{bmatrix}+\right.\\&\quad\left.K_{tr}^2L_{d1}\frac{\mathrm{d}}{\mathrm{d}t}\begin{bmatrix}I_a\\I_b\\I_c\end{bmatrix}\right)-L_{d2}\frac{\mathrm{d}}{\mathrm{d}t}\begin{bmatrix}I_a\\I_b\\I_c\end{bmatrix}\\&=\begin{bmatrix}-2&1&1\\1&-2&1\\1&1&-2\end{bmatrix}\left(-K_{tr}\begin{bmatrix}V_{sa}\\V_{sb}\\V_{sc}\end{bmatrix}-K_{tr}^2L\begin{bmatrix}-2&1&1\\1&-2&1\\1&1&-2\end{bmatrix}\frac{\mathrm{d}}{\mathrm{d}t}\begin{bmatrix}I_a\\I_b\\I_c\end{bmatrix}+\right.\\&\quad\left.K_{tr}^2L_{d1}\frac{\mathrm{d}}{\mathrm{d}t}\begin{bmatrix}I_a\\I_b\\I_c\end{bmatrix}\right)-L_{d2}\frac{\mathrm{d}}{\mathrm{d}t}\begin{bmatrix}I_a\\I_b\\I_c\end{bmatrix}\end{aligned}$$

$$
=\begin{bmatrix}-2&1&1\\1&-2&1\\1&1&-2\end{bmatrix}\left(-K_{\mathrm{tr}}\begin{bmatrix}V_{sa}\\V_{sb}\\V_{sc}\end{bmatrix}+3K_{\mathrm{tr}}^{2}L+K_{\mathrm{tr}}^{2}L_{\mathrm{d1}}\frac{\mathrm{d}}{\mathrm{d}t}\begin{bmatrix}I_a\\I_b\\I_c\end{bmatrix}+L_{\mathrm{d2}}\right)-
L_{\mathrm{d2}}\frac{\mathrm{d}}{\mathrm{d}t}\begin{bmatrix}I_a\\I_b\\I_c\end{bmatrix}\tag{3-16}
$$

即

$$
\begin{cases}
\begin{bmatrix}V_{oa}\\V_{ob}\\V_{oc}\end{bmatrix}=-K_{\mathrm{tr}}\begin{bmatrix}-2&1&1\\1&-2&1\\1&1&-2\end{bmatrix}\begin{bmatrix}V_{sa}\\V_{sb}\\V_{sc}\end{bmatrix}+(3K_{\mathrm{tr}}^{2}L+K_{\mathrm{tr}}^{2}L_{\mathrm{d1}})\cdot\\
\qquad\begin{bmatrix}-2&1&1\\1&-2&1\\1&1&-2\end{bmatrix}\frac{\mathrm{d}}{\mathrm{d}t}\begin{bmatrix}I_a\\I_b\\I_c\end{bmatrix}-L_{\mathrm{d2}}\frac{\mathrm{d}}{\mathrm{d}t}\begin{bmatrix}I_a\\I_b\\I_c\end{bmatrix}\\
3\times C\frac{\mathrm{d}}{\mathrm{d}t}\begin{bmatrix}V_{oa}\\V_{ob}\\V_{oc}\end{bmatrix}=\begin{bmatrix}I_a\\I_b\\I_c\end{bmatrix}-\begin{bmatrix}I_{oa}\\I_{ob}\\I_{oc}\end{bmatrix}
\end{cases}\tag{3-17}
$$

2. $\alpha\beta$ 坐标系下的等效数学模型

令 $abc\rightarrow\alpha\beta$ 轴的变换阵为

$$
T_1=\frac{2}{3}\begin{bmatrix}1&-1/2&-1/2\\0&\sqrt{3}/2&-\sqrt{3}/2\\1/\sqrt{2}&1/\sqrt{2}&1/\sqrt{2}\end{bmatrix}
$$

得到

$$
\begin{cases}
T_1\begin{bmatrix}V_{oa}\\V_{ob}\\V_{oc}\end{bmatrix}=-K_{\mathrm{tr}}T_1\begin{bmatrix}-2&1&1\\1&-2&1\\1&1&-2\end{bmatrix}T_2^{-1}T_1\begin{bmatrix}V_{sa}\\V_{sb}\\V_{sc}\end{bmatrix}+(3K_{\mathrm{tr}}^{2}L+K_{\mathrm{tr}}^{2}L_{\mathrm{d1}})\cdot\\
\qquad\begin{bmatrix}-2&1&1\\1&-2&1\\1&1&-2\end{bmatrix}T_2^{-1}T_1\frac{\mathrm{d}}{\mathrm{d}t}\begin{bmatrix}I_a\\I_b\\I_c\end{bmatrix}-L_{\mathrm{d2}}\frac{\mathrm{d}}{\mathrm{d}t}\begin{bmatrix}I_a\\I_b\\I_c\end{bmatrix}\\
3T_1\times C\frac{\mathrm{d}}{\mathrm{d}t}\begin{bmatrix}V_{oa}\\V_{ob}\\V_{oc}\end{bmatrix}=T_1\begin{bmatrix}I_a\\I_b\\I_c\end{bmatrix}-T_1\begin{bmatrix}I_{oa}\\I_{ob}\\I_{oc}\end{bmatrix}
\end{cases}\tag{3-18}
$$

进而有

$$\begin{cases}\begin{bmatrix}V_{o\alpha}\\V_{o\beta}\\V_{o0}\end{bmatrix}=K_{tr}\begin{bmatrix}3&0&0\\0&3&0\\0&0&0\end{bmatrix}\begin{bmatrix}V_{s\alpha}\\V_{s\beta}\\V_{s0}\end{bmatrix}-\left((3K_{tr}^2L+K_{tr}^2L_{d1})\begin{bmatrix}3&0&0\\0&3&0\\0&0&0\end{bmatrix}+L_{d2}\right)\dfrac{d}{dt}\begin{bmatrix}I_{\alpha}\\I_{\beta}\\I_{0}\end{bmatrix}\\3\times C\dfrac{d}{dt}\begin{bmatrix}V_{o\alpha}\\V_{o\beta}\\V_{o0}\end{bmatrix}=\begin{bmatrix}I_{\alpha}\\I_{\beta}\\I_{0}\end{bmatrix}-\begin{bmatrix}I_{o\alpha}\\I_{o\beta}\\I_{o0}\end{bmatrix}\end{cases}\tag{3-19}$$

3. *dq* 坐标系下的等效数学模型

令静止/旋转变换阵为

$$T_2=\begin{bmatrix}\cos(\omega t)&\sin(\omega t)\\-\sin(\omega t)&\cos(\omega t)\end{bmatrix}$$

则有

$$T_2\frac{d}{dt}\begin{bmatrix}I_{\alpha}\\I_{\beta}\\I_{0}\end{bmatrix}=\frac{d}{dt}\begin{bmatrix}I_{d}\\I_{q}\\I_{0}\end{bmatrix}-\omega\begin{bmatrix}I_q\\-I_d\end{bmatrix}$$

因而有

$$\begin{cases}\begin{bmatrix}V_{od}\\V_{oq}\\V_{o0}\end{bmatrix}=K_{tr}T_2\begin{bmatrix}3&0&0\\0&3&0\\0&0&0\end{bmatrix}T_2^{-1}\begin{bmatrix}V_{sd}\\V_{sq}\\V_{s0}\end{bmatrix}-\Bigg((3K_{tr}^2L+K_{tr}^2L_{d1})T_2\cdot\\\quad\begin{bmatrix}3&0&0\\0&3&0\\0&0&0\end{bmatrix}T_2^{-1}+L_{d2}\Bigg)\dfrac{d}{dt}\begin{bmatrix}I_{d}\\I_{q}\\I_{0}\end{bmatrix}=K_{tr}\begin{bmatrix}3&0&0\\0&3&0\\0&0&0\end{bmatrix}\begin{bmatrix}V_{sd}\\V_{sq}\\V_{s0}\end{bmatrix}-\\\quad\left((3K_{tr}^2L+K_{tr}^2L_{d1})\cdot\begin{bmatrix}3&0&0\\0&3&0\\0&0&0\end{bmatrix}+L_{d2}\right)\left(\dfrac{d}{dt}\begin{bmatrix}I_{d}\\I_{q}\\I_{0}\end{bmatrix}-\omega\begin{bmatrix}I_q\\-I_d\end{bmatrix}\right)\\T_2 3\times C\dfrac{d}{dt}\begin{bmatrix}V_{o\alpha}\\V_{o\beta}\\V_{o0}\end{bmatrix}=T_2\begin{bmatrix}I_{\alpha}\\I_{\beta}\\I_{0}\end{bmatrix}-T_2\begin{bmatrix}I_{o\alpha}\\I_{o\beta}\\I_{o0}\end{bmatrix}\\\qquad\Rightarrow 3\times C\left(\dfrac{d}{dt}\begin{bmatrix}V_{od}\\V_{oq}\\V_{o0}\end{bmatrix}-\omega\begin{bmatrix}V_{oq}\\-V_{od}\end{bmatrix}\right)=\begin{bmatrix}I_{d}\\I_{q}\\I_{0}\end{bmatrix}-\begin{bmatrix}I_{od}\\I_{oq}\\I_{o0}\end{bmatrix}\end{cases}\tag{3-20}$$

从而得到 $dq0$ 轴的电压方程为

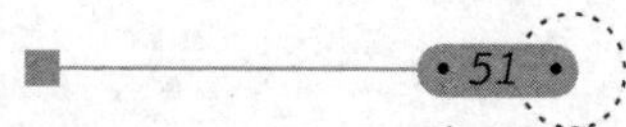

$$\begin{cases}\begin{bmatrix}V_{od}\\V_{oq}\end{bmatrix}=3K_{tr}\begin{bmatrix}V_{sd}\\V_{sq}\end{bmatrix}-\begin{bmatrix}(3K_{tr})^2L+3K_{tr}^2L_{d1}+L_{d2} & 0\\0 & (3K_{tr})^2L+3K_{tr}^2L_{d1}+L_{d2}\end{bmatrix}\cdot\\ \qquad\left(\dfrac{d}{dt}\begin{bmatrix}I_d\\I_q\end{bmatrix}-\omega\begin{bmatrix}I_q\\-I_d\end{bmatrix}\right)\\ V_{o0}=-(L_{d2})\dfrac{d}{dt}I_0\end{cases} \tag{3-21}$$

经过拉普拉斯变换,可得

$$\begin{cases}\begin{bmatrix}V_{od}(s)\\V_{oq}(s)\\V_{o0}(s)\end{bmatrix}=\dfrac{1}{3Cs}\left(\begin{bmatrix}I_d\\I_q\\I_0\end{bmatrix}-\begin{bmatrix}I_{od}\\I_{oq}\\I_{o0}\end{bmatrix}+3C\omega\begin{bmatrix}V_{oq}\\-V_{od}\end{bmatrix}\right)\\ \begin{bmatrix}I_d(s)\\I_q(s)\end{bmatrix}=\dfrac{1}{(3K_{tr}^2L-K_{tr}^2L_{d1}+L_{d2})s}\cdot\\ \qquad\left(3K_{tr}\begin{bmatrix}V_{sd}\\V_{sq}\end{bmatrix}-\begin{bmatrix}V_{od}\\V_{oq}\end{bmatrix}+\omega(3K_{tr}^2L-K_{tr}^2L_{d1}+L_{d2})\begin{bmatrix}I_q\\-I_d\end{bmatrix}\right)\\ I_0(s)=-\dfrac{1}{(-K_{tr}^2L_{d1}+L_{d2})s}V_{o0}\end{cases} \tag{3-22}$$

令 $L_i=3K_{tr}^2L-K_{tr}^2L_{d1}+L_{d2}$,$L_0=-K_{tr}^2L_{d1}+L_{d2}$ 可将逆变器模型表示为如图 3-4 所示的结构。

推导逆变电感电流与变压器副边电流之间的关系:

$$\begin{cases}\begin{bmatrix}I_{La}\\I_{Lb}\\I_{Lc}\end{bmatrix}=\begin{bmatrix}1&-1&0\\0&1&-1\\-1&0&1\end{bmatrix}\begin{bmatrix}I_{AC}\\I_{BA}\\I_{CB}\end{bmatrix}=\dfrac{N_2}{N_1}\begin{bmatrix}1&-1&0\\0&1&-1\\-1&0&1\end{bmatrix}\begin{bmatrix}1&0&-1\\-1&1&0\\0&-1&1\end{bmatrix}\begin{bmatrix}I_a\\I_b\\I_c\end{bmatrix}\\ \qquad=-\dfrac{N_2}{N_1}\begin{bmatrix}-2&1&1\\1&-2&1\\1&1&-2\end{bmatrix}\begin{bmatrix}I_a\\I_b\\I_c\end{bmatrix}\\ \begin{bmatrix}I_{L\alpha}\\I_{L\beta}\\I_{L0}\end{bmatrix}=-K_{tr}T_1\begin{bmatrix}-2&1&1\\1&-2&1\\1&1&-2\end{bmatrix}T_2^{-1}\begin{bmatrix}I_\alpha\\I_\beta\\I_0\end{bmatrix}=K_{tr}\begin{bmatrix}3&0&0\\0&3&0\\0&0&0\end{bmatrix}\begin{bmatrix}I_\alpha\\I_\beta\\I_0\end{bmatrix}\\ \begin{bmatrix}I_{Ld}\\I_{Lq}\end{bmatrix}=3K_{tr}\begin{bmatrix}I_d\\I_q\end{bmatrix}\end{cases} \tag{3-23}$$

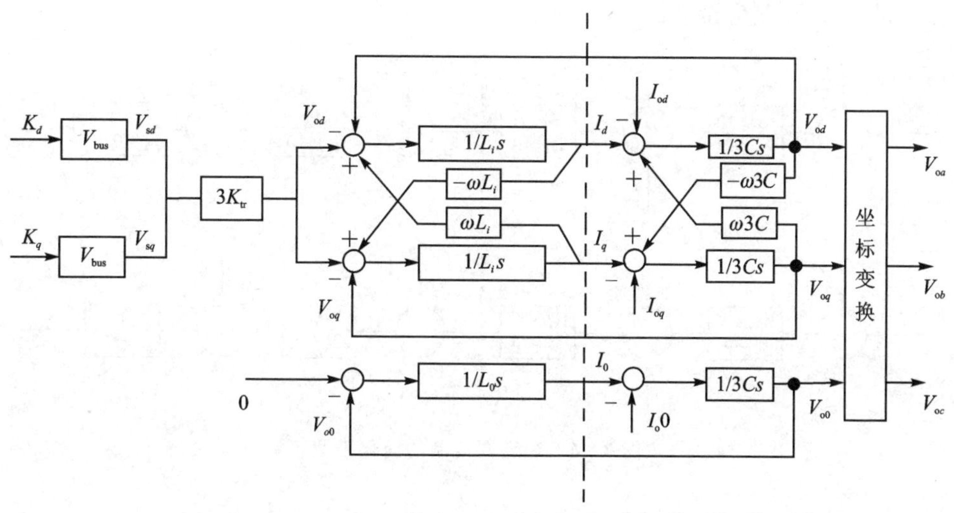

图 3－4　由数学模型(3－22)建立起来的逆变器结构

$$
\begin{bmatrix} I_{AC} \\ I_{BA} \\ I_{CB} \end{bmatrix} = \frac{N_2}{N_1} \begin{bmatrix} 1 & 0 & -1 \\ -1 & 1 & 0 \\ 0 & -1 & 1 \end{bmatrix} \begin{bmatrix} I_a \\ I_b \\ I_c \end{bmatrix} \tag{3-24}
$$

4. 逆变器控制模型

明确控制对象后，就可以对控制器进行设计。如果坐标变换选用等幅变换(系数取 2/3)，那么参考值 d 轴就等于相电压峰值 V_{dref}。q 轴和 0 轴参考值恒为零。使用反馈线性化，将控制对象中的耦合解除，如图 3－5 所示。

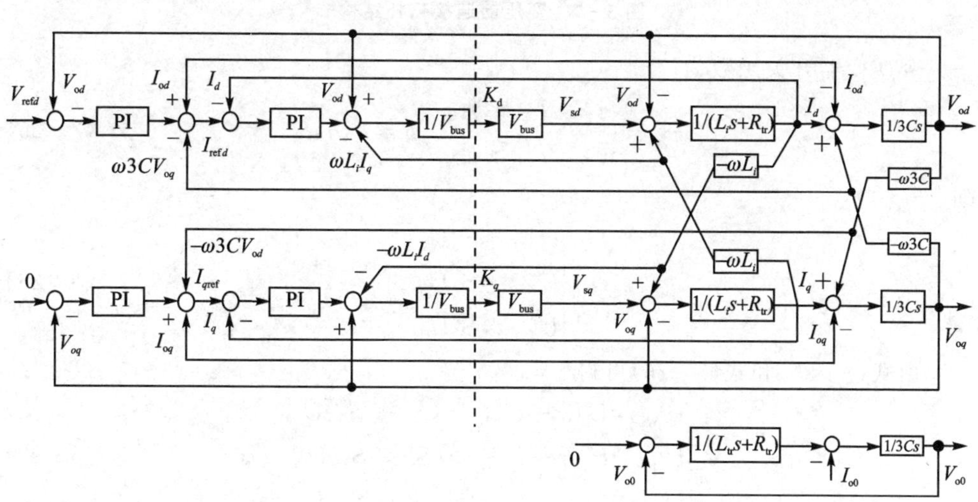

图 3－5　逆变器控制模型

简化后的控制模型如图 3-6 所示。

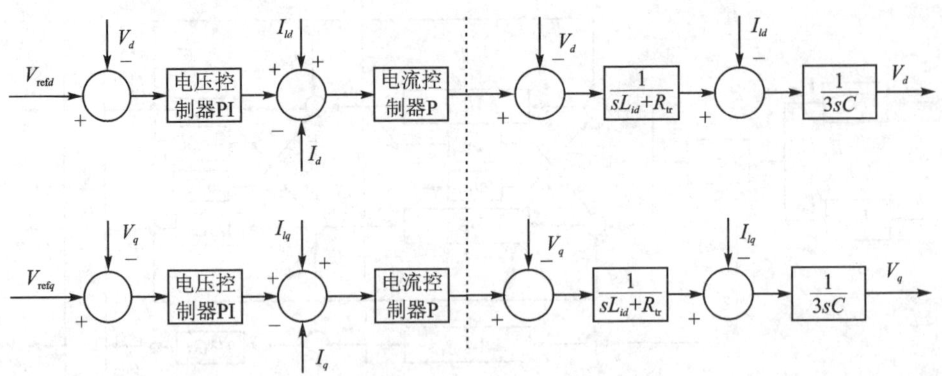

图 3-6　逆变器控制的简化模型

3.2.2　逆变器直流分量控制

变压器原边采用三角形连接，其拓扑结构如图 3-7 所示。

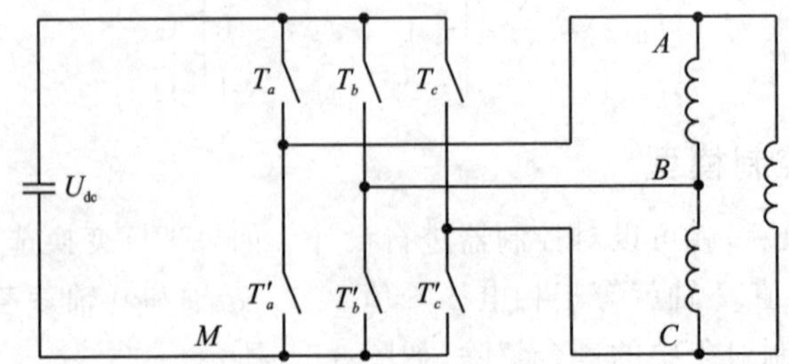

图 3-7　变压器连接拓扑结构

令逆变器开关函数为

$$S_k=\begin{cases}1, & T_k \text{ 导通}\\0, & T'_k \text{导通}\end{cases},\quad k=a,b,c \tag{3-25}$$

则

$$\begin{cases}U_{AM}=S_aU_{dc}\\U_{BM}=S_bU_{dc}\\U_{CM}=S_cU_{dc}\end{cases} \tag{3-26}$$

由式(3-25)和式(3-26)可得

$$\begin{cases}U_{AB}=U_{AM}-U_{BM}=(S_a-S_b)U_{dc}\\U_{BC}=U_{BM}-U_{CM}=(S_b-S_c)U_{dc}\\U_{CA}=U_{CM}-U_{AM}=(S_c-S_a)U_{dc}\end{cases} \tag{3-27}$$

若只考虑直流分量，则由式(3-27)可得

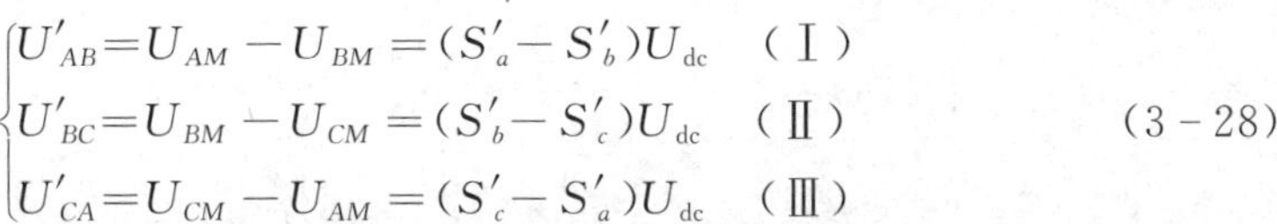

$$\begin{cases} U'_{AB}=U_{AM}-U_{BM}=(S'_a-S'_b)U_{dc} & (\text{Ⅰ}) \\ U'_{BC}=U_{BM}-U_{CM}=(S'_b-S'_c)U_{dc} & (\text{Ⅱ}) \\ U'_{CA}=U_{CM}-U_{AM}=(S'_c-S'_a)U_{dc} & (\text{Ⅲ}) \end{cases} \tag{3-28}$$

式中:U'_{AB}、U'_{BC}、U'_{CA}为变压器线电压直流分量;S'_a、S'_b、S'_c为开关函数中的直流分量。

由式(3-28)可知,调节 S'_a、S'_b、S'_c就可以调节输出直流分量U'_{AB}、U'_{BC}、U'_{CA}。由式(3-28)中的式(Ⅰ)减去式(Ⅱ)得

$$\begin{cases} 3S'_aU_{dc}-(S'_a+S'_b+S'_c)U_{dc}=U'_{AB}-U'_{CA} \\ 3S'_bU_{dc}-(S'_a+S'_b+S'_c)U_{dc}=U'_{BC}-U'_{AB} \\ 3S'_cU_{dc}-(S'_a+S'_b+S'_c)U_{dc}=U'_{CA}-U'_{BC} \\ (S'_a-S'_b-S'_c+S'_a)U_{dc}=U'_{AB}-U'_{CA} \end{cases} \tag{3-29}$$

整理式(3-29)得出控制量为

$$\begin{cases} S'_aU_{dc}=\dfrac{(S'_a+S'_b+S'_c)U_{dc}}{3}+\dfrac{U'_{AB}-U'_{CA}}{3} \\ S'_bU_{dc}=\dfrac{(S'_a+S'_b+S'_c)U_{dc}}{3}+\dfrac{U'_{BC}-U'_{AB}}{3} \\ S'_cU_{dc}=\dfrac{(S'_a+S'_b+S'_c)U_{dc}}{3}+\dfrac{U'_{CA}-U'_{BC}}{3} \end{cases} \tag{3-30}$$

对于原边为三角形连接的变压器而言,$\dfrac{(S'_a+S'_b+S'_c)U_{dc}}{3}$属于公共直流分量,去除公共直流分量可得

$$\begin{cases} S'_a=\dfrac{U'_{AB}-U'_{CA}}{3U_{dc}} \\ S'_b=\dfrac{U'_{BC}-U'_{AB}}{3U_{dc}} \\ S'_c=\dfrac{U'_{CA}-U'_{BC}}{3U_{dc}} \end{cases} \tag{3-31}$$

由变压器拓扑结构可得

$$\begin{cases} I_A=I_{AB}-I_{CA} \\ I_B=I_{BC}-I_{AB} \\ I_C=I_{CA}-I_{BC} \end{cases} \Rightarrow \begin{cases} I_{AB}=I_A-I_B+(I_{AB}+I_{BC}+I_{CA}) \\ I_{BC}=I_B-I_C+(I_{AB}+I_{BC}+I_{CA}) \\ I_{CA}=I_C-I_A+(I_{AB}+I_{BC}+I_{CA}) \end{cases} \tag{3-32}$$

$$\begin{cases} U_{AB}=U_A-U_B \\ U_{BC}=U_B-U_C \\ U_{CA}=U_C-U_A \end{cases} \Rightarrow \begin{cases} U_A=U_{AB}-U_{CA}+(U_A+U_B+U_C) \\ U_B=U_{BC}-U_{AB}+(U_A+U_B+U_C) \\ U_C=U_{CA}-U_{BC}+(U_A+U_B+U_C) \end{cases} \tag{3-33}$$

$$\begin{cases} U_{AB} = L_{AB} \dfrac{\mathrm{d}I_{AB}}{\mathrm{d}t} + R_{AB} I_{AB} \\ U_{BC} = L_{BC} \dfrac{\mathrm{d}I_{BC}}{\mathrm{d}t} + R_{BC} I_{BC} \\ U_{CA} = L_{CA} \dfrac{\mathrm{d}I_{CA}}{\mathrm{d}t} + R_{CA} I_{CA} \end{cases} \tag{3-34}$$

假设 $L = L_{AB} = L_{BC} = L_{CA}$、$R = R_{AB} = R_{BC} = R_{CA}$，则对象模型为

$$G(s) = \frac{1}{Ls + R} = \frac{1/R}{(L/R)s + 1} \tag{3-35}$$

由式(3-35)可以看出模型的稳态增益为 $1/R$，当 R 非常小时，系统的静态增益非常大。根据模型可得出如图 3-8 所示的直流电流控制框图。

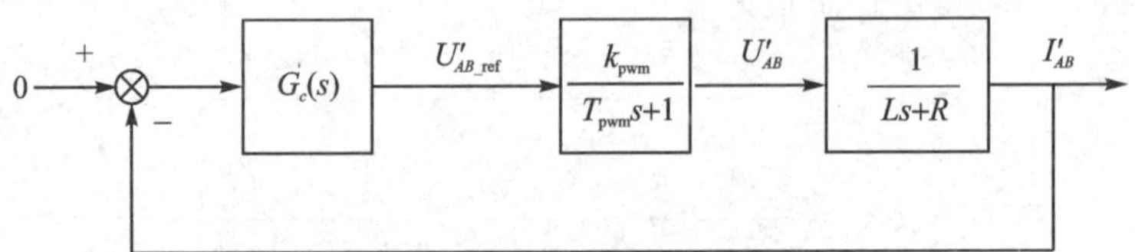

图 3-8　直流电流控制框图

3.2.3　双闭环程序代码及实验波形

1. 程序代码

```
//功能描述:电压环功能实现
//算法说明:电压参考与 dq 之差用于 PI 调节得到电流环给定 Irefd、Irefq
void Volt_Reg(void)
{
    int32    temp32;
    int16    VqIntgTmp;
    //d 轴电压调节
    Verrd = Vrefd - Vinvd;
    Verr_LMT = Verrd;
    LMT16(Verrd, Verrd_LMT, - Verrd_LMT);
    if (abs(Verrd) > VerrdThreshold)
    {
        KpVolt = KpVoltDynamic;
        KiVolt = KiVoltDynamic;
    }
    else
    {
        KpVolt -- ;
        KiVolt -- ;
        LMT16(KpVolt, KpVoltDynamic, KpVoltStable);
        LMT16(KiVolt, KiVoltDynamic, KiVoltStable);
```

```
    }
    Ax = KpVolt;
    Bx = KiVolt;
    Irefd = IntgdVR + (long)Verrd * Ax + Iinvd;
    LMT16(Irefd, iIrefd_LMT, - iIrefd_LMT);
    //积分调节
    IntgdVR += (long)Verrd * Bx;
    LMT32(IntgdVR, IntgdVR_LMT, - IntgdVR_LMT);

    //q 轴电压调节
    Verrq = VrefActq - Vinvq;
    LMT16(Verrq, Verrq_LMT, - Verrq_LMT);

    Irefq = IntgqVR + (long)Verrq * Ax + Iinvq;
    LMT16(Irefq, Irefq_LMT, - Irefq_LMT);
    //积分调节
    IntgqVR += (long)VerrqIntgTmp * Bx;
    LMT32(IntgqVR, IntgqVR_LMT, - IntgqVR_LMT);

    //电流给定限幅
    temp32 = (long)Irefd * Irefd + (long)Irefq * Irefq;
    Iref = (int)_IQ12sqrt(temp32);
    if (Iref > Iref_LMT)
    {
        Irefd = ((long)Irefd * Iref_LMT) / Iref;
        Irefq = ((long)Irefq * Iref_LMT) / Iref;
    }
}
//电流环:电流参考与电感电流之差用于 PI 调节并限幅
void Curr_Reg(void)
{
    if (INV_InCurrentLimit)
    {
        VFdFwd_d = Vinvd;
        VFdFwd_q = Vinvq;
    }
    else
    {
        VFdFwd_d += VFdFwd_d_Const;
        if (VFdFwd_d > Vrefd)
        {
            VFdFwd_d = Vrefd;
        }
        if (VFdFwd_q > VFdFwd_q_Const)
        {
            VFdFwd_q -= VFdFwd_q_Const;
        }
        else if (VFdFwd_q <- VFdFwd_q_Const)
        {
            VFdFwd_q += VFdFwd_q_Const;
```

```
        }
        else
        {
            iVFdFwd_q = 0;
        }
    }
    //d 轴电流调节
    Ax = Irefd - Ild;
    LMT16(Ax, Ax_LMT, - Ax_LMT);
    //PI 调节
    UD = IntgdCR + (Ax * KpCurr) + (Ilq * Zl) + VFdFwd_d;
    LMT16(UD, UD_LMT, - UD_LMT);
    //q 轴电流调节
    Ax = Irefq - Ilq;
    LMT16(Ax, Ax_LMT, - Ax_LMT);
    // PI 调节
    UQ = IntgqCR + (Ax * KpCurr) - (Ild * Zl) + VFdFwd_q;
    LMT16(UQ, UQ_LMT, - UQ_LMT);
}
```

2. 实验波形

观测信号通道 1 为 A 相电压,通道 2 为 B 相电流,波形如图 3-9 所示。

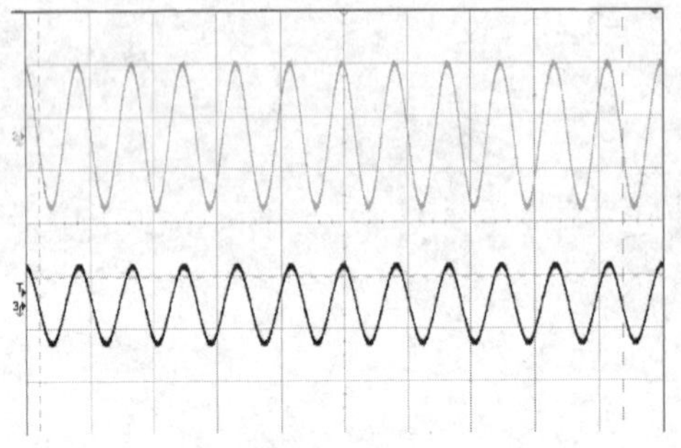

(a) 稳态时旁路电压和逆变电压波形

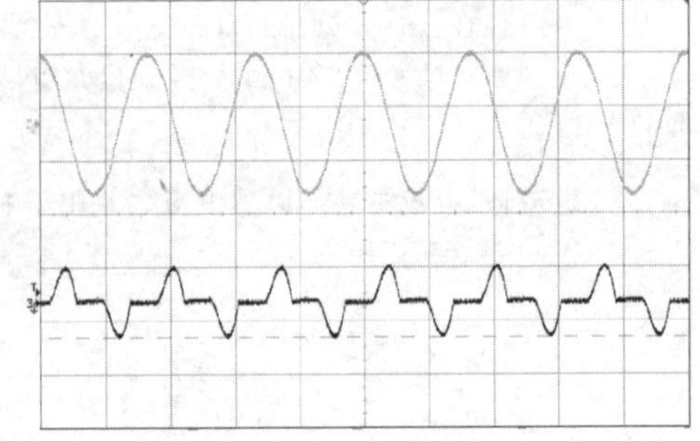

(b) 动态时旁路电压和逆变电压波形

图 3-9 平衡负载下的实验波形

3.3 三相逆变器的发波数字化实现

3.3.1 SPWM 算法及 DSP 编码

图 3-10 所示为三相桥式逆变电路,该电路相当于单相半桥电路的三相延伸,也可将三相桥式电路看作 3 个单相半桥结构的组合,从而实现 3 个桥臂的独立控制。三相 SPWM 调制也会存在载波和调制波(其中,载波相同,3 个载波为互差 120°的正弦波)。按照载波与调制波的频率调整可分为 3 种方式:

① 同步调制方式：载波比是常数，即逆变器输出的每个周期内所产生的脉冲数是一定的。逆变器的输出波形完全对称，但低频段由于 SPWM 的脉冲个数过少，谐波分量过大。

② 异步控制方式：载波频率固定不变，当调制波频率发生变化时载波比会发生变化。正因为如此，它不存在低频谐波分量大的缺点，但会造成逆变器输出不对称的现象。

③ 分段同步控制方式：结合两者的特点，低频段采用用异步控制，其他频段采用同步控制。

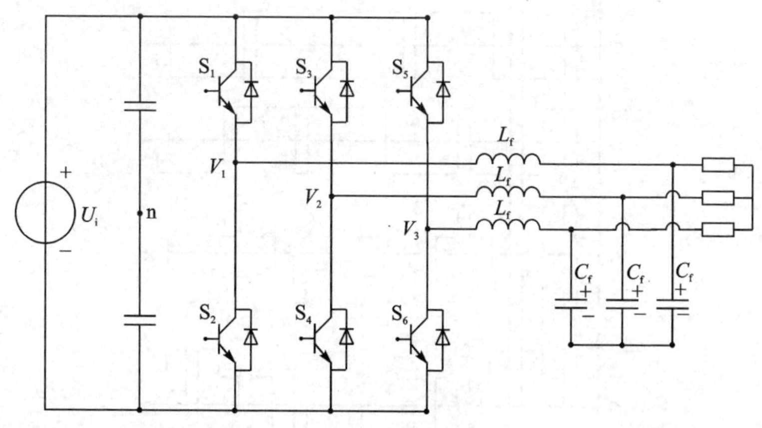

图 3-10　三相桥式逆变电路

一般而言，数字控制中常采用异步控制方式，为消除偶次谐波、消除输出电压的余弦分量，载波比 $m=3n$（n 取值为奇数）。图 3-11 所示的 SPWM 的调试方式为 $m=3$ 时的波形。

其中，

$$u'_{OO}=\frac{1}{3}(u'_{AO}+u'_{BO}+u'_{CO}) \tag{3-36}$$

$$\begin{cases} u_{AO}=u'_{AO}-u'_{OO} \\ u_{BO}=u'_{BO}-u'_{OO} \\ u_{CO}=u'_{CO}-u'_{OO} \end{cases} \tag{3-37}$$

以 F28335 为例，EPWM1 模块互补的两个输出分别作为 A 桥臂上管、下管的驱动；EPWM2 的两个输出分别作为 B 桥臂的驱动；EPWM3 的两个输出分别作为 C 桥臂的驱动。除了需要在 EPWM1 初始化配置中产生周期中断外，EPWM2 和 EPWM3 模块的初始化配置与 EPWM1 相同，初始化设置参考如下，采用 EPWM 的时钟连续增减模式。

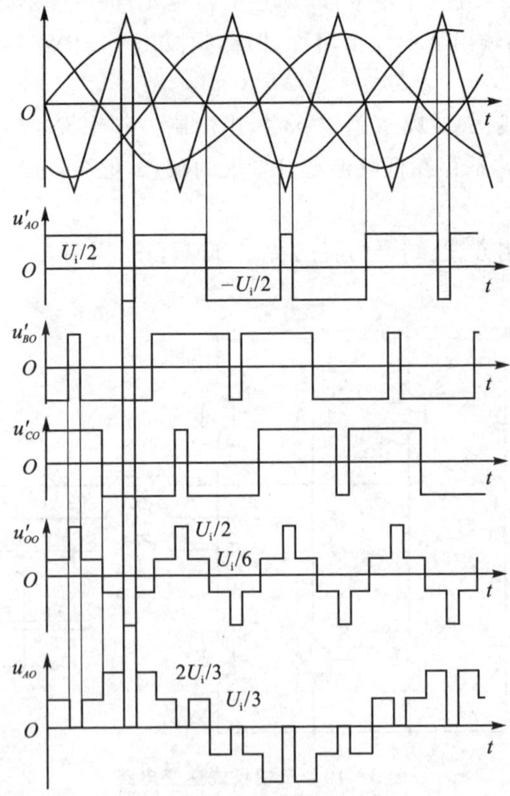

图 3-11　SPWM 调制比 $m=3$ 时的波形

```
void InitEPwm1Example()
{
    //配置时基时钟
    EPwm1Regs.TBPRD = EPWM1_TBPRD;
    EPwm1Regs.TBPHS.half.TBPHS = 0x0000;                //初始相角为 0
    EPwm1Regs.TBCTR = 0x0000;                           //计数器清零
    //配置比较寄存器数值
    EPwm1Regs.CMPA.half.CMPA = EPWM1_CMP;               //配置比较寄存器 A 中的数值
    EPwm1Regs.CMPB = EPWM1_CMP;                         //配置比较寄存器 B 中的数值
    //配置计数模式
    EPwm1Regs.TBCTL.bit.CTRMODE = TB_COUNT_UPDOWN; //增计数
    EPwm1Regs.TBCTL.bit.PHSEN = TB_DISABLE;             //不使用外部的同步脉冲
    EPwm1Regs.TBCTL.bit.HSPCLKDIV = TB_DIV1;
    EPwm1Regs.TBCTL.bit.CLKDIV = TB_DIV1;
    //配置映射模式
    EPwm1Regs.CMPCTL.bit.SHDWAMODE = CC_SHADOW;
    EPwm1Regs.CMPCTL.bit.SHDWBMODE = CC_SHADOW;
    EPwm1Regs.CMPCTL.bit.LOADAMODE = CC_CTR_ZERO; //计数器为 0 时,装载比较寄存器的数值
    EPwm1Regs.CMPCTL.bit.LOADBMODE = CC_CTR_ZERO;
    //计数器增计数时 PWM1A = 1, 计数器减计数时 PWM1A = 0
```

```
    //计数器增计数时 PWM1B = 1,计数器减计数时 PWM1B = 0
    EPwm1Regs.AQCTLA.bit.CAU = AQ_SET;
    EPwm1Regs.AQCTLA.bit.CAD = AQ_CLEAR;
    EPwm1Regs.AQCTLB.bit.CBU = AQ_CLEAR;
    EPwm1Regs.AQCTLB.bit.CBD = AQ_SET;
    EPwm1Regs.DBCTL.bit.IN_MODE = DBA_ALL;
    EPwm1Regs.DBCTL.bit.OUT_MODE = DB_FULL_ENABLE;
    EPwm1Regs.DBCTL.bit.POLSEL = DB_ACTV_HIC;
    EPwm1Regs.DBFED = DB;                              //设定死区时间
    EPwm1Regs.DBRED = DB;
    //只有 EPWM1 产生中断
    EPwm1Regs.ETSEL.bit.INTSEL = ET_CTR_ZERO;          //时间基准计数器 TBCTR = 0 时产生
                                                       //中断信号 EPWMx_INT
    EPwm1Regs.ETSEL.bit.INTEN = 1;                     //PWM1 中断使能
    EPwm1Regs.ETPS.bit.INTPRD = ET_1ST;
}
```

三相桥式 SPWM 发波算法

VaAct、VbAct、VcAct 分别为三相相差 120°的调制波，Ud 和 Uq 分别是双环控制输出的 d 轴、q 轴分量。

```
void SPWM_GEN( )
{
    //旋转/静止变换
    Alpha = Ud * CosRef - Uq * SinRef;
    Beta = Ud * SinRef + Uq * CosRef;
    //2 ->3 变换
    VaAct = Alpha;
    VbAct = ( - Alpha * 0.5) + (iBeta * 0.866);
    VcAct = ( - Alpha * 0.5) - (iBeta * 0.866);
    //发波系数折算
    VaAct = VaAct * Kpwm;
    VbAct = VbAct * Kpwm;
    VcAct = VcAct * Kpwm;
    //发波值调整
    VaAct += (T1Period >> 1);      // CMPR1 = T1Period /2 + VaAct
    VbAct += (T1Period >> 1);      // CMPR2 = T1Period /2 + VbAct
    VcAct += (T1Period >> 1);      // CMPR3 = T1Period /2 + VcAct
    //限幅处理
    LMT16(VaAct, T1Period - 100, 100);
    LMT16(VbAct, T1Period - 100, 100);
    LMT16(VcAct, T1Period - 100, 100);
    //全比较寄存器赋值
    EPwm1Regs.CMPA.half.CMPA = VaAct;
    EPwm2Regs.CMPA.half.CMPA = VbAct;
    EPwm3Regs.CMPA.half.CMPA = VcAct;
}
```

其中,

```
LMT16(V,Max,Min)为宏定义
#define LMT16(V,Max,Min){V = (V <= Min)? Min:V;V = (V >= Max)? Max:V}
KPWM = (Uout * T1Period)/Udc
```

3.3.2 SVPWM 的传统算法及 DSP 编码

与传统 SPWM 不同,SVPWM 从三相输出电压的整体效果出发,着眼于如何使电机获得理想圆形磁链轨迹,这样不仅可以降低电机转矩脉动,而且还能够提升直流母线电压的利用率。

注:母线电压利用率由原来 SPWM 发波的 0.866,提升至 1。

1. SVPWM 的基本原理

实现 SVPWM 发波算法的拓扑结构如图 3-10 所示,设逆变器输出的三相相电压分别为 $U_A(t)$、$U_B(t)$、$U_C(t)$,则可写成如下的数学表达式:

$$\begin{cases} U_A(t)=U_m\cos(\omega t) \\ U_B(t)=U_m\cos(\omega t-2\pi/3) \\ U_C(t)=U_m\cos(\omega t+2\pi/3) \end{cases} \tag{3-38}$$

式中:$\omega=2\pi f$;U_m 为峰值电压。将三相电压写成矢量形式为

$$\boldsymbol{U}(t)=U_A(t)+U_B(t)\mathrm{e}^{\mathrm{j}2\pi/3}+U_C(t)\mathrm{e}^{\mathrm{j}4\pi/3}=\frac{3}{2}U_m\mathrm{e}^{\mathrm{j}\theta} \tag{3-39}$$

式中:$\boldsymbol{U}(t)$为旋转的空间矢量,其幅值为相电压峰值的 1.5 倍,以角频率 $\omega=2\pi f$ 按逆时针方向匀速旋转。换言之,$\boldsymbol{U}(t)$在三相坐标轴上的投影就是对称的三相正弦量。

三相桥式电路共有 6 个开关器件,依据同一桥臂上下管不能同时导通的原则,开关器件一共有 2^3 个组合。若令上管导通时 S=1,下管导通时 S=0,则(Sa,Sb,Sc)一共构成如表 3-1 所列的 8 种矢量。

表 3-1 8 种开关组合

$\boldsymbol{U}_0$	$\boldsymbol{U}_1$	$\boldsymbol{U}_2$	$\boldsymbol{U}_3$	$\boldsymbol{U}_4$	$\boldsymbol{U}_5$	$\boldsymbol{U}_6$	$\boldsymbol{U}_7$
000	001	010	011	100	101	110	111

假设开关状态处于 $\boldsymbol{U}_3$ 状态,则会存在如下的方程组:

$$\begin{cases} U_{ab}=-U_i \\ U_{bc}=0 \\ U_{ca}=U_i \\ U_{ao}-U_{bo}=U_{ab} \\ U_{co}-U_{ao}=U_{ca} \\ U_{ao}+U_{bo}+U_{co}=0 \end{cases} \tag{3-40}$$

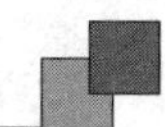

解得 $U_{bo}=U_{co}=\frac{1}{3}U_i$，$U_{ao}=-\frac{2}{3}U_i$。同理，依据上述方式可计算出其他开关组合下的空间矢量，如表 3-2 所列。

表 3-2　开关状态与电压之间的关系

(Sa,Sb,Sc)	矢量符号	相电压		
		U_{ao}	U_{bo}	U_{co}
(0,0,0)	$\boldsymbol{U}_0$	0	0	0
(1,0,0)	$\boldsymbol{U}_4$	$\frac{2}{3}U_{dc}$	$-\frac{1}{3}U_{dc}$	$-\frac{1}{3}U_{dc}$
(1,1,0)	$\boldsymbol{U}_6$	$\frac{1}{3}U_{dc}$	$\frac{1}{3}U_{dc}$	$-\frac{2}{3}U_{dc}$
(0,1,0)	$\boldsymbol{U}_2$	$-\frac{1}{3}U_{dc}$	$\frac{2}{3}U_{dc}$	$-\frac{1}{3}U_{dc}$
(0,1,1)	$\boldsymbol{U}_3$	$-\frac{2}{3}U_{dc}$	$\frac{1}{3}U_{dc}$	$\frac{1}{3}U_{dc}$
(0,0,1)	$\boldsymbol{U}_1$	$-\frac{1}{3}U_{dc}$	$-\frac{1}{3}U_{dc}$	$\frac{2}{3}U_{dc}$
(1,0,1)	$\boldsymbol{U}_5$	$\frac{1}{3}U_{dc}$	$-\frac{2}{3}U_{dc}$	$\frac{1}{3}U_{dc}$
(1,1,1)	$\boldsymbol{U}_7$	0	0	0

由表 3-2 可见，8 个矢量中有 6 个模长为$\frac{2}{3}U_{dc}$ 的非零矢量，角度间隔 60°；剩余两个零矢量位于中心。每两个相邻的非零矢量构成的区间叫作扇区，共有 6 个，如图 3-12 所示。

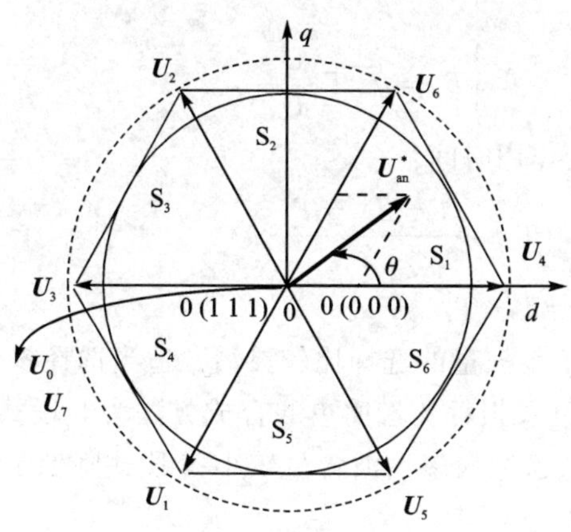

图 3-12　电压空间矢量图

在每一个扇区,选择相邻的两个电压矢量以及零矢量,可合成每个扇区内的任意电压矢量,如下:

$$\begin{cases}\boldsymbol{U}_{\text{ref}} \times T = \boldsymbol{U}_x \times T_x + \boldsymbol{U}_y \times T_y + \boldsymbol{U}_0 \times T_0 \\ T_x + T_y + T_0 \leqslant T\end{cases} \tag{3-41}$$

式中:$\boldsymbol{U}_{\text{ref}}$ 为电压矢量;T 为采样周期;T_x、T_y、T_0 分别为电压矢量 $\boldsymbol{U}_x$、$\boldsymbol{U}_y$ 和零电压矢量 $\boldsymbol{U}_0$ 的作用时间。

由于三相电压在空间中可合成一个速度为电源角频率的旋转电压,因此可以利用电压向量合成技术,即由某一矢量开始,每一个开关频率增加一个增量,该增量是由扇区内相邻的两个基本非零向量与零电压向量合成,如此反复,从而达到电压空间向量脉宽调制的目的。

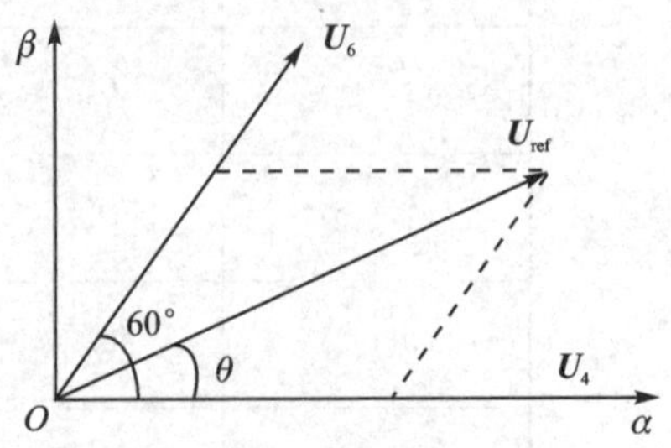

图 3-13 电压矢量在第1区间的合成

2. SVPWM的原理推导

电压向量 $\boldsymbol{U}_{\text{ref}}$ 在第1扇区,如图3-13所示,欲用 $\boldsymbol{U}_4$、$\boldsymbol{U}_6$ 及非零矢量 $\boldsymbol{U}_0$ 合成,根据式(3-41)可得

$$\boldsymbol{U}_{\text{ref}} \times T = \boldsymbol{U}_4 \times T_4 + \boldsymbol{U}_6 \times T_6 + \boldsymbol{U}_0 \times T_0$$

对于 α 轴有

$$|\boldsymbol{U}_{\text{ref}}| \times T \times \cos\theta = U_\alpha \times T = |\boldsymbol{U}_4| \times T_4 + |\boldsymbol{U}_6| \times T_6 \times \cos 60^\circ \tag{3-42}$$

对于 β 轴有

$$|\boldsymbol{U}_{\text{ref}}| \times T \times \sin\theta = U_\beta \times T = |\boldsymbol{U}_6| \times T_6 \times \sin 60^\circ \tag{3-43}$$

又因为 $|\boldsymbol{U}_6| = |\boldsymbol{U}_4| = \frac{2}{3}U_i$,可计算出两个非零矢量的作用时间:

$$\begin{cases}T_4 = \dfrac{3T}{2U_i}\left(U_\alpha - U_\beta \dfrac{1}{\sqrt{3}}\right) \\ T_6 = \sqrt{3}\,T\,\dfrac{U_\beta}{U_i}\end{cases} \tag{3-44}$$

进而得到零矢量的作用时间:

- 7段式发波:$T_0 = T_7 = \dfrac{T - T_4 - T_6}{2}$;
- 5段式发波:$T_7 = T - T_4 - T_6$。

在SVPWM调制中零矢量的选择比较灵活。适当选择零矢量,可最大限度地减少开关次数,从而减少开关损耗。最简单的合成方法为5段式对称发波和7段式对称发波:7段式发波开关次数较多谐波含量较小;5段式降低了开关次数,但增大了谐波含量。

5 段式对称 SVPWM 矢量合成公式：

$$\boldsymbol{U}_{\mathrm{ref}}T=\boldsymbol{U}_0\frac{T_0}{2}+\boldsymbol{U}_1\frac{T_x}{2}+\boldsymbol{U}_2T_y+\boldsymbol{U}_1\frac{T_x}{2}+\boldsymbol{U}_0\frac{T_0}{2} \tag{3-45}$$

7 段式对称 SVPWM 矢量合成公式：

$$\boldsymbol{U}_{\mathrm{ref}}T=\boldsymbol{U}_0\frac{T_0}{4}+\boldsymbol{U}_1\frac{T_x}{2}+\boldsymbol{U}_2\frac{T_y}{2}+\boldsymbol{U}_7\frac{T_0}{2}+\boldsymbol{U}_2\frac{T_y}{2}+\boldsymbol{U}_1\frac{T_x}{2}+\boldsymbol{U}_0\frac{T_0}{4} \tag{3-46}$$

表 3-3 给出了 7 段式发波方式的切换顺序对照。

表 3-3　两种发波方式开关器件的切换顺序

扇　区	7 段式
1	…0—4—6—7—7—6—4—0… 0　1　1　1　1　1　1　0 0　0　1　1　1　1　0　0 0　0　0　0　1　0　0　0 $\frac{T_0}{2}$　$\frac{T_4}{2}$　$\frac{T_6}{2}$　$\frac{T_7}{2}$　$\frac{T_7}{2}$　$\frac{T_6}{2}$　$\frac{T_4}{2}$　$\frac{T_0}{2}$
2	…0—2—6—7—7—6—2—0… 0　0　1　1　1　1　0　0 0　1　1　1　1　1　1　0 0　0　0　1　1　0　0　0 $\frac{T_0}{2}$　$\frac{T_2}{2}$　$\frac{T_6}{2}$　$\frac{T_7}{2}$　$\frac{T_7}{2}$　$\frac{T_6}{2}$　$\frac{T_2}{2}$　$\frac{T_0}{2}$

续表 3-3

扇 区	7 段式
3	…0—2—3—7—7—3—2—0… 0 0 0 1 1 0 0 0 0 1 1 1 1 1 1 0 0 0 1 1 1 1 0 0 $\frac{T_0}{2}$ $\frac{T_2}{2}$ $\frac{T_3}{2}$ $\frac{T_7}{2}$ $\frac{T_7}{2}$ $\frac{T_3}{2}$ $\frac{T_2}{2}$ $\frac{T_0}{2}$
4	…0—1—3—7—7—3—1—0… 0 0 0 1 1 0 0 0 0 0 1 1 1 1 0 0 0 1 1 1 1 1 1 0 $\frac{T_0}{2}$ $\frac{T_1}{2}$ $\frac{T_3}{2}$ $\frac{T_7}{2}$ $\frac{T_7}{2}$ $\frac{T_3}{2}$ $\frac{T_1}{2}$ $\frac{T_0}{2}$
5	…0—1—5—7—7—5—1—0… 0 0 1 1 1 1 0 0 0 0 0 1 1 0 0 0 0 1 1 1 1 1 1 0 $\frac{T_0}{2}$ $\frac{T_1}{2}$ $\frac{T_5}{2}$ $\frac{T_7}{2}$ $\frac{T_7}{2}$ $\frac{T_5}{2}$ $\frac{T_1}{2}$ $\frac{T_0}{2}$

续表 3-3

扇　区	7 段式
6	…0—4—5—7—7—5—4—0… 0　1　1　1　1　1　1　0 0　0　0　1　1　0　0　0 0　0　1　1　1　1　0　0 $\frac{T_0}{2}$　$\frac{T_4}{2}$　$\frac{T_5}{2}$　$\frac{T_7}{2}$　$\frac{T_7}{2}$　$\frac{T_5}{2}$　$\frac{T_4}{2}$　$\frac{T_0}{2}$

3. SVPWM 的算法过程

SVPWM 的控制算法依据前述的 SVPWM 的原理推导分为 3 步进行：扇区号的确定、作用时间的计算、三相 PWM 波形的合成。

(1) 扇区号的确定

由 U_α 和 U_β 决定空间电压矢量所处的扇区，扇区判断的充分必要条件如表 3-4 所列。

表 3-4　扇区判断的充分必要条件

扇　区	落入此扇区的充分必要条件	扇　区	落入此扇区的充分必要条件
1	$U_\alpha>0$、$U_\beta>0$ 且 $\frac{U_\beta}{U_\alpha}<\sqrt{3}$	4	$U_\alpha<0$、$U_\beta<0$ 且 $\frac{U_\beta}{U_\alpha}<\sqrt{3}$
2	$U_\alpha>0$ 且 $\frac{U_\beta}{\lvert U_\alpha\rvert}>\sqrt{3}$	5	$U_\beta<0$ 且 $-\frac{U_\beta}{\lvert U_\alpha\rvert}>\sqrt{3}$
3	$U_\alpha<0$、$U_\beta>0$ 且 $-\frac{U_\beta}{U_\alpha}<\sqrt{3}$	6	$U_\alpha>0$、$U_\beta<0$ 且 $-\frac{U_\beta}{U_\alpha}<\sqrt{3}$

定义 3 个参考变量 U_{ref1}、U_{ref2} 和 U_{ref3}：

$$\begin{cases} U_{\text{ref1}}=U_\beta \\ U_{\text{ref2}}=\frac{\sqrt{3}}{2}U_\alpha-\frac{1}{2}U_\beta \\ U_{\text{ref3}}=-\frac{\sqrt{3}}{2}U_\alpha-\frac{1}{2}U_\beta \end{cases} \tag{3-47}$$

再定义 3 个符号变量 A1、A2、A3 及如下的判断条件：

```
If(Uref1 >= 0){A1 = 1;}   If(Uref2 >= 0){A2 = 1;}   If(Uref2 >= 0){A2 = 1;}
else{A1 = 0;}             else{A2 = 0;}             else{A2 = 0;
```

则扇区号 Vector_Num = A1+2·A2+4·A3,可得到如表 3-5 所列的扇区对应关系。

表 3-5 扇区对应关系

Vector_Num	3	1	5	4	6	2
扇区号	1	2	3	4	5	6

(2) 作用时间的计算

假设在第 1 扇区,相邻两个矢量的作用时间可以表示为

$$T_4 = \frac{\sqrt{3}\,T}{U_i} U_{ref2},\quad T_6 = \sqrt{3}\,T\,\frac{U_{ref1}}{U_i} \tag{3-48}$$

按照上述方法可以计算出其他扇区非零矢量的作用时间,如表 3-6 所列。

表 3-6 其他扇区非零矢量作用时间

扇 区	1	2	3
作用时间	$T_x = T_4 = \frac{\sqrt{3}\,T}{U_i} U_{ref2}$ $T_y = T_6 = \frac{\sqrt{3}\,T}{U_i} U_{ref1}$	$T_x = T_2 = \frac{\sqrt{3}\,T}{U_i} U_{ref2}$ $T_y = T_6 = \frac{\sqrt{3}\,T}{U_i} U_{ref3}$	$T_x = T_2 = \frac{\sqrt{3}\,T}{U_i} U_{ref1}$ $T_y = T_3 = \frac{\sqrt{3}\,T}{U_i} U_{ref3}$
扇 区	4	5	6
作用时间	$T_x = T_1 = \frac{\sqrt{3}\,T}{U_i} U_{ref1}$ $T_y = T_3 = \frac{\sqrt{3}\,T}{U_i} U_{ref2}$	$T_x = T_1 = \frac{\sqrt{3}\,T}{U_i} U_{ref3}$ $T_y = T_5 = \frac{\sqrt{3}\,T}{U_i} U_{ref2}$	$T_x = T_4 = \frac{\sqrt{3}\,T}{U_i} U_{ref3}$ $T_y = T_5 = \frac{\sqrt{3}\,T}{U_i} U_{ref1}$

注意:为了使该算法适应各种电压等级,表 3-6 中的变量均是经过标准化处理之后的数据。

(3) 三相 PWM 波形的合成

按照上述过程,就能得到每个扇区相邻两电压空间矢量和零电压矢量的作用时间。再根据 PWM 调制原理,计算出每一相对应比较器的值,7 段 SVPWM 发波值计算如下:

$$\begin{cases} NT_3 = (T - T_x - T_y)/2 \\ NT_2 = NT_3 + T_y \\ NT_1 = NT_2 + T_x \end{cases} \tag{3-49}$$

5 段 SVPWM 发波值计算如下:

$$\begin{cases} NT_3 = 0 \\ NT_2 = T_y \\ NT_1 = NT_2 + T_x \end{cases} \tag{3-50}$$

以 7 段 SVPWM 发波为例，各个扇区的比较值赋值如表 3-7 所列。

表 3-7　7 段 SVPWM 比较值赋值表

扇　区	1	2	3
作用时间	CMPR1=TBPR−NT2 CMPR2=TBPR−NT1 CMPR3=TBPR−NT3	CMPR1=TBPR−NT1 CMPR2=TBPR−NT3 CMPR3=TBPR−NT2	CMPR1=TBPR−NT1 CMPR2=TBPR−NT2 CMPR3=TBPR−NT3
扇　区	4	5	6
作用时间	CMPR1=TBPR−NT3 CMPR2=TBPR−NT2 CMPR3=TBPR−NT1	CMPR1=TBPR−NT3 CMPR2=TBPR−NT1 CMPR3=TBPR−NT2	CMPR1=TBPR−NT2 CMPR2=TBPR−NT3 CMPR3=TBPR−NT1

以下为 SVPWM 发波程序。其中：Ud 和 Uq 分别是双环控制输出的 d 轴、q 轴分量。

```
void SVGEN_GENERAL( )
{
    //旋转 ->静止变换
    Alpha = Ud * CosRef  - Uq * SinRef;
    Beta = Ud * SinRef + Uq * CosRef;
    //计算参考轴
    Uref1 = Beta;
    Uref2 = Alpha * 0.866 - Beta * 0.5;
    Uref3 = - Alpha * 0.866 - iBeta * 0.5;
    //扇区号计算
    Vector_Number = sign(Uref1) + (sign(Uref2) << 1) + (sign(Uref3) << 2);
    //参考轴定标
    Uref1 = abs(Uref1 * KSVPWM);
    Uref2 = abs(Uref2 * KSVPWM);
    Uref3 = abs(Uref3 * KSVPWM);
    //计算两个矢量作用时间，Tx 为扇区后矢量作用时间，Ty 为扇区前矢量作用时间
    switch(Vector_Number)
    {
        case 0:
        case 1:                                         //1 扇区
            Tx = Uref2;
            Ty = Uref3;
        break;
        case 2:                                         //2 扇区
            Tx = Uref3;
            Ty = Uref1;
        break;
        case 3:                                         //3 扇区
            Tx = Uref2;
            Ty = Uref1;
        break;
```

```
        case 4:                                          //4 扇区
            Tx = Uref1;
            Ty = Uref2;
        break;
        case 5:                                          //5 扇区
            Tx = Uref1;
            Ty = Uref3;
        break;
        case 6:                                          //6 扇区
            Tx = Uref3;
            Ty = Uref2;
        break;
    }
    //饱和处理,Tx + Ty < T1Period
    Saturation = Tx + Ty;
    if(Saturation > T1Period)
    {
    Saturation = T1Period / Saturation;
        Tx = Tx * Saturation;
        Ty = Ty * Saturation;
    }
    NT3 = ((T1Period   Tx - Ty) >> 1);                    //T0/2
    NT2 = NT3 + Ty;                                      //T0/2 + Ty
    NT1 = NT2 + Tx;                                      //T0/2 + Ty + Tx
    LMT16(NT3,    T1Period - 100, 100);
    LMT16(NT2,    T1Period - 100, 100);
    LMT16(NT1,    T1Period - 100, 100);
    //三相 PWM 发波合成
    switch(Vector_Number)
    {
        case 1:                                          //1 扇区
            EPwm1Regs.CMPA.half.CMPA = NT2;
            EPwm2Regs.CMPA.half.CMPA = NT1;
            EPwm3Regs.CMPA.half.CMPA = NT3;
        break;
        case 2:                                          //2 扇区
            EPwm1Regs.CMPA.half.CMPA = NT1;
            EPwm2Regs.CMPA.half.CMPA = NT3;
            EPwm3Regs.CMPA.half.CMPA = NT2;
        break;
        case 3:                                          //3 扇区
            EPwm1Regs.CMPA.half.CMPA = NT1;
            EPwm2Regs.CMPA.half.CMPA = NT2;
            EPwm3Regs.CMPA.half.CMPA = NT3;
        break;
        case 4:                                          //4 扇区
            EPwm1Regs.CMPA.half.CMPA = NT3;
            EPwm2Regs.CMPA.half.CMPA = NT2;
            EPwm3Regs.CMPA.half.CMPA = NT1;
        break;
```

```
        case 5:                                               //5 扇区
            EPwm1Regs.CMPA.half.CMPA = NT3 ;
            EPwm2Regs.CMPA.half.CMPA = NT1;
            EPwm3Regs.CMPA.half.CMPA = NT2;
        break;
        case 6:                                               //6 扇区
            EPwm1Regs.CMPA.half.CMPA = NT2;
            EPwm2Regs.CMPA.half.CMPA = NT3;
            EPwm3Regs.CMPA.half.CMPA = NT1;
        break;
    }
}
```

3.3.3　SVPWM 的快速算法及 DSP 编码

该算法通过对三相调制电压之间进行减法运算得到空间电压矢量在 120°坐标系下的坐标。通过对坐标进行简单的四则运算及逻辑判断便能准确得到空间电压矢量所在的扇区和基本电压矢量的作用时间，从真正意义上摆脱了复杂的坐标变换及运算过程，从而有效地简化了 SVPWM 的算法结构，缩短了算法程序的执行时间。

1. 算法分析

(1) 扇区判定

图 3-14 所示为 120°坐标系下扇区的空间分布图，平面被 A 轴、B 轴、C 轴分成 3 个 120° 平面区域。

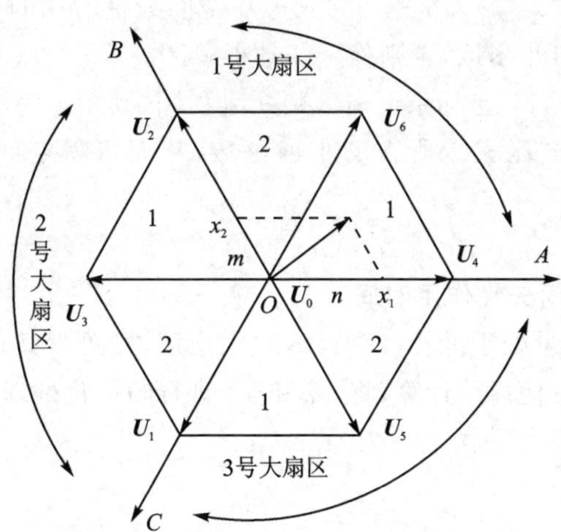

图 3-14　120°坐标系下扇区分布图

当 A 轴方向作为 120°坐标系的 x 轴正方向，B 轴方向作为 120°坐标系的 y 轴正方向时，定义该坐标系为 1 号 120°坐标系，区域 AOB 为 1 号大扇区，即 120°坐标系的第一象限区域；同理，当 B 轴和 C 轴分别作为 120°坐标系下的 x 轴和 y 轴时，定义该坐标系为 2 号 120°坐标系,区域 BOC 为 2 号大扇区;当 C 轴和 A 轴分别作为 120°坐标系下的 x 轴和 y 轴时,定义该坐标系为 3 号 120°坐标系,区域 COA 为 3 号大扇区。为后续处理方便,将 A 轴归为 1 号大扇区,B 轴归为 2 号大扇区,C 轴归为 3 号大扇区。2 号 120°坐标系和 3 号 120°坐标系分别为 1 号 120°坐标系顺时针旋转 120°和 240°所得。

三相调制电压通过 1 号、2 号、3 号坐标变换分别得到空间电压矢量在 1 号、2 号、3 号 120°坐标系下的坐标。变换法则如下:

1 号坐标变换法则:

$$\begin{cases} x_1 = u_A - u_C \\ x_2 = u_B - u_C \end{cases} \tag{3-51}$$

2 号坐标变换法则:

$$\begin{cases} x_1 = u_B - u_A \\ x_2 = u_C - u_A \end{cases} \tag{3-52}$$

3 号坐标变换法则:

$$\begin{cases} x_1 = u_C - u_B \\ x_2 = u_A - u_B \end{cases} \tag{3-53}$$

式中:x_1 和 x_2 分别为电压空间矢量在 120°坐标系下的 x 轴坐标和 y 轴坐标。

通过 3 种坐标变换可得到电压空间矢量在 3 种 120°坐标系下的坐标 x_1 和 x_2。如果经过 $i(i=1,2,3)$号坐标变换得到 $x_1>0$ 且 $x_2 \geqslant 0$,则可得电压空间矢量处于第 i 号大扇区。由 x_1 和 x_2 的大小关系可得电压空间矢量所在的小扇区数,当 $x_1>x_2$ 时,空间矢量处于 1 号小扇区,否则处于 2 号小扇区。

图 3-15 所示为 120°坐标系下扇区判断流程图,其中 i 为电压空间矢量所在的大扇区数,j 为空间电压矢量所在的小扇区数,从而可得空间电压矢量所在的扇区为

$$N = 2(i-1) + j$$

(2) 基本电压空间矢量作用时间

假设电压空间矢量处于 i 号$(i=1,2,3)$大扇区,则可得其在 i 号 120°坐标系下的坐标(x_1, x_2),为方便后续计算,将 x_1 和 x_2 进行归一化处理,如下:

$$\begin{cases} m = \dfrac{x_1}{\dfrac{2}{3}U_{dc}} \\ n = \dfrac{x_2}{\dfrac{2}{3}U_{dc}} \end{cases} \tag{3-54}$$

此时电压空间矢量在载波周期 T_s 内的作用效果可以由 120°坐标系坐标轴上的两个基本电压空间矢量进行合成。根据"伏秒等效"原则得

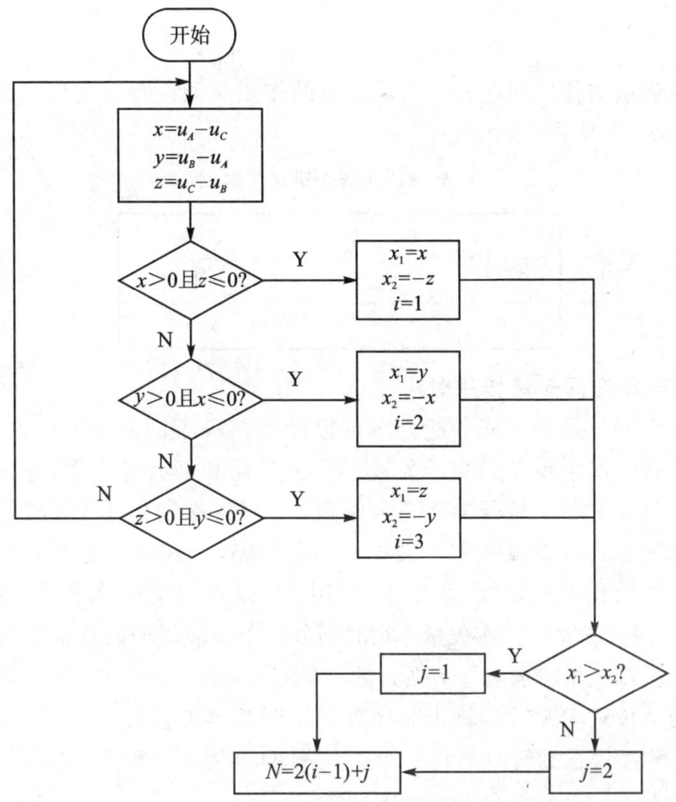

图 3-15　120°坐标系下扇区判断流程图

$$\begin{cases} m \cdot T_s = 1 \cdot T_1 \\ n \cdot T_s = 1 \cdot T_2 \end{cases} \tag{3-55}$$

式中：T_1 为 120°坐标系 x 轴上基本电压空间矢量的作用时间；T_2 为 120°坐标系 y 轴上基本电压空间矢量的作用时间，从而可得

$$\begin{cases} T_1 = m \cdot T_s \\ T_2 = n \cdot T_s \end{cases} \tag{3-56}$$

由于非坐标轴上的基本电压空间矢量在 120°坐标轴上的投影为坐标轴上的基本电压空间矢量，则其作用效果等于坐标轴上两个基本矢量在同等时间内共同作用的效果。定义非坐标轴上的矢量为强矢量，如图 3-14 中的 $\boldsymbol{U}_3$、$\boldsymbol{U}_5$、$\boldsymbol{U}_6$，坐标轴上的矢量为弱矢量，如图 3-14 中的 $\boldsymbol{U}_1$、$\boldsymbol{U}_2$、$\boldsymbol{U}_4$，则电压空间矢量作用效果可由其所在扇区 N 的两个基本矢量合成。

当 $n>m$ 时，

$$\begin{cases} T_q = T_1 = m \cdot T_s \\ T_r = T_2 - T_1 = (n-m) \cdot T_s \end{cases} \tag{3-57}$$

当 $n \leqslant m$ 时，

$$\begin{cases} T_q = T_2 = n \cdot T_s \\ T_r = T_1 - T_2 = (m-n) \cdot T_s \end{cases} \tag{3-58}$$

式中:T_q 为强矢量的作用时间;T_r 为弱矢量的作用时间。每个扇区强矢量和弱矢量作用时间如表 3-8 所列。

表 3-8　强弱矢量作用时间

N	1、3、5	2、4、6
T_q	$n \cdot T_s$	$m \cdot T_s$
T_r	$(m-n) \cdot T_s$	$(n-m) \cdot T_s$

(3) 基本电压空间矢量作用时序

通过对两个零矢量的不同分配方案可以产生多种不同的 PWM 方式,并且会对逆变器的控制特性产生重要影响。为减小开关损耗和谐波畸变率,零矢量的分配应遵循每次动作只改变一个桥臂的状态为原则,并且每次输出的 PWM 波形对称。常用的零矢量分配方式有 5 段式和 7 段式。5 段式 PWM 将零矢量作用时间平均分配于载波周期的初始和末尾阶段,其矢量的作用顺序是:零矢量—弱矢量—强矢量—弱矢量—零矢量。7 段式 PWM 将零矢量作用时间分配于载波周期的首尾段及中间段,其矢量的作用顺序是:零矢量—弱矢量—强矢量—零矢量—强矢量—弱矢量—零矢量。

以常用的 7 段式 PWM 的输出时序为例说明基本矢量的作用时序。如图 3-16 所示,各相 PWM 状态翻转时刻将一个载波周期分为 7 个时间段,各相 PWM 的动作时刻如下:

$$\begin{cases} T_1 = 0.25 \cdot (T_s - T_q - T_r) \\ T_2 = T_1 + 0.5 \cdot T_r \\ T_3 = T_2 + 0.5 \cdot T_s \end{cases} \tag{3-59}$$

式中:T_1 为在一个 PWM 周期中先动作相的 PWM 翻转时刻;T_2 为次动作相的 PWM 翻转时刻;T_3 为后动作相的 PWM 翻转时刻。电压空间矢量在各个扇区各相的动作顺序如表 3-9 所列。

表 3-9　动作顺序表

N	T_1	T_2	T_3
1	A	B	C
2	B	A	C
3	B	C	A
4	C	B	A
5	C	A	B
6	A	C	B

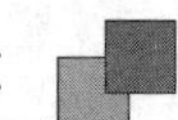

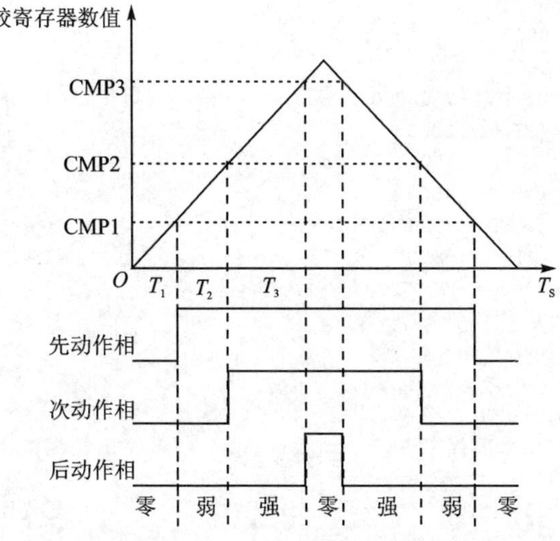

图 3-16　PWM 输出时序

直流母线电压一定，随着电压空间矢量幅值的增大，零矢量的作用时间将缩短。当电压空间矢量圆与六边形边界相交时，将发生过调制，此时逆变器输出电压波形将发生失真。通常可采取适当的过调制策略进一步提高逆变器直流母线电压的利用率。过调制状态在程序中的表现为在一个载波周期的某些时段出现 $T_q+T_r>T_s$ 的情况，此时可采取过调制处理，采用比例压缩的方法校正基本矢量的作用时间。校正方法如下：

$$\begin{cases} T_q^* = \dfrac{T_q}{T_q+T_r}\cdot T_s \\ T_r^* = \dfrac{T_r}{T_q+T_r}\cdot T_s \end{cases} \tag{3-60}$$

式中：T_q^*、T_r^* 为调整后强矢量和弱矢量的作用时间。通过采取式(3-57)所示的过调制处理后，实际调制输出的电压矢量圆将产生失真，在六边形外的圆形轨迹将压缩至六边形边界，六边形边界内的圆形轨迹保持不变。

2. 代码示例

在 EPWM1 的中断服务程序中实现 SVPWM 的发波，发波代码实例如下。（采用 Q 格式和浮点型数据混合编码，Global Q=24。）EPWM1～EPWM3 模块的输出对应 3 个逆变桥臂，使能 EPWM1 模块的计数中断，其发波算法在该中断中进行。

```
int compare1,compare2,compare3,N,last_N, d;
float t_a,t_b,t_c,t;
_iq sinA,sinB,sinC,m,n,Tq,Tr,t1,t2,t3,wg;
#define pi   3.1415926
#define Udc 10
#define Um   10.0
```

```
#define f    50.0
#define fc   10000.0
#define Ts    1/fc
#define EPWM1_TBPRD   75000000/fc
#define EPWM1_CMP     2000
#define EPWM2_TBPRD   75000000/fc
#define EPWM2_CMP     4000
#define EPWM3_TBPRD   75000000/fc
#define EPWM3_CMP     6000
#define k 150000000/2097152.0
#define DB 1500
interrupt void epwm1_isr(void)
{
    update_compare();
    EPwm1Regs.CMPA.half.CMPA = compare1;              //配置比较寄存器 A 的数值
    EPwm1Regs.CMPB = compare1;
    EPwm2Regs.CMPA.half.CMPA = compare2;              //配置比较寄存器 A 的数值
    EPwm2Regs.CMPB = compare2;
    EPwm3Regs.CMPA.half.CMPA = compare3;              //配置比较寄存器 A 的数值
    EPwm3Regs.CMPB = compare3;
    EPwm1Regs.ETCLR.bit.INT = 1;
    // Acknowledge this interrupt to receive more interrupts from group 3
    PieCtrlRegs.PIEACK.all = PIEACK_GROUP3;
}
void update_compare(void)
{
     t = Ts * d;
     sinABC(t);
     Get_N();
     Get_Tq_Tr();
     Get_t123();
     Out_pwm();
     compare1 = _IQmpy((t_a),_IQ(k));
     compare2 = _IQmpy((t_b),_IQ(k));
     compare3 = _IQmpy((t_c),_IQ(k));
     d++;
     if(d>=fc/f) d=0;
}
void sinABC(float t)
{
    sinA = _IQmpy(_IQ(Um),_IQ(sin(2 * pi * f * t)));
    sinB = _IQmpy(_IQ(Um),_IQ(sin(2 * pi * f * t - 2 * pi/3)));
    sinC = _IQmpy(_IQ(Um),_IQ(sin(2 * pi * f * t + 2 * pi/3)));
}
void Get_N(void)
{
    int i,j;
    _iq x,y,z,x1,x2;
    x = sinA - sinC;
    y = sinB - sinA;
```

```
    z = sinC - sinB;
    if(x > 0&&z <= 0)
    {
        x1 = x;
        x2 =- z;
        i = 1;
    }
    else if(y > 0&&x <= 0)
    {
        x1 = y;
        x2 =- x;
        i = 2;
    }
    else if(z > 0&&y <= 0)
    {
        x1 = z;
        x2 =- y;
        i = 3;
    }
    if(x1 > x2)
    {
        j = 1;
    }
    else
    {
        j = 2;
    }
    m = _IQmpy(_IQ(1.5),x1)/Udc;
    n = _IQmpy(_IQ(1.5),x2)/Udc;
    N = 2 * (i - 1) + j;
}
void Get_Tq_Tr(void)
{
    _iq T1,T2;
    T1 = _IQmpy(m,_IQ(Ts));
    T2 = _IQmpy(n,_IQ(Ts));
    if(N == 2||N == 4||N == 6)
    {
        Tq = T1;
        Tr = T2 - T1;
    }
    else
    {
        Tq = T2;
        Tr = T1 - T2;
    }
}
void Get_t123(void)
{
    _iq Tq1,Tr1;
```

```
        Tq1 = Tq;
        Tr1 = Tr;
        if(Tq + Tr > _IQ(Ts))
        {
            Tq1 = _IQmpy(Tq,Ts)/(Tq + Tr);
            Tr1 = _IQmpy(Tr,Ts)/(Tq + Tr);
        }
        t1 = _IQmpy(_IQ(0.25),(_IQ(Ts) - Tq1 - Tr1));
        t2 = t1 + _IQmpy(_IQ(0.5),Tr);
        t3 = t2 + _IQmpy(_IQ(0.5),Tq);
    }
    void Out_pwm(void)
    {
        switch(N)
        {
            case 1: t_a = t1; t_b = t2; t_c = t3;break;
            case 2: t_a = t2; t_b = t1; t_c = t3;break;
            case 3: t_a = t3; t_b = t1; t_c = t2;break;
            case 4: t_a = t3; t_b = t2; t_c = t1;break;
            case 5: t_a = t2; t_b = t3; t_c = t1;break;
            case 6: t_a = t1; t_b = t3; t_c = t2;break;
        }
    }
```

3.3.4 SVPWM 的简易算法及 DSP 编码

利用三相电压波形找到零序分量，这部分内容在电路原理中曾介绍过。按照这种思路，首先取三相载波电压的最大和最小值，即

$$\begin{cases} U_{\mathrm{MIN}} = \min(U_A, U_B, U_C) \\ U_{\mathrm{MAX}} = \max(U_A, U_B, U_C) \end{cases}$$

零序分量表示为

$$U_{\mathrm{COM}} = -\frac{U_{\mathrm{MAX}} + U_{\mathrm{MIN}}}{2} \tag{3-61}$$

将零序分量加入三相 SPWM 载波中得到新的三相载波(为马鞍波)，计算公式如下：

$$\begin{cases} U'_A = U_A + U_{\mathrm{COM}} \\ U'_B = U_B + U_{\mathrm{COM}} \\ U'_C = U_C + U_{\mathrm{COM}} \end{cases} \tag{3-62}$$

将叠加零序分量的三相载波 U'_A、U'_B、U'_C 做 PWM 调制，即可得到与传统 SVPWM 发波相同的结果，代码如下：

```
void SVGEN_COMM()
{
    float UAlpha, UBeta, Uref1, Uref2, Uref3, Umax, Umin, Ucomm;
    float tmp1, tmp2;
```

```
    tmp1 = UAlpha * 0.5;                              //除以 2
    tmp2 = UBeta * 0.8660254;                         //0.8660254 = sqrt(3)/2
    Uref1 = UAlpha;                                   //Clarke 逆运算
    Uref2 = tmp1 + tmp2;
    Uref3 = tmp1 - tmp2;
    if (Uref1 > Uref2)                                //确定三相的极值
    {
        Umax = Uref1;
        Umin = Uref2;
    }
    else
    {
        Umax = Uref2;
        Umin = Uref1;
    }
    if (Uref3 > Umax)
    {
        Umax = Uref3;
    }
    if (Uref3 < Umin)
    {
        Umin = Uref3;
    }
    Ucomm = (Umax + Umin) * 0.5;                      //计算共模量
    EPwm1Regs.CMPA.half.CMPA = Uref1 - Ucomm;
    EPwm2Regs.CMPA.half.CMPA = Uref2 - Ucomm;
    EPwm3Regs.CMPA.half.CMPA = Uref3 - Ucomm;
}
```

3.3.5 3D-SVPWM 算法及 DSP 编码

传统三相逆变器采用三桥臂主电路结构，当三相负载对称时，电源输出电压三相对称；但当三相负载不对称时，负载中性点电位将会发生漂移，输出三相电压不对称。三相四桥臂结构可以解决负载不对称时产生的中性点漂移问题，从而保持输出电压的对称性。

图 3-17 所示为三相四桥臂逆变电路结构。在三相三桥臂主电路的基础上增加一个桥臂作为三相负载的中性点，并将三相输出的公共端接入该桥臂，从而构成三相四桥臂主电路。

相较于传统的三相三桥臂电路，三相四桥臂电路所增加的一个自由度使得逆变器具有 3 个独立的可控电压，同时也可以对中性点电压进行有效控制。因此，该电路不仅实现了三相输出电压解耦，而且有能力在不平衡负载下维持三相电压的对称输出。三相四桥臂主电路的主要特点如下：

① 更适合承载不平衡负载。

② 采用 3D-SVPWM 调制可实现较高的母线电压利用率。

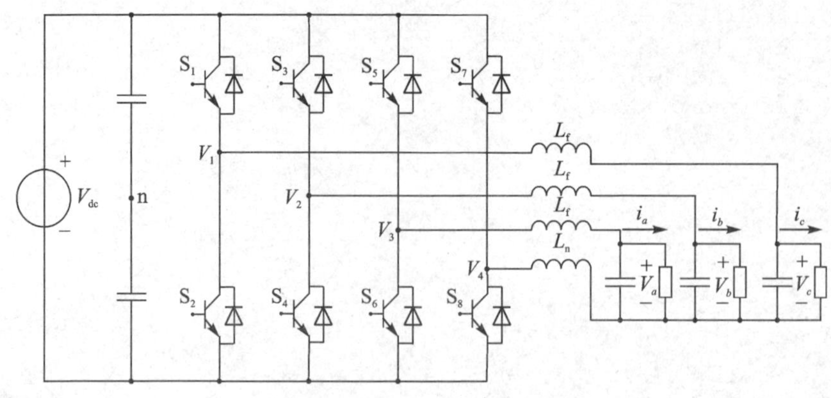

图 3-17　三相四桥臂电路的拓扑

③ 该电路无须考虑正负母线电压的不平衡现象。

三相四桥臂逆变器的调制有 SPWM 和 SVPWM 两种方法,从而实现下式的电压关系:

$$\begin{cases} V_1 - V_4 = V_a \\ V_2 - V_4 = V_b \\ V_3 - V_4 = V_c \end{cases}$$

1. SPWM 调制方法

对于 SPWM 调制,我们接触得比较多,通常可分为两类:

(1) 通用 SPWM 调制

将三相相差为 120°的调制波(正弦信号)与载波进行比较生成 PWM 信号控制桥臂的上下开关状态。但通用的 SPWM 的调制具有约束条件:$V_{dc} > 2V_{sm}$(V_{dc} 为母线电压,V_{sm} 为输出相电压的峰值)。

- 优点:容易实现,三相电压可以分别调制。
- 缺点:母线电压利用率不高,当逆变器带不平衡负载时,输出电压 THD 较高。

(2) 三次谐波叠加的 SPWM 调制

为了解决通用 SPWM 调制母线电压利用率不高的弊端,将三次谐波叠加至三相相差为 120°的正弦信号形成三相相差为 120°的调制波(马鞍信号)与载波进行比较生成 PWM 信号控制桥臂的上下开关状态。但通用的 SPWM 的调制具有约束条件:$V_{dc} > \sqrt{3}V_{sm}$。

- 优点:中线电压可控,由于提高了母线电压的利用率,因此在输出相同幅值的三相电压时,该调制方式可降低母线电压。
- 缺点:基于该调制方式的控制器实现复杂。

2. SVPWM 调制方法

应用于三相四桥臂电路的 SVPWM 调制称为 3D-SVPWM 或 3D-SVM。

3D-SVPWM调制方式无须像SPWM方式那样,需要单独考虑每个桥臂的调制信号,其具有母线电压利用率较高,易于数字化实现等优点。

3D-SVPWM调制方式的实现方式可分为两类:$\alpha-\beta-\gamma$ 坐标系下的3D-SVPWM调制方式和 $a-b-c$ 坐标系下的3D-SVPWM调制方式。

(1) $\alpha-\beta-\gamma$ 坐标系下的3D-SVPWM调制方式

这种方式可视为SVPWM发波由二维坐标系向三维坐标系的推广。三相四桥臂电路共有8个开关器件,依据同一桥臂上下管不能同时导通的原则,开关器件一共有 2^4 个组合。若令上管导通时S="p",下管导通时S="n",则(Sa、Sb、Sc、So)一共构成如表3-10所列的16种矢量。

表3-10 $\alpha-\beta-\gamma$ 静止坐标系下构成的16种矢量

开关序列	三相坐标系			静止坐标系		
(Sa、Sb、Sc、So)	V_a	V_b	V_c	V_α	V_β	V_γ
(n、n、n、n)	0	0	0	0	0	0
(n、n、n、p)	$-V_{dc}$	$-V_{dc}$	$-V_{dc}$	0	0	$-V_{dc}$
(n、n、p、n)	0	0	V_{dc}	$-\frac{1}{3}V_{dc}$	$-\frac{1}{3}V_{dc}$	$\frac{1}{3}V_{dc}$
(n、n、p、p)	$-V_{dc}$	$-V_{dc}$	0	$-\frac{1}{3}V_{dc}$	$-\frac{1}{\sqrt{3}}V_{dc}$	$-\frac{2}{3}V_{dc}$
(n、p、n、n)	0	V_{dc}	0	$-\frac{1}{3}V_{dc}$	$\frac{1}{\sqrt{3}}V_{dc}$	$\frac{1}{3}V_{dc}$
(n、p、n、p)	$-V_{dc}$	0	$-V_{dc}$	$-\frac{1}{3}V_{dc}$	$\frac{1}{\sqrt{3}}V_{dc}$	$-\frac{2}{3}V_{dc}$
(n、p、p、n)	0	V_{dc}	V_{dc}	$-\frac{2}{3}V_{dc}$	0	$\frac{2}{3}V_{dc}$
(n、p、p、p)	$-V_{dc}$	0	0	$-\frac{2}{3}V_{dc}$	0	$-\frac{1}{3}V_{dc}$
(p、n、n、n)	V_{dc}	0	0	$\frac{2}{3}V_{dc}$	0	$\frac{1}{3}V_{dc}$
(p、n、n、p)	0	$-V_{dc}$	$-V_{dc}$	$\frac{2}{3}V_{dc}$	0	$-\frac{2}{3}V_{dc}$
(p、n、p、n)	V_{dc}	0	V_{dc}	$\frac{1}{3}V_{dc}$	$-\frac{1}{\sqrt{3}}V_{dc}$	$\frac{2}{3}V_{dc}$
(p、n、p、p)	0	$-V_{dc}$	0	$\frac{1}{3}V_{dc}$	$-\frac{1}{\sqrt{3}}V_{dc}$	$-\frac{1}{\sqrt{3}}V_{dc}$
(p、p、n、n)	V_{dc}	V_{dc}	0	$\frac{1}{3}V_{dc}$	$\frac{1}{\sqrt{3}}V_{dc}$	$\frac{2}{3}V_{dc}$
(p、p、n、p)	0	0	$-V_{dc}$	$\frac{1}{3}V_{dc}$	$\frac{1}{\sqrt{3}}V_{dc}$	$-\frac{1}{3}V_{dc}$
(p、p、p、n)	V_{dc}	V_{dc}	V_{dc}	0	0	V_{dc}
(p、p、p、p)	0	0	0	0	0	0

其中,由三相 $a-b-c$ 坐标系转为静止 $\alpha-\beta-\gamma$ 坐标系的变换矩阵为

$$\begin{pmatrix} U_\alpha \\ U_\beta \\ U_\gamma \end{pmatrix} = \frac{2}{3} \begin{pmatrix} 1 & -\frac{1}{2} & -\frac{1}{2} \\ 0 & \frac{\sqrt{3}}{2} & -\frac{\sqrt{3}}{2} \\ \frac{1}{2} & \frac{1}{2} & \frac{1}{2} \end{pmatrix} \begin{pmatrix} U_A \\ U_B \\ U_C \end{pmatrix} \tag{3-63}$$

将这 16 个矢量画在空间构成的 12 面体中,如图 3-18 所示。其中,2 个零矢量位于 12 面体的中央,14 个非零矢量分别位于 12 面体的交点处。

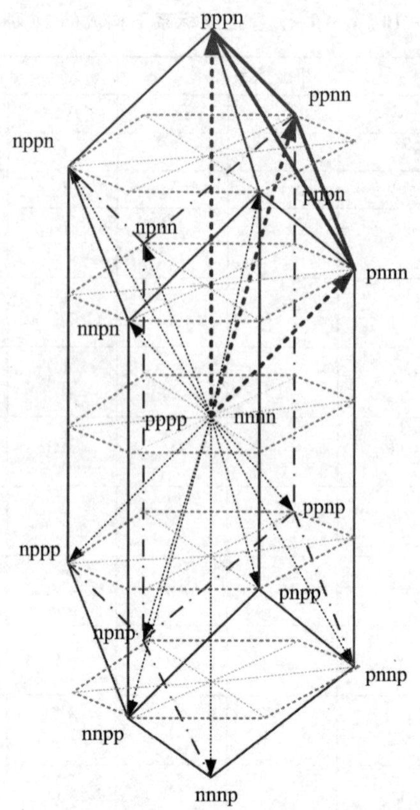

图 3-18 $\alpha-\beta-\gamma$ 坐标系下的矢量分布

按照二维空间下 SVPWM 波形的实现步骤,$\alpha-\beta-\gamma$ 轴 3D-SVPWM 需要按如下步骤进行:坐标变换;确定棱柱体;确定棱柱体中的四面体;对各个四面体进行非零矢量作用时间的计算。上述步骤将耗费 DSP 较多资源,不利于系统的实时性。

(2) $a-b-c$ 坐标系下的 3D-SVPWM 调制方式

如表 3-11 所列的开关器件的开关组合可构成 16 种空间矢量。其中,S 为开关

函数，当上管导通时 S＝“p”，当下管导通时 S＝“n”。

表 3-11　$a-b-c$ 坐标系下构成的 16 种矢量

矢量	开关序列	三相坐标系			矢量	开关序列	三相坐标系		
	(Sa、Sb、Sc、So)	U_a	U_b	U_c		(Sa、Sb、Sc、So)	U_a	U_b	U_c
$\boldsymbol{V}_1$	(n、n、n、n)	0	0	0	$\boldsymbol{V}_5$	(p、n、n、n)	V_{dc}	0	0
$\boldsymbol{V}_9$	(n、n、n、p)	$-V_{dc}$	$-V_{dc}$	$-V_{dc}$	$\boldsymbol{V}_{13}$	(p、n、n、p)	0	$-V_{dc}$	$-V_{dc}$
$\boldsymbol{V}_2$	(n、n、p、n)	0	0	V_{dc}	$\boldsymbol{V}_6$	(p、n、p、n)	V_{dc}	0	V_{dc}
$\boldsymbol{V}_{10}$	(n、n、p、p)	$-V_{dc}$	$-V_{dc}$	0	$\boldsymbol{V}_{14}$	(p、n、p、p)	0	$-V_{dc}$	0
$\boldsymbol{V}_3$	(n、p、n、n)	0	V_{dc}	0	$\boldsymbol{V}_7$	(p、p、n、n)	V_{dc}	V_{dc}	0
$\boldsymbol{V}_{11}$	(n、p、n、p)	$-V_{dc}$	0	$-V_{dc}$	$\boldsymbol{V}_{15}$	(p、p、n、p)	0	0	$-V_{dc}$
$\boldsymbol{V}_4$	(n、p、p、n)	0	V_{dc}	V_{dc}	$\boldsymbol{V}_8$	(p、p、p、n)	V_{dc}	V_{dc}	V_{dc}
$\boldsymbol{V}_{12}$	(n、p、p、p)	$-V_{dc}$	0	0	$\boldsymbol{V}_{16}$	(p、p、p、p)	0	0	0

这 16 个空间矢量在 $a-b-c$ 坐标系下构成如图 3-19 所示的空间 12 面体。其中，14 个非零矢量位于 12 面体的顶点处，2 个零矢量位于 12 面体的中心。

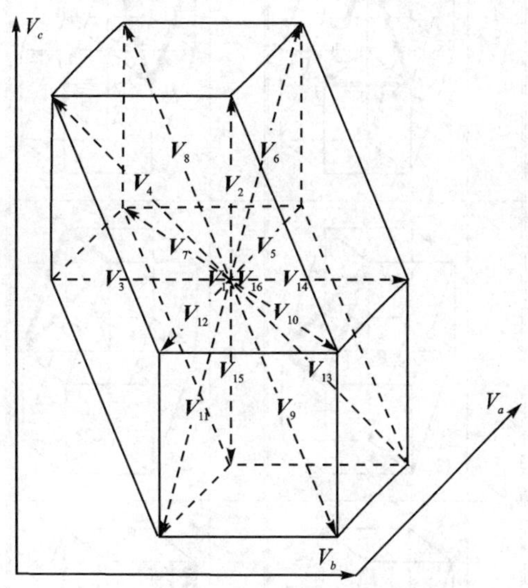

图 3-19　$a-b-c$ 坐标系下 16 个矢量形成的 12 面体

这 16 个矢量的生成方式与在 $\alpha-\beta-\gamma$ 静止坐标系下的生成方式很相似，不同的是该方式无须经过坐标变换，所组成的空间 12 面体是在 $a-b-c$ 坐标系下直接得到的。本文所介绍的实现方式就是基 $a-b-c$ 坐标系下进行的，与二维坐标系下生成 SVPWM 的步骤类似，3D-SVPWM 也分为 3 个步骤，如下：

步骤 1——四面体选择

计算区域指针 N,确定参考矢量位于哪个四面体中。

确定四面体的参考向量就是输入的三相电压 V_{refa}、V_{refb}、V_{refc}。可由下式来确定要选择的四面体,即

$$N = 1 + K_1 + 2K_2 + 4K_3 + 8K_4 + 16K_5 + 32K_6 \tag{3-64}$$

式中:

$$K_1 = \begin{cases} 1(V_{refa} \geqslant 0) \\ 0(V_{refa} < 0) \end{cases}, \quad K_2 = \begin{cases} 1(V_{refb} \geqslant 0) \\ 0(V_{refb} < 0) \end{cases}, \quad K_3 = \begin{cases} 1(V_{refc} \geqslant 0) \\ 0(V_{refc} < 0) \end{cases}$$

$$K_4 = \begin{cases} 1(V_{refa} - V_{refb} \geqslant 0) \\ 0(V_{refa} - V_{refb} < 0) \end{cases}, \quad K_5 = \begin{cases} 1(V_{refb} - V_{refc} \geqslant 0) \\ 0(V_{refb} - V_{refc} < 0) \end{cases}, \quad K_6 = \begin{cases} 1(V_{refa} - V_{refc} \geqslant 0) \\ 0(V_{refa} - V_{refc} < 0) \end{cases}$$

N 为区域指针,取值范围从 1～64。由于 K_i 的取值并不完全独立,N 只能有 24 个可能的数值,如表 3-12 所列。

表 3-12　式(3-64)所生成的 24 个四面体

N	四面体	N	四面体	N	四面体	N	四面体
1	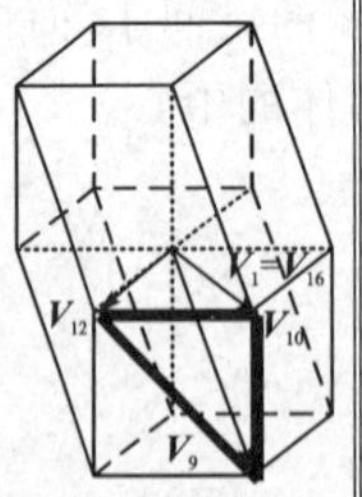	5	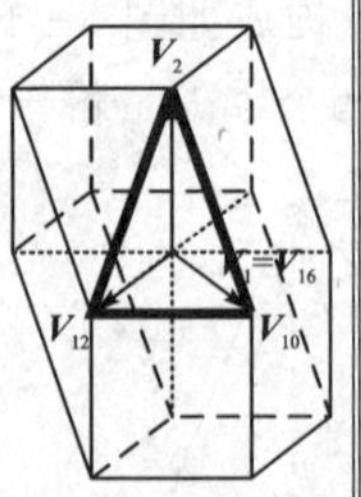	7	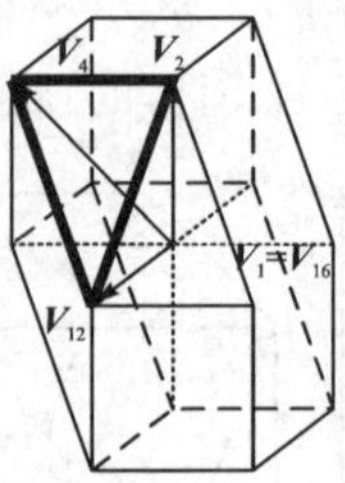	8	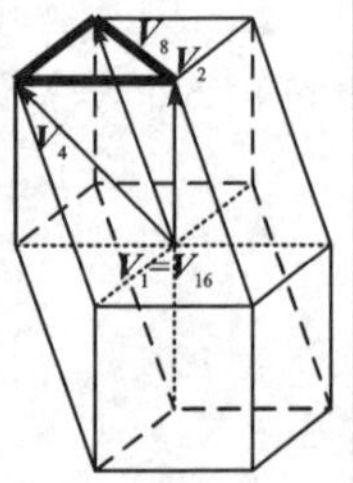
9	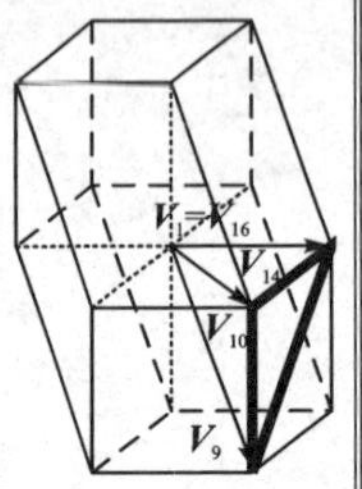	13	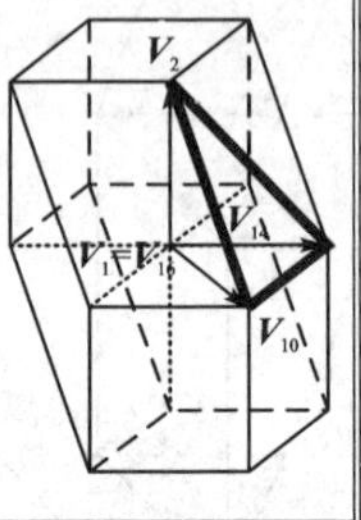	14	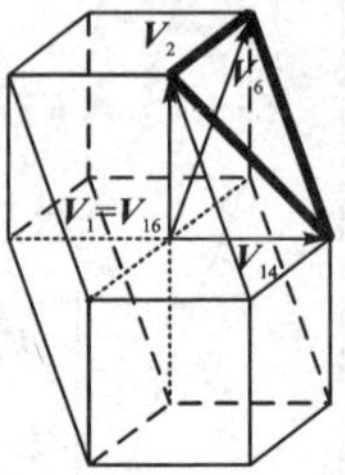	16	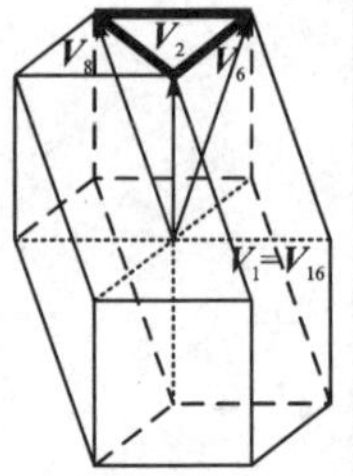
17	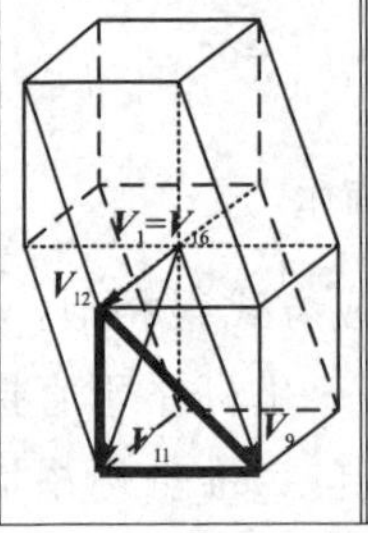	19	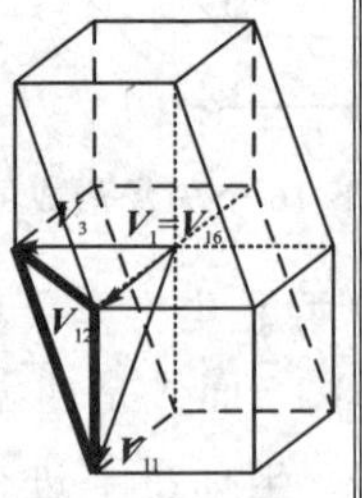	23	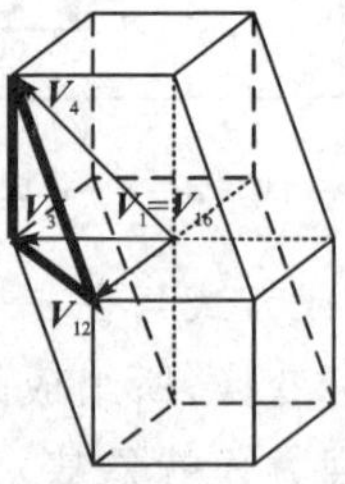	24	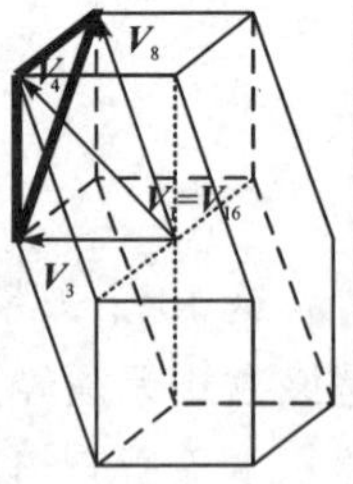

续表 3－12

N	四面体	N	四面体	N	四面体	N	四面体
41	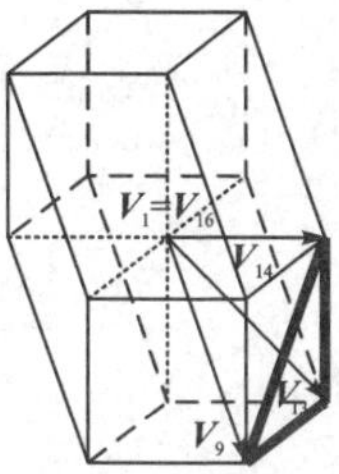	42	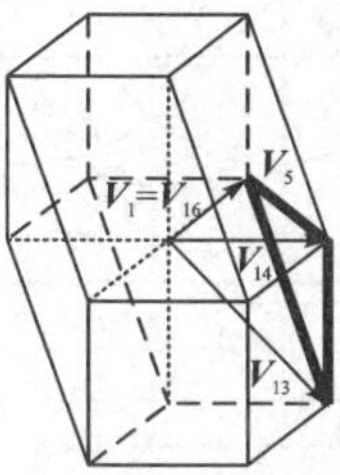	46	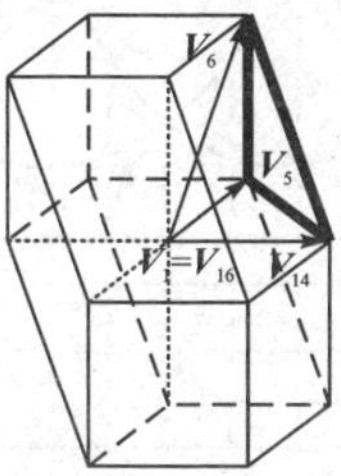	48	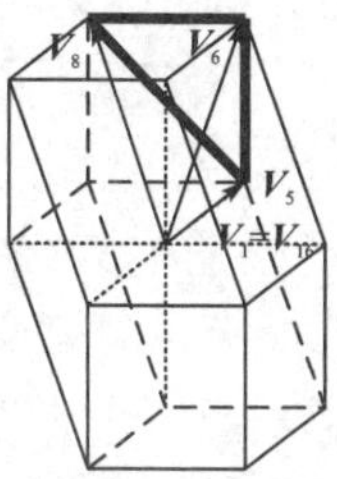
49	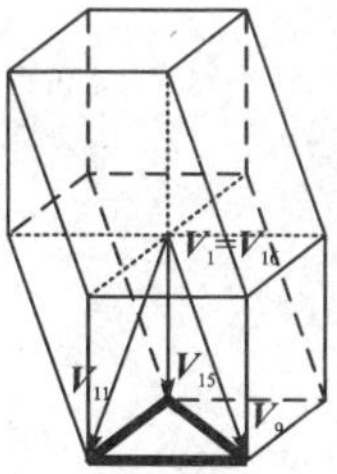	51	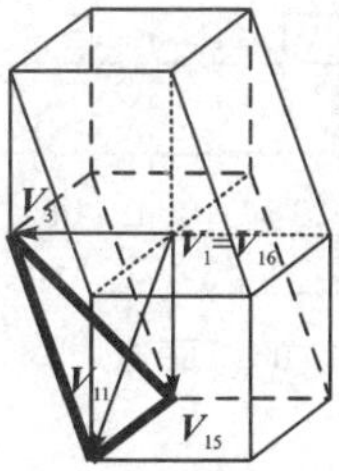	52	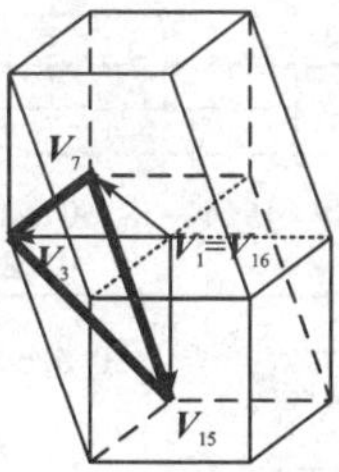	56	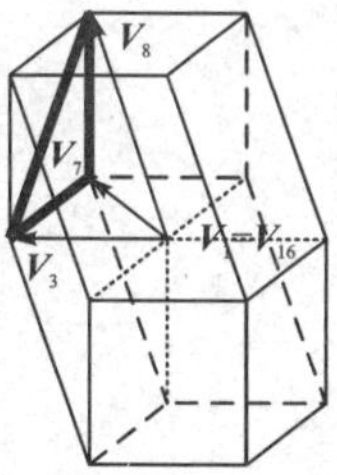
57	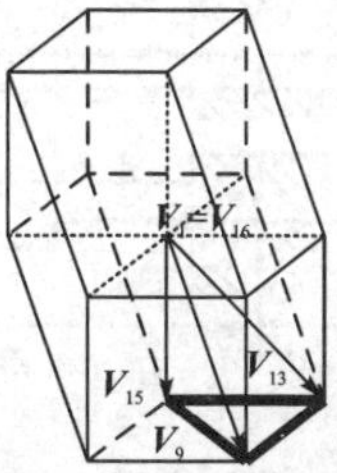	58	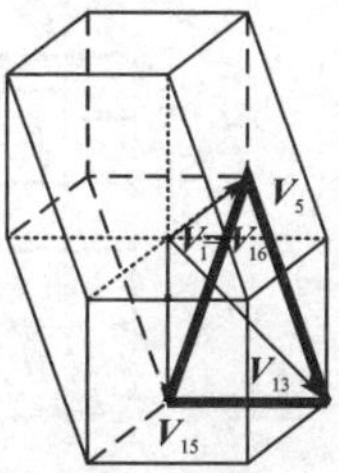	60	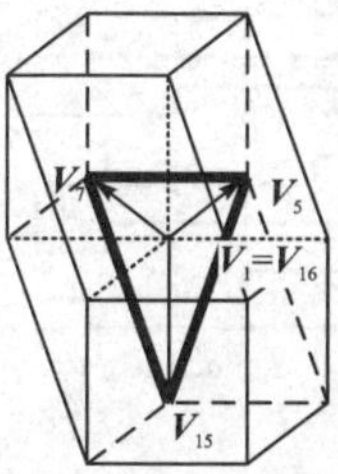	64	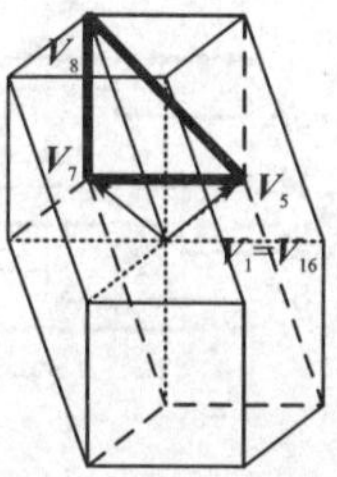

在这 24 个四面体中有 12 个为无效四面体，在实际算法过程中不起作用。这是由于在划分这些无效四面体时，其使用的依据在三相正弦系统中不存在。例如，当 $N=1$ 时 $K_i=0$ 恒成立，即要求 V_{refa}、$V_{refb}<0$、$V_{refc}<0$、$V_{refa}<V_{refb}<V_{refc}$。这在标准的三相正弦系统中是不成立的，也就是说 N 在数值上可以取 1，但在实际算法中取不到 1。同理，其余 11 个四面体因三相参考电压不能同时大于零或小于零，因而也是无效四面体。如图 3－20 所示为有效的四面体，序号分别是 $N=8$、9、16、17、24、41、48、49、56、57、64。

因此可得到有效四面体的开关状态，如图 3－21 所示。

步骤 2——计算开关矢量作用时间

将参考矢量投影在开关矢量上计算出每个非零矢量的作用时间。例如：选取 $N=1$ 时的四面体。非零开关矢量分别为 $\boldsymbol{V}_9=[-1,-1,-1]^{\mathrm{T}}$，$\boldsymbol{V}_{10}=[-1,-1,0]^{\mathrm{T}}$ 和 $\boldsymbol{V}_{12}=[-1,0,0]^{\mathrm{T}}$，则每个开关矢量对应的占空比如下：

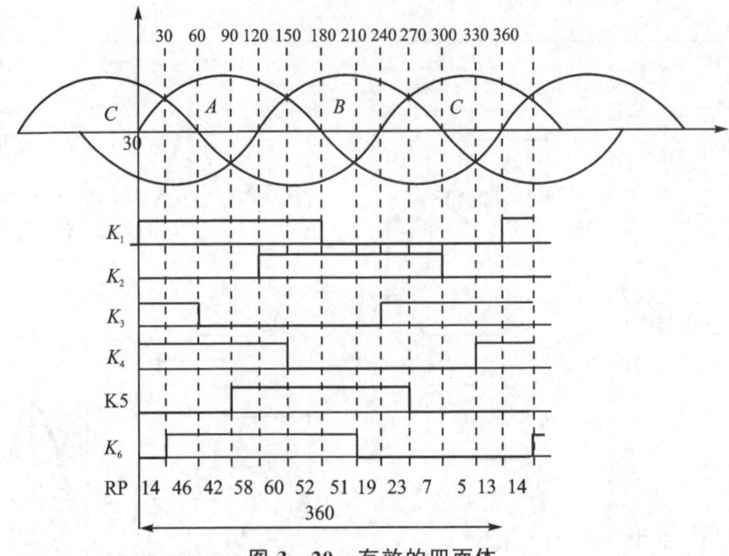

图 3-20　有效的四面体

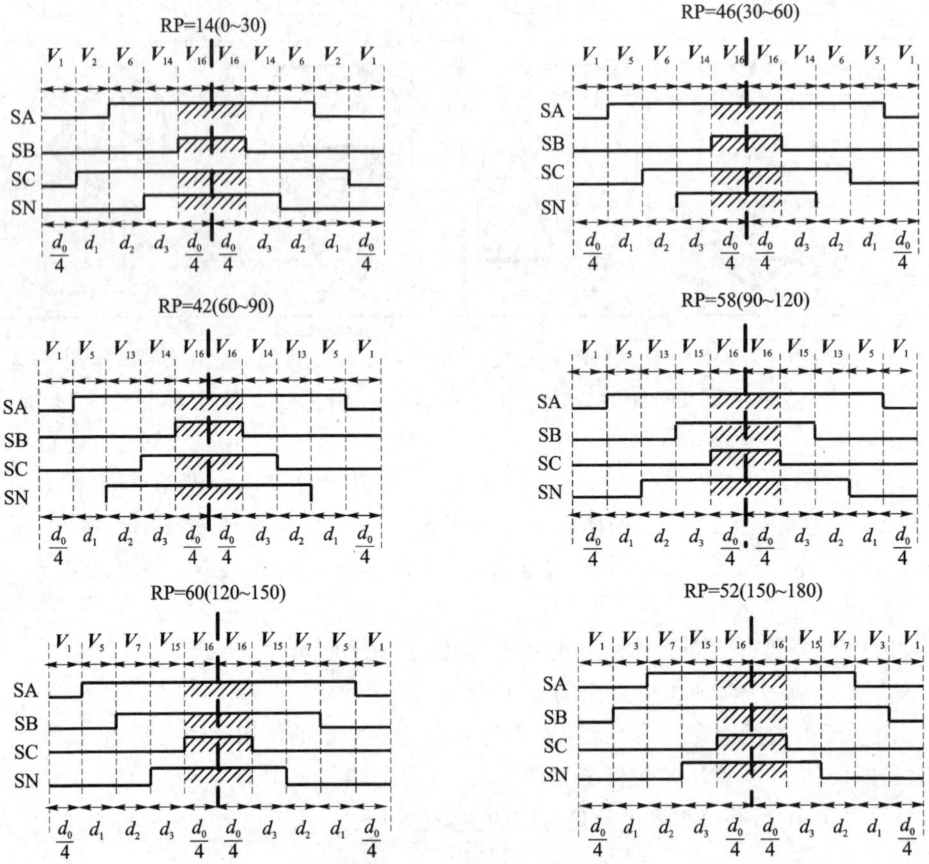

RP=14(0~30)

RP=46(30~60)

RP=42(60~90)

RP=58(90~120)

RP=60(120~150)

RP=52(150~180)

图 3-21　有效四面体的开关状态

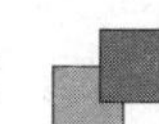

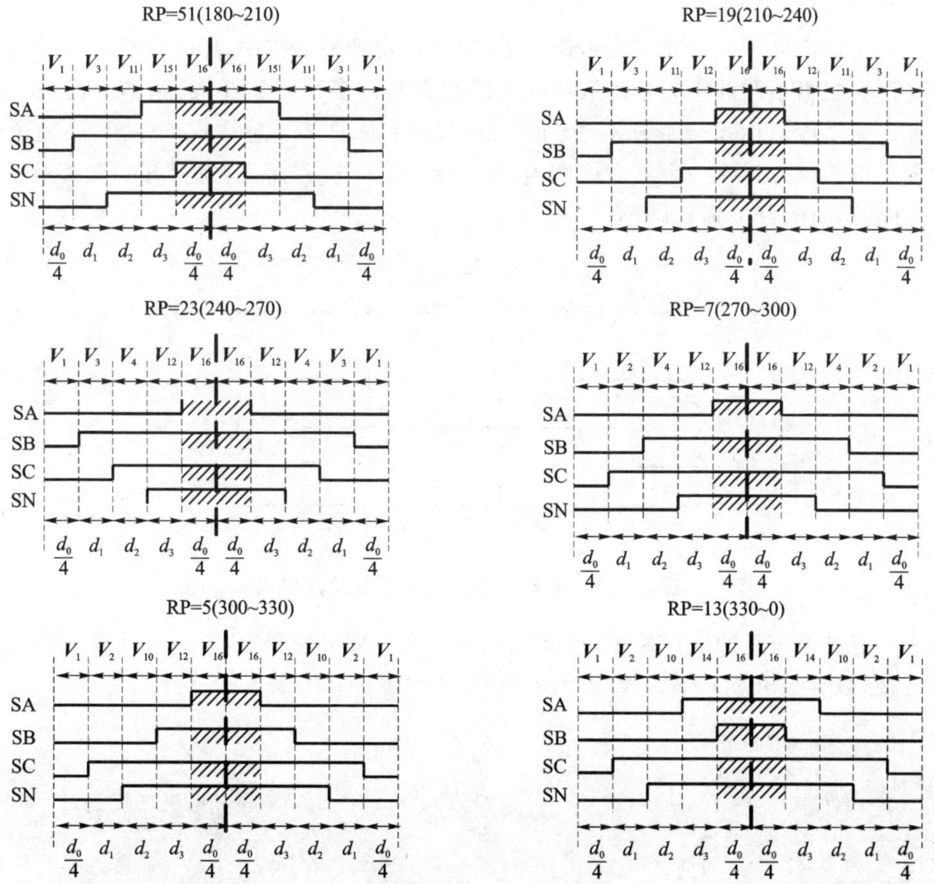

图 3-21　有效四面体的开关状态(续)

$$\boldsymbol{U}_{\text{ref}}=\boldsymbol{V}_9 d_1+\boldsymbol{V}_{10} d_2+\boldsymbol{V}_{12} d_3 \tag{3-65}$$

式中:$\boldsymbol{V}_9$、$\boldsymbol{V}_{10}$、$\boldsymbol{V}_{12}$ 的作用时间分别为 d_1、d_2、d_3,零矢量的作用时间是 $d_0=1-d_1-d_2-d_3$。

将式(3-65)展开,得

$$\begin{bmatrix} V_{\text{ref}a} \\ V_{\text{ref}b} \\ V_{\text{ref}c} \end{bmatrix}=\begin{bmatrix} -1 \\ -1 \\ -1 \end{bmatrix} d_1+\begin{bmatrix} -1 \\ -1 \\ 0 \end{bmatrix} d_2+\begin{bmatrix} -1 \\ 0 \\ 0 \end{bmatrix} d_3 \tag{3-66}$$

解得

$$\begin{cases} d_1=-V_{\text{ref}c} \\ d_2=V_{\text{ref}c}-V_{\text{ref}b} \\ d_3=V_{\text{ref}b}-V_{\text{ref}a} \end{cases} \tag{3-67}$$

按照相同方法可计算出其他四面体中非零矢量的作用时间,这里不再赘述。

步骤 3——矢量排序

每个四面体中 3 个非零矢量确定后，需要确定开关的排序，即决定开关矢量的作用顺序。根据不同的零矢量加入方式可以组合出许多种开关样式，基本上还是 5 段对称式或 7 段对称式。如图 3-22 所示的 $N=1$ 时的 7 段对称式排序，只添加了一种零矢量。该方式在一个工频周期内，对于 A、B、C 桥臂而言，每个开关管都有 1/3 的时间不动作，开关损耗较小。

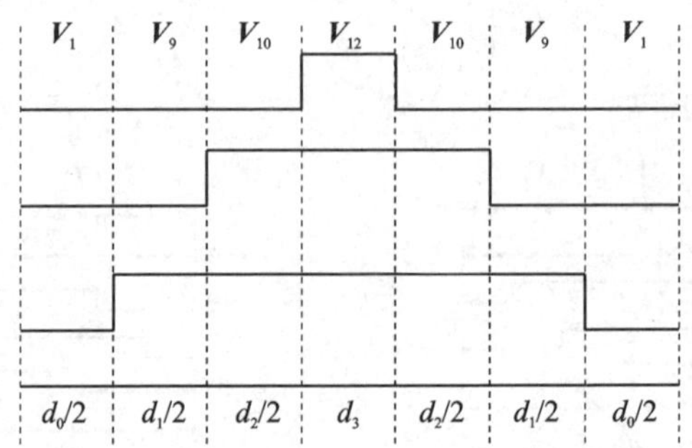

图 3-22　$N=1$ 时的 7 段对称式排序方式

一旦开关矢量的顺序确定，调制波就可产生。数字控制中，这一步计算可通过查表实现，最后给出 3D-SVPWM 的 DSP 参考代码。

```
void _3D_SVPWM()
{
    if(i16VrefA_SCALE >= 0)                         //A 相电流与零比较
    {
        K1 = 1;
    }
    else
    {
        K1 = 0;
    }
    if(i16VrefB_SCALE >= 0)                         //B 相电流与零比较
    {
        K2 = 1;
    }
    else
    {
        K2 = 0;
    }
    if(i16VrefC_SCALE >= 0)                         //C 相电流与零比较
    {
        K3 = 1;
    }
    else
    {
```

```
    K3 = 0;
}
if(i16VrefA_SCALE >= i16VrefB_SCALE)                    //A相电流与B相电流比较
{
    K4 = 1;
}
else
{
    K4 = 0;
}
if(i16VrefB_SCALE >= i16VrefC_SCALE)                    //B相电流与C相电流比较
{
    K5 = 1;
}
else
{
    K5 = 0;
}
if(i16VrefA_SCALE >= i16VrefC_SCALE)                    //A相电流与C相电流比较
{
    K6 = 1;
}
else
{
    K6 = 0;
}
RP = 1 + K1 + 2 * K2 + 4 * K3 + 8 * K4 + 16 * K5 + 32 * K6; // 四面体的选择
//矢量作用时间饱和处理
T1 = T1 * uT1Period_0/(T1 + T2);
T2 = T2 * uT1Period_0/(T1 + T2);
i16VrefA_SVM = i16VrefA_SCALE * 1;
i16VrefB_SVM = i16VrefB_SCALE * 1;
i16VrefC_SVM = i16VrefC_SCALE * 1;
switch(RP)                          //根据RP选择计算有效区间开关矢量作用时间
{
    case 5:
    D1 = i16VrefC_SVM;
    D2 =- i16VrefB_SVM;
    D3 =- i16VrefA_SVM + i16VrefB_SVM;
    D4 = _IQ(1) - D1 - D2 - D3;
    P1 = D4/2;                      //第一桥臂开关作用时间
    P2 = D3 + D4/2;                 //第二桥臂开关作用时间
    P3 = D1 + D2 + D3 + D4/2;       //第三桥臂开关作用时间
    P4 = D2 + D3 + D4/2;            //第四桥臂开关作用时间
    break;
    case 7:
    D1 =- i16VrefB_SVM + i16VrefC_SVM;
    D2 = i16VrefB_SVM;
    D3 =- i16VrefA_SVM;
    D4 = _IQ(1) - D1 - D2 - D3;
```

```
P1 = D4/2;                          //第一桥臂开关作用时间
P2 = D2 + D3 + D4/2;                //第二桥臂开关作用时间
P3 = D1 + D2 + D3 + D4/2;           //第三桥臂开关作用时间
P4 = D3 + D4/2;                     //第四桥臂开关作用时间
break;
case 13:
D1  =  i16VrefC_SVM;
D2  =- i16VrefA_SVM;
D3  =  i16VrefA_SVM - i16VrefB_SVM;
D4  =  _IQ(1) - D1 - D2 - D3;
P1 = D3 + D4/2;                     //第一桥臂开关作用时间
P2 = D4/2;                          //第二桥臂开关作用时间
P3 = D1 + D2 + D3 + D4/2;           //第三桥臂开关作用时间
P4 = D2 + D3 + D4/2;                //第四桥臂开关作用时间
break;
case 14:
D1  =- i16VrefA_SVM + i16VrefC_SVM;
D2  =  i16VrefA_SVM;
D3  =- i16VrefB_SVM;
D4  =  _IQ(1) - D1 - D2 - D3;
P1 = D2 + D3 + D4/2;                //第一桥臂开关作用时间
P2 = D4/2;                          //第二桥臂开关作用时间
P3 = D1 + D2 + D3 + D4/2;           //第三桥臂开关作用时间
P4 = D3 + D4/2;                     //第四桥臂开关作用时间
break;
case 19:
D1  =  i16VrefB_SVM;
D2  =- i16VrefC_SVM;
D3  =- i16VrefA_SVM + i16VrefC_SVM;
D4  =  _IQ(1) - D1 - D2 - D3;
P1 = D4/2;                          //第一桥臂开关作用时间
P2 = D1 + D2 + D3 + D4/2;           //第二桥臂开关作用时间
P3 = D3 + D4/2;                     //第三桥臂开关作用时间
P4 = D2 + D3 + D4/2;                //第四桥臂开关作用时间
break;
case 23:
D1  =  i16VrefB_SVM - i16VrefC_SVM;
D2  =  i16VrefC_SVM;
D3  =- i16VrefA_SVM;
D4  =  _IQ(1) - D1 - D2 - D3;
P1 = D4/2;                          //第一桥臂开关作用时间
P2 = D1 + D2 + D3 + D4/2;           //第二桥臂开关作用时间
P3 = D2 + D3 + D4/2;                //第三桥臂开关作用时间
P4 = D3 + D4/2;                     //第四桥臂开关作用时间
break;
case 42:
D1  =  i16VrefA_SVM;
D2  =- i16VrefC_SVM;
D3  =- i16VrefB_SVM + i16VrefC_SVM;
D4  =  _IQ(1) - D1 - D2 - D3;
```

```
P1 = D1 + D2 + D3 + D4/2;                  //第一桥臂开关作用时间
P2 = D4/2;                                 //第二桥臂开关作用时间
P3 = D3 + D4/2;                            //第三桥臂开关作用时间
P4 = D2 + D3 + D4/2;                       //第四桥臂开关作用时间
break;
case 46:
D1  =  i16VrefA_SVM - i16VrefC_SVM;
D2  =  i16VrefC_SVM;
D3  =- i16VrefB_SVM;
D4  =  _IQ(1) - D1 - D2 - D3;
P1 = D1 + D2 + D3 + D4/2;                  //第一桥臂开关作用时间
P2 = D4/2;                                 //第二桥臂开关作用时间
P3 = D2 + D3 + D4/2;                       //第三桥臂开关作用时间
P4 = D3 + D4/2;                            //第四桥臂开关作用时间
break;
case 51:
D1  =  i16VrefB_SVM;
D2  =- i16VrefA_SVM;
D3  =  i16VrefA_SVM - i16VrefC_SVM;
D4  =  _IQ(1) - D1 - D2 - D3;
P1 = D3 + D4/2;                            //第一桥臂开关作用时间
P2 = D1 + D2 + D3 + D4/2;                  //第二桥臂开关作用时间
P3 = D4/2;                                 //第三桥臂开关作用时间
P4 = D2 + D3 + D4/2;                       //第四桥臂开关作用时间
break;
case 52:
D1 = - i16VrefA_SVM + i16VrefB_SVM;
D2 = i16VrefA_SVM;
D3 = - i16VrefC_SVM;
D4 = _IQ(1) - D1 - D2 - D3;
P1 = D2 + D3 + D4/2;                       //第一桥臂开关作用时间
P2 = D1 + D2 + D3 + D4/2;                  //第二桥臂开关作用时间
P3 = D4/2;                                 //第三桥臂开关作用时间
P4 = D3 + D4/2;                            //第四桥臂开关作用时间
break;
case 58:
D1 = i16VrefA_SVM;
D2 = - i16VrefB_SVM;
D3 = i16VrefB_SVM - i16VrefC_SVM;
D4 = _IQ(1) - D1 - D2 - D3;
P1 = D1 + D2 + D3 + D4/2;                  //第一桥臂开关作用时间
P2 = D3 + D4/2;                            //第二桥臂开关作用时间
P3 = D4/2;                                 //第三桥臂开关作用时间
P4 = D2 + D3 + D4/2;                       //第四桥臂开关作用时间
break;
case 60:
D1 = i16VrefA_SVM - i16VrefB_SVM;
D2 = i16VrefB_SVM;
D3 = - i16VrefC_SVM;
D4 = _IQ(1) - D1 - D2 - D3;
```

```
        P1 = D1 + D2 + D3 + D4/2;                         //第一桥臂开关作用时间
        P2 = D2 + D3 + D4/2;                              //第二桥臂开关作用时间
        P3 = D4/2;                                        //第三桥臂开关作用时间
        P4 = D3 + D4/2;                                   //第四桥臂开关作用时间
        break;
    }
}
```

第 4 章 逆变器输出电压谐波的抑制方法

逆变器输出电压波形控制有两个重要方面：

- 具有良好的稳态精度，在稳态情况下，输出电压波形谐波畸变小，基波分量能做到无差调节（包括幅值和相位）；
- 具有良好的动态特性，在负载扰动下，输出电压波形变化小，调节过程快。

PWM 逆变器的输出谐波主要来自以下几个方面：

- PWM 调制产生的谐波；
- 桥臂的上、下管之间的死区所产生的低次谐波；
- 非线性负载（整流性）的谐波电流而产生的低次谐波。

对于 PWM 调制所产生的谐波，谐波大部分分布在开关频率的周围，由于输出滤波器的截止频率通常比开关频率的$\frac{1}{10}$还低，所以可以认为由 PWM 调制所产生的谐波已足够小，再加上控制系统对高次谐波的衰减，基本上可以不考虑高次谐波。

对于因死区和非线性负载而产生的低次谐波，主要有两种解决方案：

① 滤波方案，即通过滤波器减小主要谐波。这种方法的一个最大缺点是必须有一套辅助的变流装置来补偿主变流器及其非线性负载引入的电压谐波。

② 采用控制的方案，即通过适当的控制算法调节输出脉宽、补偿因带非线性负载而产生的谐波。尤其当逆变器实现全数字化控制以后，一个新颖的控制算法只需改动控制软件，就可实现对 PWM 逆变器的改进，如无差拍控制、滑模变结构控制、瞬时值反馈控制和重复控制。

4.1 基于重复控制的逆变器控制系统设计

PWM 逆变器实际上是一个伺服系统，要求输出重复性的跟踪指令信号。在稳态运行条件下,负载扰动也是一项重复性的过程,这里针对每一种指令及扰动信号的频率均设置一重内模。重复信号发生器解决了这一问题,其工作原理实际上是对误差进行逐周期地积分控制,只要指令和扰动还没有完全吻合,控制器就一直对误差进行积分,稳态时可达到无静差控制效果。

重复控制的最大优点是稳态波形失真度小。由于它是对误差逐周期地修正,因此,重复控制的动态性能较差,对于因负载突加、突减引起的输出波形变化,至少要几个周波才能恢复。

4.1.1 重复控制器的基本原理

重复控制是在内模控制原理的基础上进行讨论的,其指出,若要求一个反馈控制系统具有良好的跟踪指令以及抵消扰动影响的能力(即稳态时误差趋于零),并且这种对误差的调节过程是结构稳定的,则必须在反馈控制环路内部包含一个描述外部输入信号(含指令和扰动信号)的数学模型。而积分控制就是内模控制的一种应用特例。也就是说,针对周期为 ω_n 的正弦指令输入,可以在控制器中嵌入一个正弦信号的数学模型:

$$\mathrm{L}(\sin \omega_n t) = \frac{\omega_n^2}{S^2 + \omega_n^2} \tag{4-1}$$

式中:L 为拉氏变换。

那么当指令和扰动都是按角频率 ω_n 变化时,系统输出是无静差的。

逆变器的输出与扰动信号含有许多谐波分量,但它们的频率都是基波频率的整数倍,在每一个基波周期内,它们都是以相同的形式重复变化。因此,利用如图 4-1 所示的重复信号发生器可以达到无静差的效果,其表达形式为

$$\frac{W_S}{W_{0(S)}} = \frac{e^{-LS}}{1 - e^{-LS}} \tag{4-2}$$

式中:L 为逆变器输出电压基波周期,这是一个周期延迟正反馈环节。

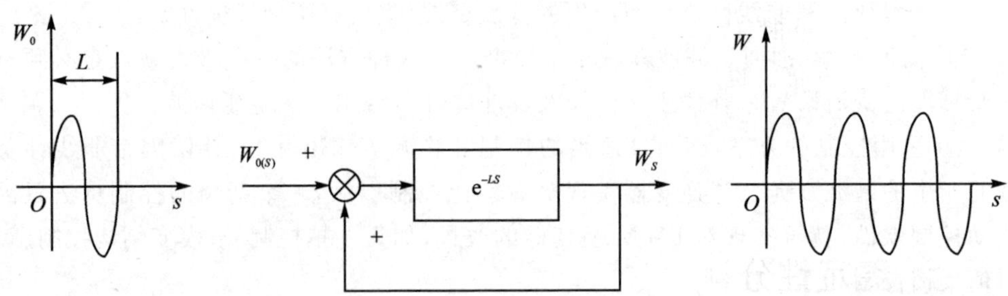

图 4-1 重复信号发生器的 S 域形式

然而重复信号发生器用模拟电路是很难实现的,但在可编程的数字电路中实现起来却非常容易。因此,该周期延迟环节采用数字化的形式,其 Z 域形式为

$$\frac{W_Z}{W_{0(Z)}}=\frac{Z^{-N}}{1-Z^{-N}}=\frac{1}{Z^N-1} \tag{4-3}$$

$$W_{0(Z)}=W_{(0)}+W_{(1)}Z^{-1}+\cdots+W_{(N-1)}Z^{-(N-1)} \tag{4-4}$$

式中：$W_{0(Z)}$ 代表第一个基波周期 $W_{0(K)}$ 的 Z 变换形式。其等效结构图如图 4－2 所示。N 为一个基波周期的采样数。以 N 个单拍延时环节 Z^{-1} 的串联实现周期延时，这意味着数字控制器要为实现重复信号发生器而留出 N 个数据存储单元。

$$\{W_{0(K)}\}=\{W_{(0)},W_{(1)},\cdots,W_{(K-1)}\} \tag{4-5}$$

对于一个稳定的闭环系统，在其前向通道上嵌入如图 4－2 所示的重复信号发生器时，稳态时，理论上的静差应为零，但却对控制系统的稳定性有破坏作用；若采用这种内模，则会给系统带来 N 个位于单位圆上的开环极点。Nyquist 判据表明，此时开环系统呈临界振荡状态，只要系统模型的对象参数稍有变化，那么闭环系统的极点有可能落在单位圆外，则系统就失去稳定性了。由于这个限制，在实际控制系统中，周期延迟环节 Z^{-N} 乘以一个 Q_Z，如图 4－3 所示。Q_Z 可取一个小于 1 的常数，如 0.95，也可以取为一个低通滤波器。

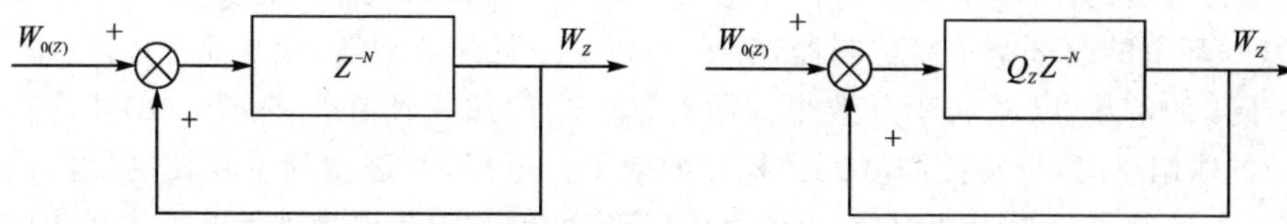

图 4－2　重复信号发生器的 Z 域形式　　**图 4－3　重复控制改进型内模**

改进型内模的传递函数可表示为

$$G_Z=\frac{W_Z}{W_{0(Z)}}=\frac{Q_ZZ^{-N}}{1-Q_ZZ^{-N}}=\frac{Q_Z}{Z^N-Q_Z} \tag{4-6}$$

写成差分方程的形式为

$$W_K=(W_{(K-N)}+W_{0(K-N)})Q_Z \tag{4-7}$$

当 Q_Z 取 0.99 时，式(4－7)的意义就是：输出等于上一周期同一时刻的输入与输出之和的 0.99 倍。也就是说，每隔一个基波周期(N 步)，输出量获得一次累加，这种累加是将上周期的输入与输出量都削弱 5%，然后再累加。当输入为恒定值时，输出就是一个等比序列。采用改进型内模，系统的稳定性得到了改善，但是纯积分作用却改为准积分。

4.1.2　稳定性分析

为了简化分析，这里暂不考虑双环和重复控制之间的耦合，典型的重复控制系统结构如图 4－4 所示。

这是个带有给定电压前馈的通用重复控制器分析模型。其中，$P(z)$为控制对象，要求其本身是稳定的；$d(z)$为对系统的重复性扰动，如负载电流等；$r(z)$为系统的输出给定,图 4-4 中虚线部分为重复控制器;$u_r(z)$为重复控制器的输出。

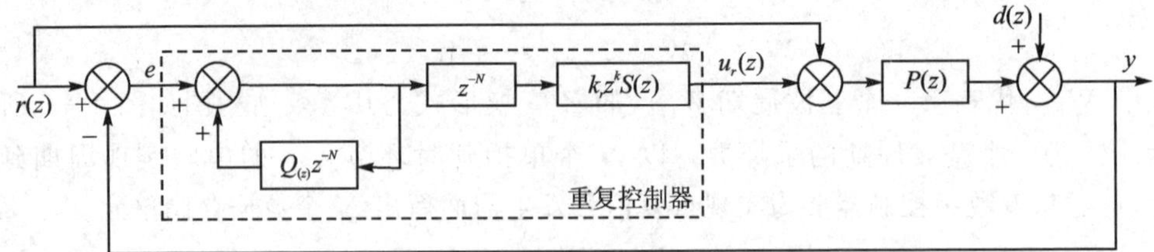

图 4-4 典型的重复控制系统结构

1. 典型重复控制器中各个部分的作用

(1) $Q(z)$滤波器

在没有加入 $Q(z)$环节之前,重复控制是以周期为步长的纯积分环节,但对稳定性和鲁棒性不利。因为若采用这种内模,则会给系统带来 N 个位于单位圆周上的开环极点,从而使开环系统呈现临界振荡状态;此时只要对象的建模稍有偏差,或者对象参数稍有变化,闭环系统就极有可能失去稳定。所以目前的实际系统大多采用含有 $Q(z)$环节的改进型重复控制器,$Q(z)$可以是个低通滤波器,或是简单地取为一个略小于 1 的常数,以减弱积分效果。同时,$Q(z)$的加入使在误差量 $e(z)$小至 $1-Q(z)$的输出量时,重复控制将失去积分的效果。所以,改进型的重复控制器实质上是将误差的纯积分改为准积分,也就是说,稳定性的改善是以牺牲无静差为代价的。

(2) 周期延迟环节 z^{-N}

前向通道上串接的周期延迟环节 z^{-N} 使控制动作延迟一个周期进行,假如给定和扰动都具有重复性,那么这样做可以使下一周期的系统控制作用具有一定的超前性。

(3) 补偿器 $k_r z^k S(z)$

补偿器是针对对象 $P(z)$的特性而设置的,它的作用就是提供相位补偿和幅值补偿,以保证重复控制系统的稳定,并在此基础上改善波形校正效果。补偿器根据采用的相位补偿方法的不同有很多种形式,$k_r z^k S(z)$是借助超前环节实现相位补偿的一种常用补偿器。其中,z^k 为相位补偿的超前环节,比例项 k_r 为重复控制增益,滤波器 $S(z)$用于抵消对象较高的谐振峰值,使之不破坏稳定性,同时,增强前向通道的高频衰减特性,可提高稳定性和抗高频干扰能力。由于设置了滤波器 $S(z)$,超前环节 z^k 需要补偿滤波器 $S(z)$和对象 $P(z)$总的相位滞后。

由图 4-4 可得

$$\frac{u_r(z)}{e(z)}=\frac{z^{-N}K_r z^k S(z)}{1-Q(z)z^{-N}},\quad e(z)=r(z)-(r(z)+u_r(z))P(z)-d(z)$$

整理得

$$e(z)=\frac{(1-P(z))(z^N-Q(z))}{z^N-(Q(z)-K_r z^k S(z)P(z))}r(z)+\frac{(Q(z)-z^N)}{z^N-(Q(z)-K_r z^k S(z)P(z))}d(z) \tag{4-8}$$

系统特征方程为

$$z^N-(Q(z)-K_r z^k S(z)P(z))=0 \tag{4-9}$$

根据控制系统稳定性理论：只要系统特征式(4-9)的 N 个根都位于以原点为圆心的单位圆内，系统就是稳定的。但是式(4-9)的阶数 N 往往是很高的，如对于6 kHz采样、50 Hz输出的系统来说，式(4-9)的阶数为120阶，所以直接求解特征方程来推导出系统稳定的充分条件几乎不可能，同样仅仅对设计好的系统采用类似劳斯判据那样的常规方法进行稳定性判断都很困难。不过，如果只需要系统稳定的充分条件，则利用控制理论中的小增益原理(small gain theorem)可以导出系统稳定的一个充分条件为

$$|Q(e^{j\omega T})-K_r e^{j\omega kT}S(e^{j\omega T})P(e^{j\omega T})|<1,\quad \omega\in[0,\pi/T] \tag{4-10}$$

即如果在采样保持器所能复现的整个频段(从直流即零频率一直到奈奎斯特频率，即采样频率的一半)内，传递函数$(Q(z)-K_r z^k S(z)P(z))$的增益都小于1，则可以充分保证图4-4所示的重复控制系统是稳定的。

$$P(s)=\frac{1}{LCs^2+RCs+1}$$

式中：R 为滤波电感的串联电阻。

若实验样机参数如下：

$$Q(z)=0.992\,187\,5,\quad k=2,\quad S(z)=1,\quad C=165e^{-6},\quad R=0.045$$

考虑整流性负载峰值点重复控制量最大，则此时 $L=230e^{-6}$，$k_r=0.031\,5$。$Q(e^{j\omega T})-K_r e^{j\omega kT}S(e^{j\omega T})P(e^{j\omega T})$的伯德图表示如图4-5所示。

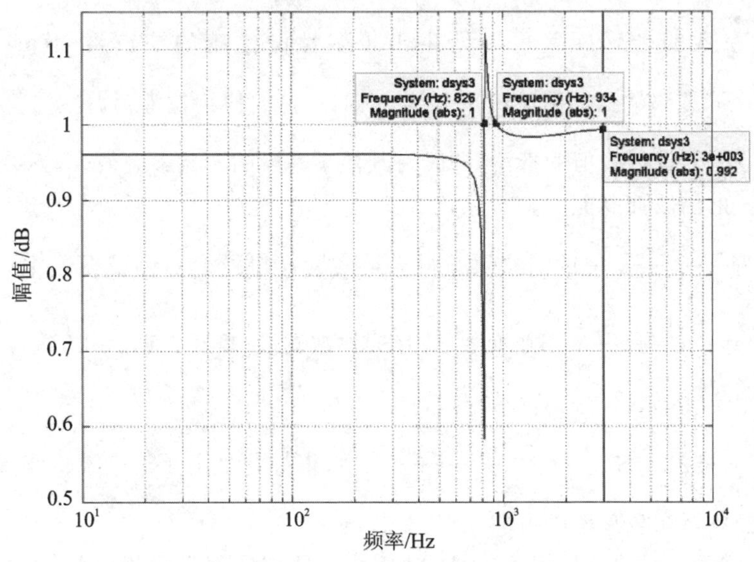

图4-5　实验样机的$Q(e^{j\omega T})-K_r e^{j\omega kT}S(e^{j\omega T})P(e^{j\omega T})$

令 $H(z)=Q(z)-K_r z^k S(z)P(z)$。如图 4-5 所示,在 $0\leqslant f<\frac{1}{2\pi\sqrt{LC}}$ 频率段,$H(z)$ 为小于 1 的恒值。在 $\frac{1}{2\pi\sqrt{LC}}<f\leqslant\frac{1}{2}f_S$ 频率段,$H(z)$ 也小于 1,且是变化的。在 $\frac{1}{2}f_S$ 处,$H(z)=Q(z)$。在 LC 的谐振频率附近,$H(z)>1$;如果这段频率范围内的激励信号足够大,则可能导致系统不稳定。要抑制这段频率范围内的 $H(z)$ 值,则必须精心设计 $S(z)$ 滤波器。

2. $S(z)$ 滤波器的设计

前面提过,$S(z)$ 滤波器的主要功能之一就是抵消对象较高的谐振峰值,提高了系统稳定性。

为了消除对象的谐振峰值,可以简单地将 $S(z)$ 设置为二阶低通滤波器,通过调节滤波器的参数,使其幅频增益在逆变器的谐振频率处能衰减 −20～−30 dB,即可消掉逆变器的谐振峰。但因为二阶滤波器幅频特性的下降斜率为 −40 dB/10 倍频,所以要在逆变器谐振频率处产生 −20～−30 dB 的增益,就必须将二阶滤波器本身的截止频率设置得比较低,这样二阶滤波器在抵消逆变器谐振峰的同时,会显著地降低逆变器截止频率以下很宽一段频率范围内的增益,从而大大降低了相应频率段内的谐波抑制效果。

$S(z)$ 滤波器可以用零相移陷波滤波器来实现,它的表达式为

$$S(z)=\frac{a_m z^m+a_{m-1}z^{m-1}+\cdots+a_0+\cdots+a_{m-1}z^{-(m-1)}+a_m z^{-m}}{2a_m+2a_{m-1}+\cdots+a_0} \tag{4-11}$$

通过参数的合理配置可以衍生出很多性能优越的滤波器,比如 $S(z)=\frac{z^3+2+z^{-3}}{4}$,该陷波器的陷波频率约为 1 kHz,它们的相位滞后都为 0。这种特性很适合于逆变器谐振峰值的抵消,同时对其他频率段的增益影响很小,不会明显影响其他频率段的谐波抑制能力。

又因为 $\frac{z^3+2+z^{-3}}{4}$ 的陷波频率很靠近实验样机逆变器的谐振频率,所以决定选用 $S(z)=\frac{z^3+2+z^{-3}}{4}$。在增加了 $S(z)$ 滤波器后,重新核算 30 kV·A 机器的重复控制器稳定性,如图 4-6 所示。

图 4-6 增加了 $S(z)=\frac{z^3+2+z^{-3}}{4}$ 之后,很好地抵消了逆变器的谐振峰值,保证了重复控制器在全频率段内的稳定。

另外,这里采用的补偿器 $k_r z^k S(z)$ 是基于超前环节实现相位补偿的一种补偿器,利用了逆变器的相位滞后随频率增加而渐增的特性。这种补偿器对中低频段的

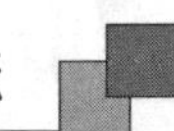

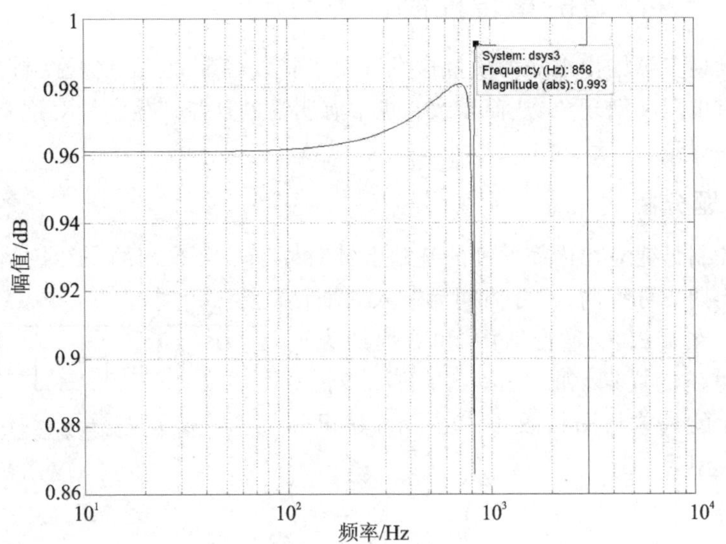

图 4－6　增加 $S(z)$ 后，$Q(e^{j\omega T})-K_r e^{j\omega kT}S(e^{j\omega T})P(e^{j\omega T})$ 的伯德图

相位补偿效果良好，但对于高频段，其补偿效果并不理想，且可能反而引起系统的不稳定，所以需要 $S(z)$ 滤波器的第二个主要功能：增强前向通道的高频衰减特性，提高稳定性和抗高频干扰能力。

3. 实验验证

实验在 30 kV·A、1＋1 并机上进行，为了防止出现长并机线系统不稳定问题，这里在一台机器的输出串入 50 m 的长线。实验步骤如下：

① 复现长并机线系统不稳定问题时，在控制系统中加大重复控制量，则 1 号单机输出电流中出现了高频纹波，如图 4－7 所示。

② 加入 $S(z)=\dfrac{z^3+2+z^{-3}}{4}$，在同样工况下的 1 号单机输出电流如图 4－8 所示，可以看到，加入 $S(z)$ 对系统稳定性有明显改善。

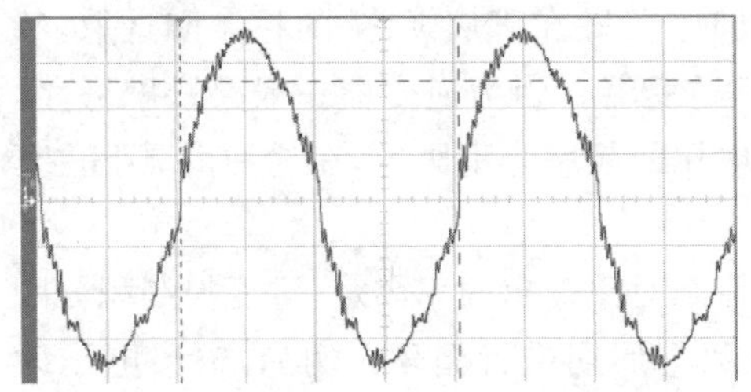

图 4－7　输出电压不稳定现象

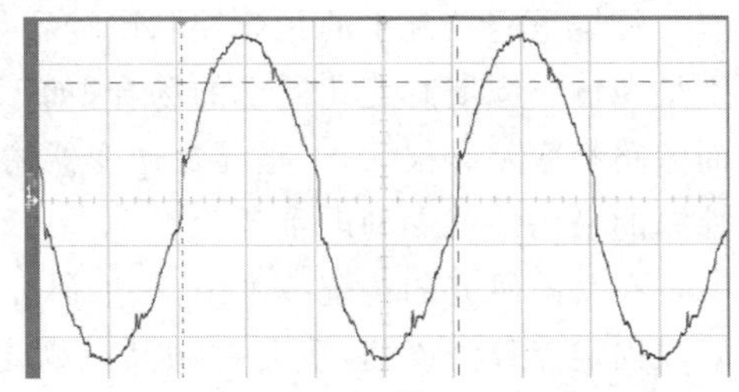

图 4－8　输出电压不稳定现象消失

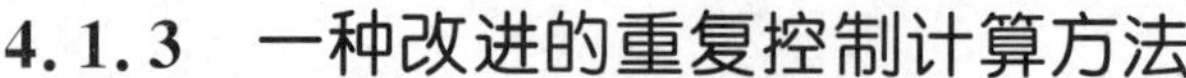

4.1.3 一种改进的重复控制计算方法

为提高逆变器输出电压的质量这里采用了重复控制,但是重复控制在周期衔接的过程中有电压跳跃现象,从而导致并机中有明显的环流产生。针对这一问题,我们进一步开展讨论。

1. 问题分析

重复控制是建立在内模原理的基础上针对周期信号采用的一种控制,其实施的策略是用周期积分控制,积分周期为输入周期信号的周期。在 UPS 的逆变器中,积分周期为逆变器输出电压的周期,如 20 ms(50 Hz)。重复控制数字化的具体框图如图 4-9 所示,其积分量的数学模型为

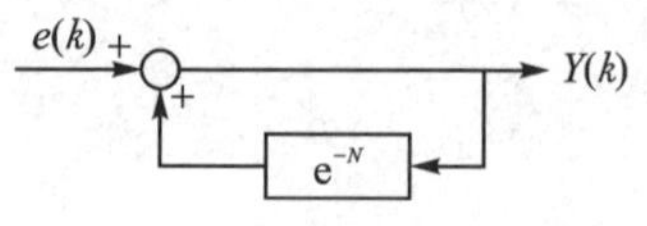

图 4-9 重复控制框图

$$\frac{Y_{\text{sav}}(k)}{e(k)}=\frac{1}{1-z^{-N}} \tag{4-12}$$

变形为

$$Y_{\text{sav}}(k)=Y_{\text{sav}}(k-N)+e(k) \tag{4-13}$$

为了考虑控制稳定性,一般积分上采用衰减系数 K_1,即

$$Y_{\text{sav}}(k)=K_1\cdot Y_{\text{sav}}(k-N)+e(k) \tag{4-14}$$

式中:$Y_{\text{sav}}(k)$为重复控制器积分量;$e(k)$为重复控制器输入;K_1 为重复控制衰减系数,一般取 $K_1=0.99$;N 为重复控制数字周期;k 为积分周期中的当前积分位置。

在重复控制中,为了补偿逆变环节的延时,作用到控制对象(如 UPS 逆变器)上的控制量一般和积分量不一致,其作用量一般超前当前积分量。定义重复控制作用量为 $Y_{\text{act}}(k)$,超前量为 m,则重复控制作用量与重复控制积分量的对应关系为

$$Y_{\text{act}}(k)=Y_{\text{sav}}(k+m) \tag{4-15}$$

重复控制作用量对于积分量的位置为

$$k+m=\begin{cases}k+m, & k+m<N\\ k+m-N, & k+m\geqslant N\end{cases} \tag{4-16}$$

传统重复控制中的积分控制比较容易处理,关键在于周期 N 的控制和选取,特别是在输出周期有变化需求的场合,如 UPS 逆变器。因为逆变器一般要跟踪旁路,而旁路频率差异很大,于是导致逆变器输出电压的频率并不固定,在这种情况下重复控制的易用性就受到严重考验。

在目前研究的传统技术中,一般研究的控制对象输出频率固定,重复控制积分刚好以固定点数为周期,重复控制其以固定点数为周期进行循环。例如,输出电压为 50 Hz,一个工频周期中采样和重复控制计算次数为 150 点,因为控制对象输出频率固定,所以这种应用一般不会有问题。

另一种方法是先利用输出要求的频率折算出重复控制对应的数字周期 N，如图 4－10 所示，周期计算控制器利用控制对象输出或者调节器的输出计算出重复控制周期，其计算方法为

$$N=\left[\frac{f_{sw}}{f_{out}}\right] \tag{4-17}$$

式中：[]为取整运算，因为 N 必须为整数；f_{sw} 为控制周期，一般为变换器的开关周期；f_{out} 为控制对象需要输出的频率。

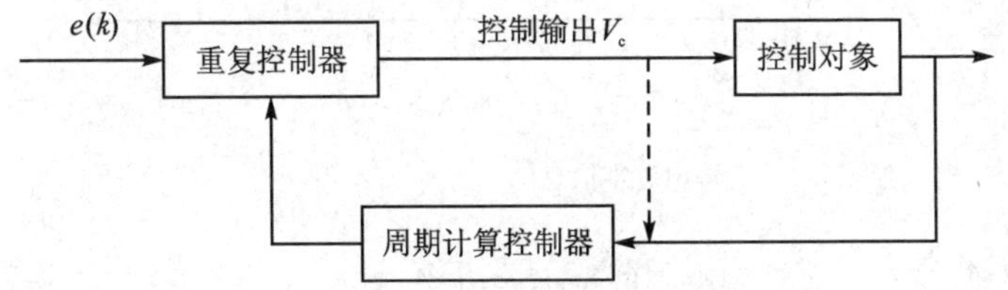

图 4－10　传统重复控制方法中的重复循环方法

重复控制积分量位置 k 的取值以 N 为周期循环，并且重复控制作用量位置保持相应的关系，k 的取值为

$$k=\begin{cases}k+1, & k<N\\0, & k\geqslant N\end{cases} \tag{4-18}$$

假设 $f_{out}=50$ Hz，$f_{sw}=7.5$ kHz，则可以计算 $N=150$。重复控制以 150 点为周期，从 0～150 循环；但是如果工作周期变化，如 52 Hz，此时点数并不是和输出频率刚好对应，这样必然导致重复控制积分和作用位置漂移，最终影响重复控制效果，甚至导致控制失效。

传统重复控制的重复循环以重复控制的积分量为循环主体，如图 4－10 所示，以作用量为附体，即周期循环的位置 k 为积分量的位置，而不是作用量的位置。

重复控制积分量的循环位置为

$$k=\begin{cases}k+1, & \text{相位没有过零}\\0, & \text{相位过零}\end{cases} \tag{4-19}$$

相应重复控制的作用循环位置为

$$k+m=\begin{cases}k+m, & k+m<N\\k+m-N, & k+m\geqslant N\end{cases} \tag{4-20}$$

重复控制作用量为

$$Y_{act}(k)=Y_{sav}(k+m) \tag{4-21}$$

重复控制积分量为

$$Y_{sav}(k)=K_1\cdot Y_{sav}(k-N)+e(k) \tag{4-22}$$

重复周期计算如下：

$$N=\text{filter}\left[\frac{f_{sw}}{f_{out}}\right] \tag{4-23}$$

图 4-11 描述了两种不同的工作状态,这里重复控制的循环主体为积分量的循环。

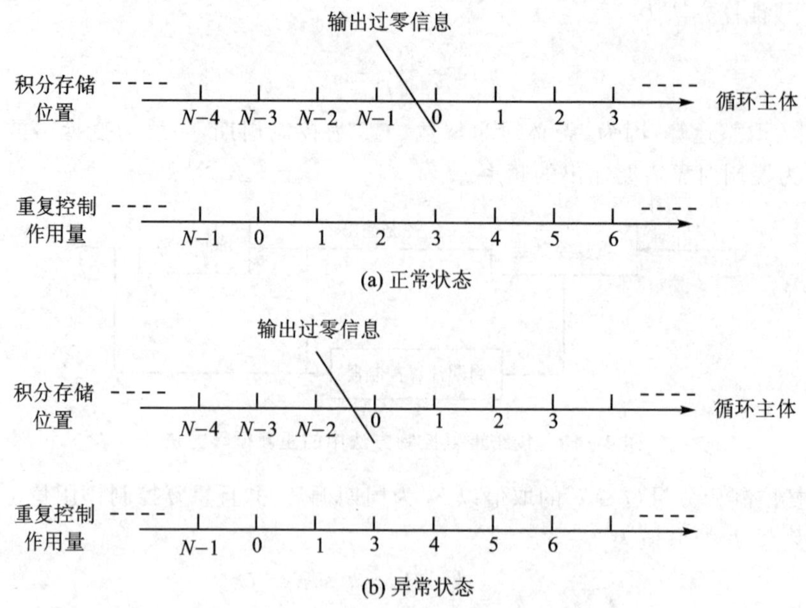

图 4-11 传统方法中的循环跳跃问题

图 4-11(a)中,当计数到 $N-1$ 时,输出过零信息使计数恢复到零再进行下一个循环,此时重复控制作用量从 0 到 $N-1$ 是连续变化的,此种情况下控制对象输出是正常的。而图 4-11(b)中,当计数到 $N-2$ 时,输出过零信息使计数恢复到零,进行下一个循环,此时重复控制作用量是不连续的。当然,重复控制一般工作在正常状态,异常状态为少数。对比两个子图的重复控制作用量位置的排序:

图 4-11(a)(正常状态):…、0、1、2、3、4、5、…

图 4-11(b)(异常状态):…、0、1、3、4、5、6、…

此时,异常状态下的重复控制作用量比正常状态下的作用量多一个整体的跳变,从而影响控制对象的输出。

在此种条件下分析跳变大小,其稳态下重复控制积分量为

$$Y(k)=\frac{e(k)}{1-K_1} \tag{4-24}$$

则异常状态下的跳变为

$$\Delta Y_{\text{act}}=\frac{e(k+1)-e(k)}{1-K_1} \tag{4-25}$$

其中,K_1 是一个非常接近 1 的数,一般取 $K_1=0.99$,则跳变为

$$\Delta Y_{\text{act}}=100\{e(k+1)-e(k)\} \tag{4-26}$$

可以看出,此时重复控制作用量的跳变很大,所以往往在循环衔接处导致电压跃

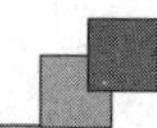

变，有可能导致 UPS 逆变器电感发出周期性的声音，并且在并机系统的环流上得到放大的体现。

2. 问题解决

① 重复控制方法以控制对象或者控制器输出的相位过零信息为循环判据，决定重复控制循环的起始，从而相对固定重复控制积分量和作用量的位置。例如，以 UPS 逆变器输出电压的周期过零信息为依据，以控制器中相位由 360°翻转到 0°的时刻为依据。本方法用控制对象或者控制器输出相位过零信息为循环判据，使重复控制位置不会有大的漂移，在一个周期的循环中，重复控制积分和作用位置相对固定。如图 4－12 所示，除了重复控制器 1 外，还有一个过零判断控制器 3，它决定了重复控制积分量或者作用量位置 k，其控制率为

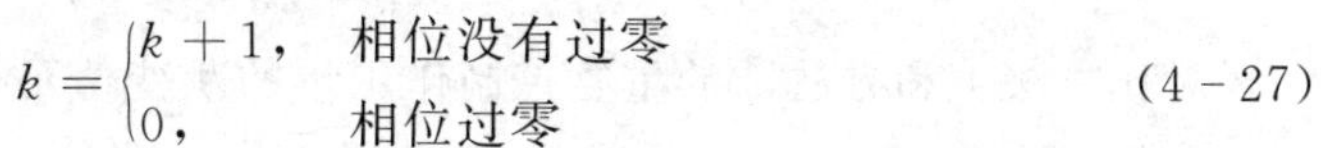

$$k=\begin{cases}k+1, & \text{相位没有过零}\\ 0, & \text{相位过零}\end{cases} \tag{4-27}$$

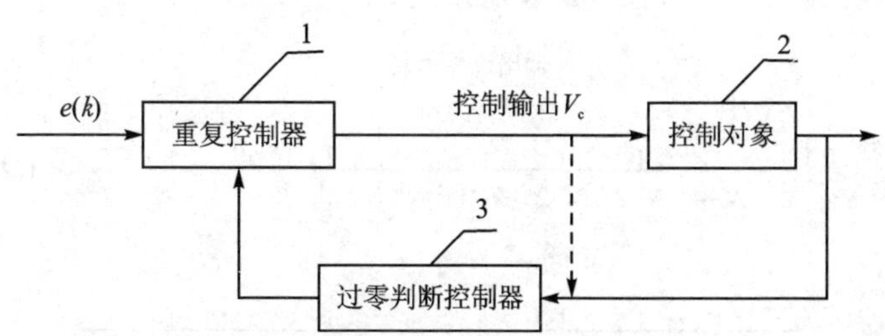

图 4－12　新方法中的循环方法

② 重复控制的重复循环以重复控制的作用量为循环主体，以积分量为附体，即周期循环的位置 k 为作用量的位置，而不是积分量的位置。积分量的位置由作用量循环位置 k 求取，保持一种相对应的位置。重复控制作用量的循环位置为

$$k=\begin{cases}k+1, & \text{相位没有过零}\\ 0, & \text{相位过零}\end{cases} \tag{4-28}$$

相应重复控制积分量的循环位置为

$$k-m=\begin{cases}k-m, & k-m\geqslant 0\\ k-m+N, & k-m<0\end{cases} \tag{4-29}$$

重复控制作用量为

$$Y_{act}(k)=Y_{sav}(k) \tag{4-30}$$

重复控制积分量为

$$Y_{sav}(k-m)=K_1\cdot Y_{sav}(k-N-m)+e(k) \tag{4-31}$$

重复周期计算如下：

$$N=\text{filter}\left[\frac{f_{sw}}{f_{out}}\right] \tag{4-32}$$

对比传统方法，如图 4－13 所示，此时重复控制作用量为循环主体，在此基础上

计算重复控制积分量的位置。同传统方法一样,重复控制作用量的位置有可能出现摆动,并且导致重复控制积分量位置发生跳变,对比图 4-13 的两个子图积分量的排序如下:

图 4-13(a)(正常状态):…、$N-6$、$N-5$、$N-4$、$N-3$、$N-2$、$N-1$、…

图 4-13(b)(异常状态):…、$N-6$、$N-5$、$N-3$、$N-2$、$N-1$、0、…

此时,导致重复控制积分值在输出过零信息后累加的误差值有跳变,如:

$$Y(k)=K_1\cdot Y(k-N)+e(k+1) \tag{4-33}$$

而正常状态下应该为

$$Y(k)=K_1\cdot Y(k-N)+e(k) \tag{4-34}$$

由此导致的重复控制作用量的跳变为

$$\Delta Y_{\text{act}}=e(k+1)-e(k) \tag{4-35}$$

对比方法①和方法②的重复控制作用量的跳变值可以看出,方法①的跳变只有方法②的 1%,明显减小了对控制对象的影响。

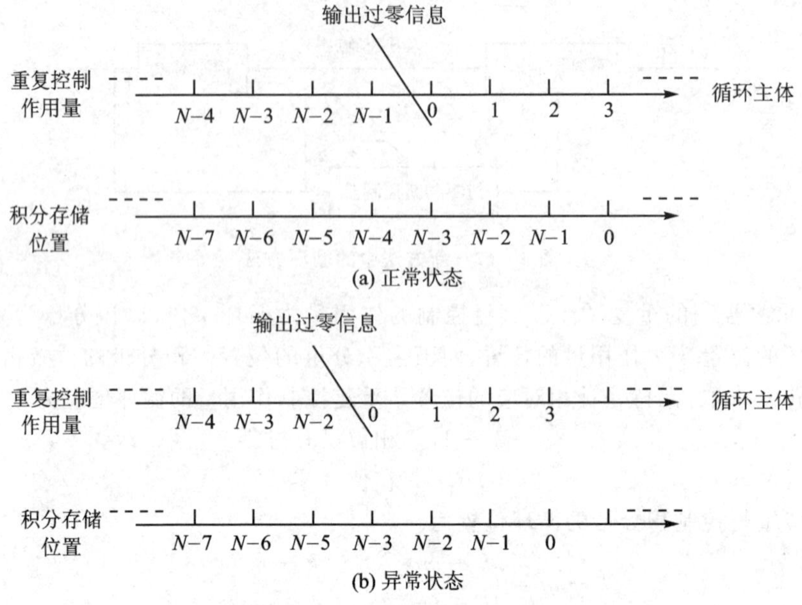

图 4-13　新重复控制方法中的点数跳跃问题

3. 实验结果分析

信号调制比 $N=100$,则每个开关周期角度变化步长为 3.6°。若按 1°对应数字量为 1 024 的软件定标,则角度变化步长为 3 686.4,四舍五入为 3 686。由于舍入误差的累积效应,每 1.843 2 s 载波点数会变成 101 点,如图 4-14 所示。由于重复控制作用量的跃变,从而引起输出电压的抖动。并机表现为环流中有周期性的窄脉冲,并伴有逆变电感周期性的异响。

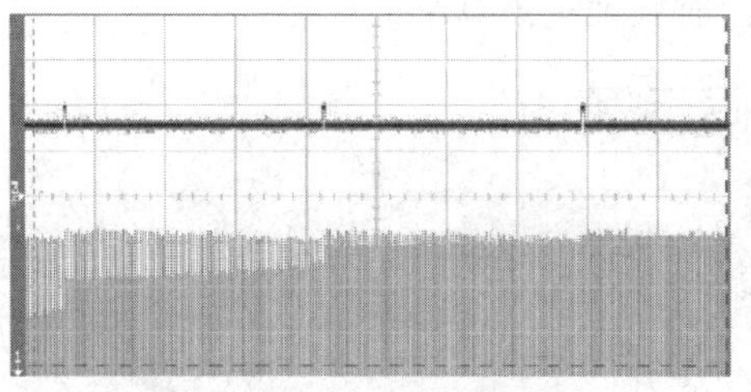

(a) 输出电流和循环周期的跃变

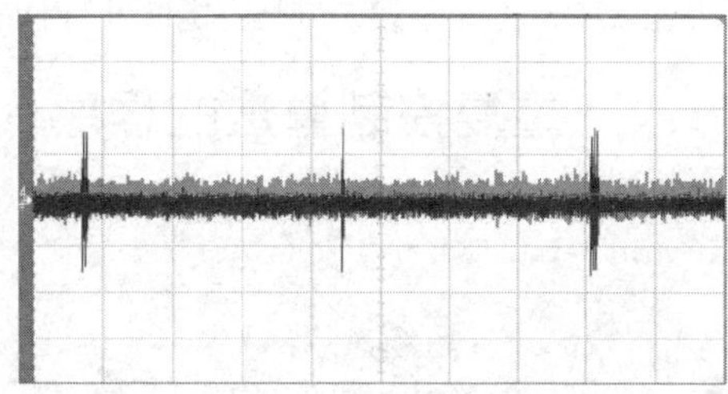

(b) 并机空载环流波形

图 4-14　传统方法下输出电流周期抖动波形

额定输出单机带 90%负载，两种计算方式下单机输出电流波形对比如图 4-15 所示。

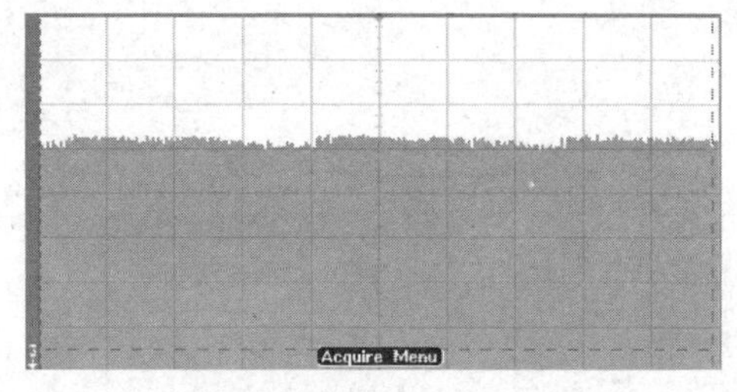

(a) 传统计算方法下输出电流波形

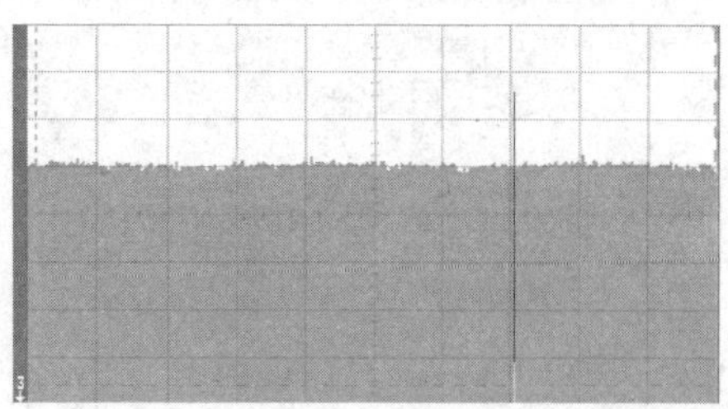

(b) 改进计算方法下输出电流波形

图 4-15　两种计算方式下单机 UPS 输出电流波形对比

系统按额定电压输出时，两个并机系统带 2×70%、CF=2.4 的整流负载，两种计算方式下并机 1+1 系统输出电流波形对比如图 4-16 所示。

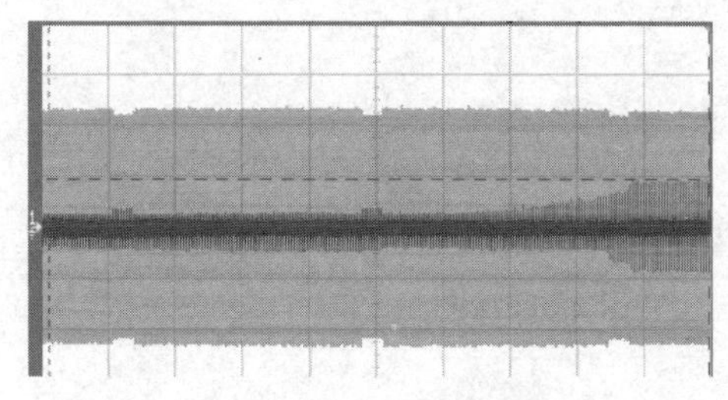

(a) 传统计算方法下输出电流波形

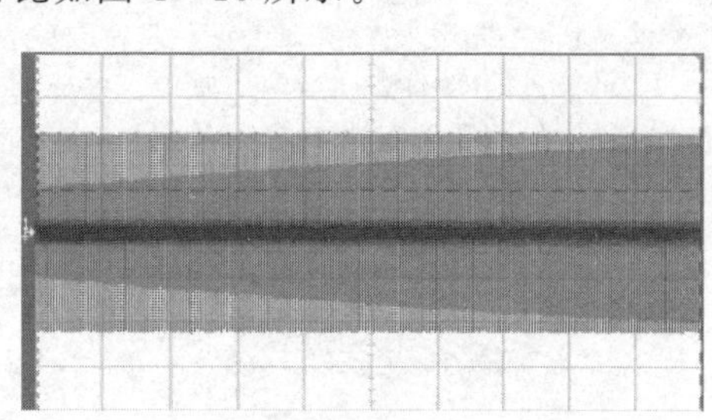

(b) 改进计算方法下输出电流波形

图 4-16　两种计算方式 2 并机系统输出电流波形对比

这里在现有重复控制算法结构的基础上优化了其计算的模型，以控制对象或者控制器输出的相位过零信息为循环判据，将重复控制器的作用量直接作用于输出，并在计算模型的结构原理上与传统的计算方法进行比较。针对 UPS 逆变输出电压的周期跳变，对应用于传统算法和新算法进行了对比实验。实验结果不仅验证了改进

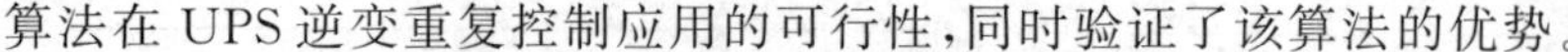

算法在 UPS 逆变重复控制应用的可行性,同时验证了该算法的优势。

4.1.4 重复控制算法的程序代码示例

```
void Repeat_Controller(void)
{
    int     RepeatCmpA;
    int     RepeatCmpB;
    int     RepeatCmpC;
    int     i;
    VrefRepeatA = Vrefd * SIN0Ref;
    VrefRepeatB = Vrefd * SIN120Ref;
    VrefRepeatC = Vrefd * SIN240Ref;
    VerrRepeatA = VrefRepeatA - Vinva;
    VerrRepeatB = VrefRepeatB - Vinvb;
    VerrRepeatC = VrefRepeatC - Vinvc;
    if (abs(VerrRepeatA) >VerrRepeatA_LMT)
    {
        VerrRepeatA = 0;
    }
    if (abs( iVerrRepeatB) >VerrRepeatB_LMT)
    {
        VerrRepeatB = 0;
    }
    if (abs( iVerrRepeatC) >VerrRepeatC_LMT)
    {
        VerrRepeatC = 0;
    }
    //误差滤波
    VerrRepeatFiltA = FILT(VerrRepeatA, VerrRepeatFiltA);
    VerrRepeatFiltB = FILT(VerrRepeatB, VerrRepeatFiltB);
    VerrRepeatFiltC = FILT(VerrRepeatC, VerrRepeatFiltC);
    if( INVIsRunning == 1)
    {
        Point = FILT(PointInvM, Point);
        Cx = Pointcnt;
        SiteCnt = SaveCnt + CONST;
        if(SiteCnt >= Cx)
        {
            SiteCnt -= Cx;
        }
        //重复控制积分计算,衰减系数为 K
        RepeatA[SaveCnt] = (RepeatA[SaveCnt] * K) + VerrRepeatFiltA;
        RepeatB[SaveCnt] = (RepeatB[SaveCnt] * K) + VerrRepeatFiltB;
        RepeatC[SaveCnt] = (RepeatC[SaveCnt] * K) + VerrRepeatFiltC;
        LMT16(RepeatA[SaveCnt], Repeat_LMT, - Repeat_LMT);
        LMT16(RepeatB[SaveCnt], Repeat_LMT, - Repeat_LMT);
        LMT16(RepeatC[SaveCnt], Repeat_LMT, - Repeat_LMT);
        if (SaveCnt >Cx)
```

```
        {
            for (i = (SaveCnt + 1); i < (Point - 1); i++ )
            {
                RepeatA[i] = RepeatA[SaveCnt];
                RepeatB[i] = RepeatB[SaveCnt];
                RepeatC[i] = RepeatC[SaveCnt];
            }
        }
        //重复控制补偿量计算
        RepeatCmpA = RepeatA[SiteCnt];
        RepeatCmpB = RepeatB[SiteCnt];
        RepeatCmpC = RepeatC[SiteCnt];
        //3/2 变换
        Alpha = ((float)RepeatCmpA * 2 - RepeatCmpB - RepeatCmpC) * 0.333;
        Beta = ((float)RepeatCmpB - RepeatCmpC) / 1.732;
        //静止/旋转变换
        RepeatD = (long)Beta * Sin0Ref + (long)Alpha * Cos0Ref;
        RepeatQ = (long)Beta * Cos0Ref - (long)Alpha * Sin0Ref;
        //重复控制指针维护
        SaveCnt ++ ;
        if(SaveCnt >Point)
        {
            SaveCnt = Point;
        }
        if(逆变正向过零 == 1)
        {
            SaveCnt = 0;
        }
    }
    else
    {
        RepeatD = 0;
        RepeatQ = 0;
        SiteCnt = 0;
        SaveCnt = 0;
        Ax = Point - 1;
        asm(" MOVL XAR7, #_RepeatA");
        asm(" RPT @_Ax || MOV *XAR7 ++ , #0");
        asm(" MOVL XAR7, #_RepeatB");
        asm(" RPT @_Ax || MOV *XAR7 ++ , #0");
        asm(" MOVL XAR7, #_RepeatC");
        asm(" RPT @_Ax || MOV *XAR7 ++ , #0");
    }
}
```

其中,FILT(x,y):y= y * 0.7 + x * 0.3。

4.2 基于谐波控制的逆变器控制探讨

谐波控制基于 $\alpha\beta$ 轴设计,因为两轴完全独立,所以简化对象为

$$\frac{\mathrm{d}}{\mathrm{d}t}\begin{bmatrix}V_\alpha\\I_\alpha\end{bmatrix}=\begin{bmatrix}0&1/3C\\-1/L'_\mathrm{d}&0\end{bmatrix}\begin{bmatrix}V_\alpha\\I_\alpha\end{bmatrix}+\begin{bmatrix}0\\1/L'_\mathrm{d}\end{bmatrix}V_{\mathrm{con}\alpha}+\begin{bmatrix}-1/3C\\0\end{bmatrix}I_{l\alpha} \tag{4-36}$$

定义为

$$\begin{cases}\boldsymbol{X}_{\mathrm{pp}}=\begin{bmatrix}V_\alpha\\I_\alpha\end{bmatrix}\\u_{\mathrm{pp}}=V_{\mathrm{con}\alpha}\\w_{\mathrm{pp}}=I_{l\alpha}\\\boldsymbol{A}_{\mathrm{pp}}=\begin{bmatrix}0&1/3C\\-1/L'_\mathrm{d}&0\end{bmatrix}\end{cases} \tag{4-37}$$

$$\begin{cases}\boldsymbol{B}_{\mathrm{pp}}=\begin{bmatrix}0\\1/L'_\mathrm{d}\end{bmatrix}\\\boldsymbol{E}_{\mathrm{pp}}=\begin{bmatrix}-1/3C\\0\end{bmatrix}\\\boldsymbol{C}_{\mathrm{pp}}=\begin{bmatrix}1&0\\0&0\end{bmatrix}\\\boldsymbol{D}_{\mathrm{pp}}=0\end{cases} \tag{4-38}$$

对象数学模型为

$$\begin{cases}\boldsymbol{X}_{\mathrm{pp}}=\boldsymbol{A}_{\mathrm{pp}}\boldsymbol{X}_{\mathrm{pp}}+\boldsymbol{B}_{\mathrm{pp}}u_{\mathrm{pp}}+\boldsymbol{E}_{\mathrm{pp}}w_{\mathrm{pp}}\\\boldsymbol{Y}_{\mathrm{pp}}=\boldsymbol{C}_{\mathrm{pp}}\boldsymbol{X}_{\mathrm{pp}}+\boldsymbol{D}_{\mathrm{pp}}u_{\mathrm{pp}}\end{cases} \tag{4-39}$$

离散化后的模型为

$$\begin{cases}\boldsymbol{X}_{\mathrm{pp}(k+1)}=\boldsymbol{A}^*_{\mathrm{pp}}\boldsymbol{X}_{\mathrm{pp}(k)}+\boldsymbol{B}^*_{\mathrm{pp}}u_{\mathrm{p}(k)}+\boldsymbol{E}^*_{\mathrm{pp}}w_{\mathrm{pp}(k)}\\\boldsymbol{Y}_{\mathrm{pp}(k)}=\boldsymbol{C}^*_{\mathrm{pp}}\boldsymbol{X}_{\mathrm{pp}(k)}+\boldsymbol{D}^*_{\mathrm{pp}}u_{\mathrm{pp}(k)}\end{cases} \tag{4-40}$$

如果考虑延时,则离散化需要稍微做修改。

1. 内模控制器设计

根据内模原理定义,如果参考信号或者扰动信号为 $\mathrm{ref}=\sin(w_1t)$,则其频域描述为 $\mathrm{ref}(s)=\dfrac{1}{S^2+w_1^2}$。

如果要实现此参考信号的无差控制,则控制器中必须含有$\dfrac{1}{S^2+w_1^2}$,即控制的描述为

$$\frac{y}{e}=\frac{1}{S^2+w_1{}^2}$$

定义：$\boldsymbol{\eta}_1=\begin{bmatrix} y \\ \dot{y} \end{bmatrix}$，则时域控制器可描述为

$$\dot{\boldsymbol{\eta}}_1=\begin{bmatrix} 0 & 1 \\ -w^2 & 0 \end{bmatrix}\boldsymbol{\eta}+\begin{bmatrix} 0 \\ 1 \end{bmatrix}e \tag{4-41}$$

定义：$\begin{cases} \boldsymbol{A}_{c1}=\begin{bmatrix} 0 & 1 \\ -w^2 & 0 \end{bmatrix} \\ \boldsymbol{B}_{c1}=\begin{bmatrix} 0 \\ 1 \end{bmatrix} \end{cases}$，则控制器可以描述为

$$\dot{\boldsymbol{\eta}}_1=\boldsymbol{A}_{c1}\boldsymbol{\eta}+\boldsymbol{B}_{c1}e \tag{4-42}$$

进一步扩展为

$$\begin{bmatrix} \dot{\boldsymbol{\eta}}_1 \\ \dot{\boldsymbol{\eta}}_2 \\ \dot{\boldsymbol{\eta}}_3 \\ \vdots \\ \dot{\boldsymbol{\eta}}_n \end{bmatrix}=\begin{bmatrix} \boldsymbol{A}_{c1} & 0 & 0 & 0 & 0 \\ 0 & \boldsymbol{A}_{c2} & 0 & 0 & 0 \\ 0 & 0 & \boldsymbol{A}_{c3} & 0 & 0 \\ \vdots & \vdots & \vdots & \vdots & \vdots \\ 0 & 0 & 0 & 0 & \boldsymbol{A}_{cn} \end{bmatrix}\begin{bmatrix} \boldsymbol{\eta}_1 \\ \boldsymbol{\eta}_2 \\ \boldsymbol{\eta}_3 \\ \vdots \\ \boldsymbol{\eta}_n \end{bmatrix}+\begin{bmatrix} \boldsymbol{B}_{c1} \\ \boldsymbol{B}_{c2} \\ \boldsymbol{B}_{c3} \\ \vdots \\ \boldsymbol{B}_{cn} \end{bmatrix}e \tag{4-43}$$

离散化后为

$$\begin{bmatrix} \boldsymbol{\eta}_{1(k+1)} \\ \boldsymbol{\eta}_{2(k+1)} \\ \boldsymbol{\eta}_{3(k+1)} \\ \vdots \\ \boldsymbol{\eta}_{n(k+1)} \end{bmatrix}=\begin{bmatrix} \boldsymbol{A}_{c1}^* & 0 & 0 & 0 & 0 \\ 0 & \boldsymbol{A}_{c1}^* & 0 & 0 & 0 \\ 0 & 0 & \boldsymbol{A}_{c1}^* & 0 & 0 \\ \vdots & \vdots & \vdots & \vdots & \vdots \\ 0 & 0 & 0 & 0 & \boldsymbol{A}_{cn}^* \end{bmatrix}\begin{bmatrix} \boldsymbol{\eta}_{1(k)} \\ \boldsymbol{\eta}_{2(k)} \\ \boldsymbol{\eta}_{3(k)} \\ \vdots \\ \boldsymbol{\eta}_{n(k)} \end{bmatrix}+\begin{bmatrix} \boldsymbol{B}_{c1}^* \\ \boldsymbol{B}_{c2}^* \\ \boldsymbol{B}_{c3}^* \\ \vdots \\ \boldsymbol{B}_{cn}^* \end{bmatrix}e \tag{4-44}$$

简化描述为

$$\boldsymbol{\eta}_{(k+1)}=\boldsymbol{A}_c^*\boldsymbol{\eta}_{(k)}+\boldsymbol{B}_c^*e$$

2. 谐波控制器设计

如果只有内模控制器，则系统很不稳定，所以需要结合对象模型，构成一个综合的误差状态模型，在此基础上设计控制器。对象离散化状态模型为

$$\begin{cases} \boldsymbol{X}_{\mathrm{pp}(k+1)}=\boldsymbol{A}_{\mathrm{pp}}^*\boldsymbol{X}_{\mathrm{pp}(k)}+\boldsymbol{B}_{pp}^*u_{p(k)}+\boldsymbol{E}_{\mathrm{pp}}^*w_{\mathrm{pp}(k)} \\ \boldsymbol{Y}_{\mathrm{pp}(k)}=\boldsymbol{C}_{\mathrm{pp}}^*\boldsymbol{X}_{\mathrm{pp}(k)}+\boldsymbol{D}_{\mathrm{pp}}^*u_{\mathrm{pp}(k)} \end{cases} \tag{4-45}$$

误差描述为

$$e_\alpha=V_{\mathrm{ref}\alpha}-V_\alpha=V_{\mathrm{ref}\alpha}-\boldsymbol{C}_{\mathrm{pp}}^*\boldsymbol{X}_{\mathrm{pp}}-\boldsymbol{D}_{\mathrm{pp}}^*u_{\mathrm{pp}} \tag{4-46}$$

误差状态方程描述为

$$\boldsymbol{\eta}_{(k+1)}=\boldsymbol{A}_c^*\boldsymbol{\eta}_{(k)}+\boldsymbol{B}_c^*e=\boldsymbol{A}_c^*\boldsymbol{\eta}_{(k)}-\boldsymbol{B}_c^*\boldsymbol{C}_{\mathrm{pp}}^*\boldsymbol{X}_{\mathrm{pp}(k)}-\boldsymbol{B}_c^*\boldsymbol{D}_{\mathrm{pp}}^*u_{\mathrm{pp}(k)}+\boldsymbol{B}_c^*V_{\mathrm{ref}\alpha}$$

合并方程为

$$\begin{bmatrix} \boldsymbol{X}_{\mathrm{pp}(k+1)} \\ \boldsymbol{\eta}_{(k+1)} \end{bmatrix} = \begin{bmatrix} \boldsymbol{A}_{\mathrm{pp}}^{*} & 0 \\ -\boldsymbol{B}_{c}^{*}\boldsymbol{C}_{\mathrm{pp}}^{*} & \boldsymbol{A}_{c}^{*} \end{bmatrix} \begin{bmatrix} \boldsymbol{X}_{\mathrm{pp}(k)} \\ \boldsymbol{\eta}_{(k)} \end{bmatrix} + \begin{bmatrix} \boldsymbol{B}_{\mathrm{pp}}^{*} \\ -\boldsymbol{B}_{c}^{*}\boldsymbol{D}_{\mathrm{pp}}^{*} \end{bmatrix} u_{\mathrm{pp}(k)} + \begin{bmatrix} 0 \\ \boldsymbol{B}_{c}^{*} \end{bmatrix} V_{ref\alpha} + \begin{bmatrix} \boldsymbol{E}_{\mathrm{pp}}^{*} \\ 0 \end{bmatrix} w_{\mathrm{pp}(k)} \tag{4-47}$$

令$\begin{cases} \boldsymbol{z} = \begin{bmatrix} \boldsymbol{X}_{\mathrm{pp}(k+1)} \\ \boldsymbol{\eta}_{(k+1)} \end{bmatrix} \\ \boldsymbol{A} = \begin{bmatrix} \boldsymbol{A}_{\mathrm{pp}}^{*} & 0 \\ -\boldsymbol{B}_{c}^{*}\boldsymbol{C}_{\mathrm{pp}}^{*} & \boldsymbol{A}_{c}^{*} \end{bmatrix} \\ \boldsymbol{B} = \begin{bmatrix} \boldsymbol{B}_{\mathrm{pp}}^{*} \\ -\boldsymbol{B}_{c}^{*}\boldsymbol{D}_{\mathrm{pp}}^{*} \end{bmatrix} \end{cases}$,则综合的数学模型为

$$\begin{cases} Z_{(k+1)} = \boldsymbol{A}z_{(k)} + \boldsymbol{B}u_{\mathrm{pp}(k)} + \begin{bmatrix} \boldsymbol{E}_{\mathrm{pp}}^{*} \\ 0 \end{bmatrix} w_{\mathrm{pp}(k)} + \begin{bmatrix} 0 \\ \boldsymbol{B}_{c}^{*} \end{bmatrix} V_{\mathrm{ref}\alpha} \\ \boldsymbol{Y}_{\mathrm{pp}(k)} = \boldsymbol{C}_{\mathrm{pp}}^{*}\boldsymbol{X}_{\mathrm{pp}(k)} + \boldsymbol{D}_{\mathrm{pp}}^{*}u_{\mathrm{pp}(k)} \end{cases} \tag{4-48}$$

此模型可以按照零极点分配设计控制器,也可以按照最优控制设计控制器。

定义性能指标约束:

$$J = \sum_{k=0}^{\infty} (z_{(k)}^{\mathrm{T}} \boldsymbol{Q} z_{(k)} + u_{p(k)}^{\mathrm{T}} \boldsymbol{R} u_{\mathrm{pp}(k)}) \tag{4-49}$$

解 Riccati 方程:

$$\boldsymbol{A}^{\mathrm{T}}\boldsymbol{S} + \boldsymbol{S}\boldsymbol{A} - (\boldsymbol{S}\boldsymbol{B} + N)\boldsymbol{R}^{-1}(\boldsymbol{B}^{\mathrm{T}}\boldsymbol{S} + N^{\mathrm{T}}) + \boldsymbol{Q} = 0, \quad N = 0 \tag{4-50}$$

系数为

$$K_{d} = \boldsymbol{R}^{-1}(\boldsymbol{B}^{\mathrm{T}}\boldsymbol{S} + \boldsymbol{N}^{\mathrm{T}}) \tag{4-51}$$

控制率为

$$u_{\mathrm{pp}(k)} = -K_{d}z_{(k)} \tag{4-52}$$

双闭环+谐波控制框图如图 4-17 所示。

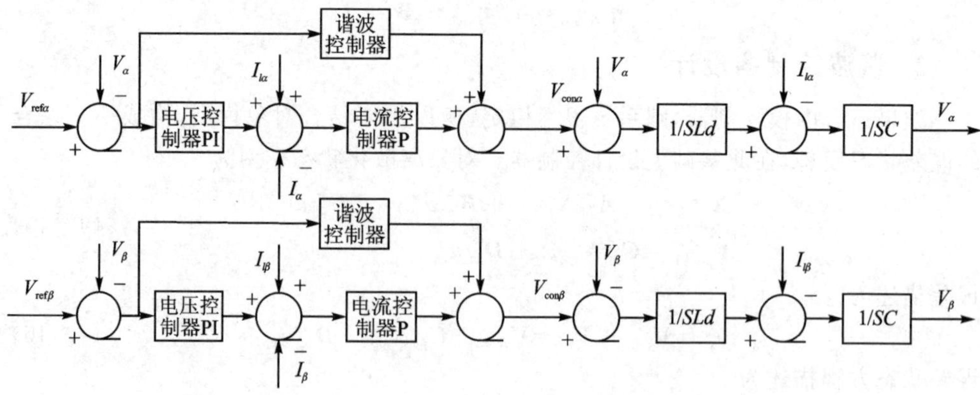

图 4-17 双闭环+谐波控制框图

如图 4 - 17 所示，该控制框图是在经典双闭环的基础上加入了电压谐波控制，当然也可变为如图 4 - 18 所示的结构。

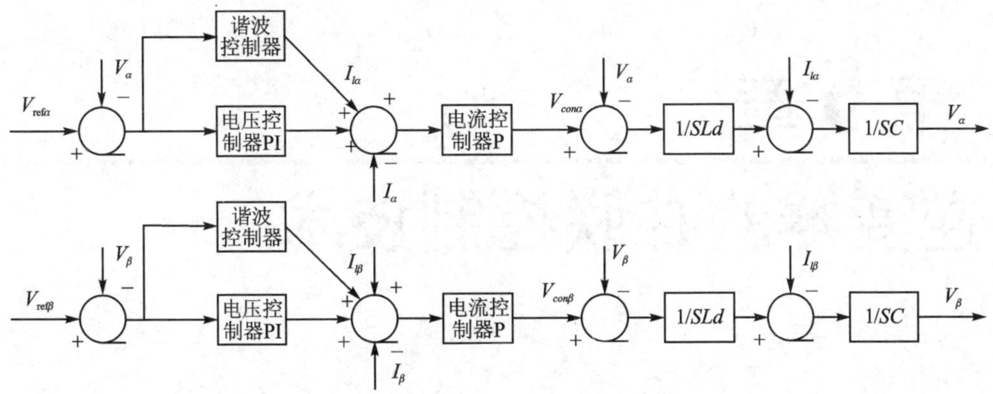

图 4 - 18　由图 4 - 17 变形得到的控制结构

3. 实验研究

30 kV · A 三相平衡整流性负载实验如图 4 - 19 所示。

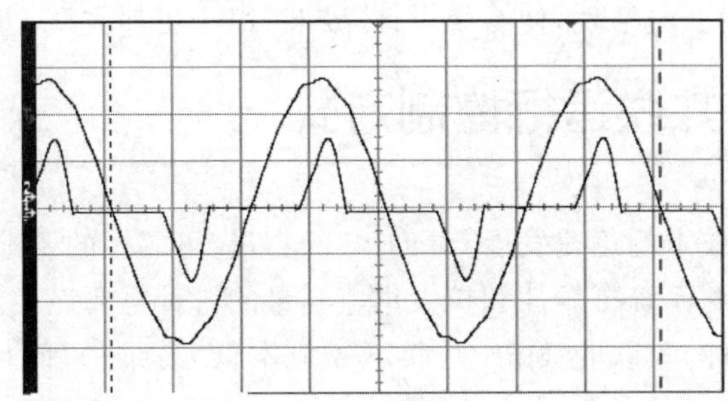

图 4 - 19　30 kV · A 三相平衡整流性负载

第5章 逆变器的并联控制技术

当前,大容量逆变器的发展趋势是采用新型全控型高频开关器件构成逆变器模块单元,再通过多个模块并联进行扩容。这样可以充分利用新型全控型高频开关器件的优势,减小系统的体积,降低噪声,提高动态响应速度;同时,利用并联控制技术,提高逆变器的通用性、灵活性,使系统设计、安装、组合更加方便,进一步提高可靠性。

5.1 逆变器并联运行控制方式

随着信息处理技术的迅速发展,对UPS的容量、可靠性的要求也越来越高,UPS并联运行是提高电源系统可靠性和扩大供电容量的一种重要途径。相比单台大容量UPS,多个较小容量的模块化UPS并联不仅成本低、易维护,而且更为灵活、可靠。通过改变并联UPS模块的数目,可以获得不同的容量;通过UPS模块的冗余并联,可以提高系统的可靠性。逆变器的并联运行是提高供电系统容量、可靠性的有效方法,其优势如下:

- 灵活地扩大逆变器系统的容量;
- 组成并联冗余系统以提高运行的可靠性;
- 具有极高的系统可维修性能,在单逆变器出现故障时,可很方便地进行更换或维修。

逆变器并联分为逆变器之间的并联、逆变器与电网之间的并联。逆变器之间的并联要求逆变器的交流侧并联后对负载供电,必须尽量保证逆变器处于逆变状态,且对负载电流进行均分。因此,逆变器的并联可看成是系统环流的最小化控制,目的是使负载的功率能够在逆变器之间实现均分。而当逆变器和电网并联时,逆变器需要和电网交换能量,需要逆变器输出或者吸收给定的有功、无功功率,甚至是谐波功率。

不管是和电网并联还是逆变器之间的并联,都是通过调节逆变器输出电压的幅值、相位来实现的。基于逆变器的并联控制技术，国内外都进行了大量有价值的研究，并将并联技术应用到了实际的电源系统。但相对于直流变换器的并联，UPS模块并联却存在相当的难度。

逆变器输出的是正弦波，其并联不同于直流电源的并联。逆变器并联时需要保证逆变器输出电压的幅值、相位、频率严格相同，对于三相逆变器，还要求相序相同，否则会由于逆变器输出的阻抗很小而引起较大的系统环流。

逆变器并联时，只要电压、相位、频率中的一项不同，并联系统中就存在环流，环流主要表现为有功环流、无功环流以及谐波环流。环流的存在不仅浪费电能，而且危及整个并联系统的稳定性、可靠性、高效率等，故必须尽可能地减少并联系统的环流，提高并联系统的功率均分精度。

对于逆变器的并联，需要解决以下几个关键问题：

1. 同步锁相问题

逆变器并联需要保证逆变器输出电压的频率及相位要严格同步，否则，逆变器之间会存在较大的因相位引起的环流。即使频率相同，微小的相位差也会使并联运行的逆变器输出功率严重不平衡，从而在逆变器之间产生环流。所以在逆变器的并联系统中，锁相环是最基本的环节。

2. 功率均分问题

若并联运行的各台逆变器输出电压的频率及相位严格同步，则说明不存在由于相位差异而导致的系统环流。但若输出电压幅值不相同，则输出电流中会含有由于电压幅值差异引起的系统环流，而环流使得每台逆变器输出的电流增加，轻则增加运行损耗，严重时会使逆变器过载或过流保护电路动作，从而使逆变器不能正常工作，故逆变器中的功率均分控制也显得很重要。

3. 监控保护问题

对单台逆变器来说，均设有过载、过温、过压、欠压等保护功能，当由这些逆变器组成并联系统时，若其中某个或几个模块发生故障停机，那么停机的逆变器会成为并联系统的负载，由此造成并联系统的故障，从而导致整个系统的瘫痪。为实现在某个甚至几个逆变器模块故障但不会造成整个系统故障的目的，则需要立即切除故障的单元，从而保持剩余的模块继续并联供电。

在逆变器的并联系统中，并联控制技术可以实现逆变器输出电压幅值、相位的控制，而锁相技术可以实现逆变器输出电压的同步锁相。相序是可以人为控制的，不是并联控制技术要解决的问题，因而锁相技术以及并联控制技术成为逆变器并联控制系统中的关键技术。

早期逆变器并联采用在输出端串联电感的方法来抑制环流，要想达到较好的环流抑制效果，需要使用较大的电感，从而导致逆变器的体积重量增加。同时，输出串联电感上存在较大的电压降,降低了逆变器的输出精度。目前,逆变器的并联控制方法主要有集中控制方式、主从控制方式、分布逻辑控制方式以及近年来出现的无互连线控制方式。

5.1.1 集中控制方式

集中控制方式的控制框图如图5-1所示。该控制方法需要专门设置公共的同步及均流模块,各模块的锁相环电路可以实现输出电压的频率、相位与同步信号一致。公共均流模块检测总的输出电流除以模块的并联数目得到各模块输出电流基准,在各个模块通过锁相环而使得输出电压之间的相位偏差很小的情况下,可以认为,各模块输出电流与基准之间的误差都是由于各模块输出电压幅值的不一致所引起的,通过用误差量来补偿各模块基准电压的幅值,从而可以实现输出电流的平衡。集中控制方式结构简单,均流效果较好,但是一旦公共控制电路失效,整个并联系统无法工作,可靠性并不高。

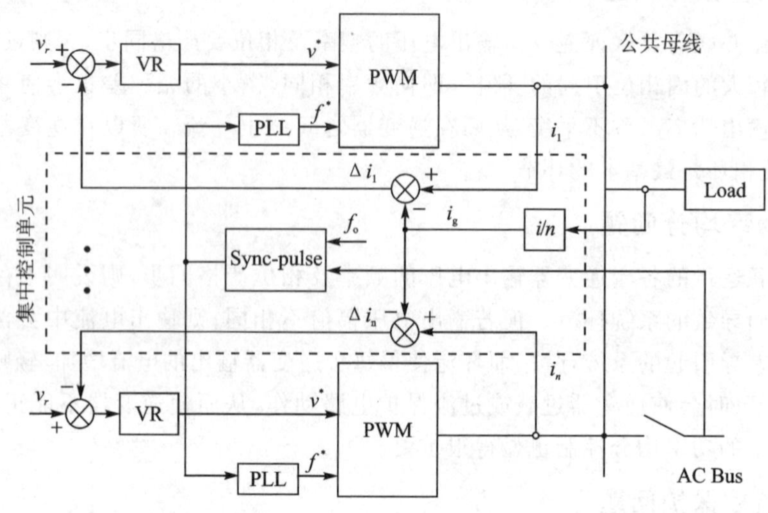

图5-1 集中控制方式的控制框图

5.1.2 主从控制方式

该方法将并联控制器放到每台模块中,并联系统包括一个主模块和多个从模块,主模块为电压型逆变器控制整个并联系统的输出电压幅值和频率,因而并联系统的输出电压幅值、频率精度仅取决于主模块的设计精度。从模块为电流型逆变器控制输出电流。可以通过一定的逻辑规则来确定一台主模块,比如最先启动的一台为主模块或将主模块确定为固定的某台逆变器。一种主从控制方式的控制框图如图5-2所示,并联系统中主模块的输出电流作为从模块的电流基准,使得从模块的输出电流 i_s 与主模块的输出电流 i_m 相同。该方法可以很好地实现静态均流。在主从式控制方式下,在从模块之间可以实现冗余并联,但是一旦主模块故障,则整个并联系统就不能正常工作,需要通过一定的逻辑规则来选择一个从模块启动作为新的主模块，比如以输出电流最大的模块作为主模块，并联系统比较复杂。

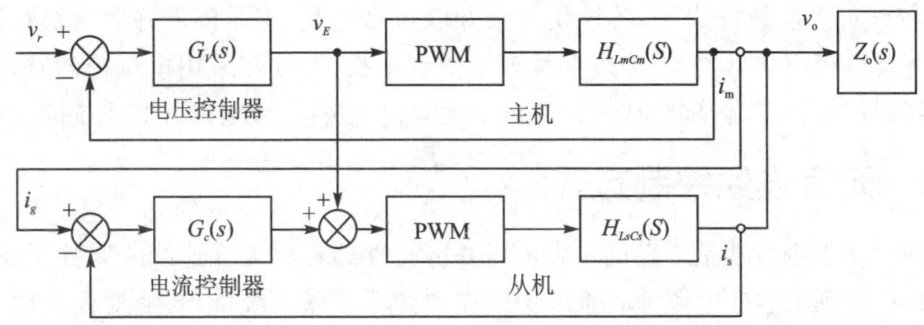

图5-2 以主模块输出电流作为从模块电流基准的主从控制框图

5.1.3 分布逻辑控制方式

与集中控制方式和主从控制方式相比较，采用分布逻辑控制方式的并联系统不存在公共控制电路，而且每个模块的地位是平等的。某个模块一旦发生故障，则该模块自动退出并联系统，其他模块仍然可以正常工作。它克服了集中控制和主从控制中存在的单个模块故障导致整个并联系统瘫痪的问题，提高了并联系统的可靠性。分布逻辑控制方式将均流控制分散在各个并联模块中，并通过模块间的互连线交换信息，如并联模块的输出电压、电流，有功、无功分量以及频率和相位信号，通过各模块内部的控制器产生各模块公共的基准电压信号、基准电流信号以及相位同步信号。图5-3所示为一种分布式控制方式的控制框图，并联模块间有两个互连线，分别为公共电压基准信号 $\overline{v}_r$ 和平均反馈电流信号 $\overline{i}_f$，各并联模块通过锁相环与公共电压基

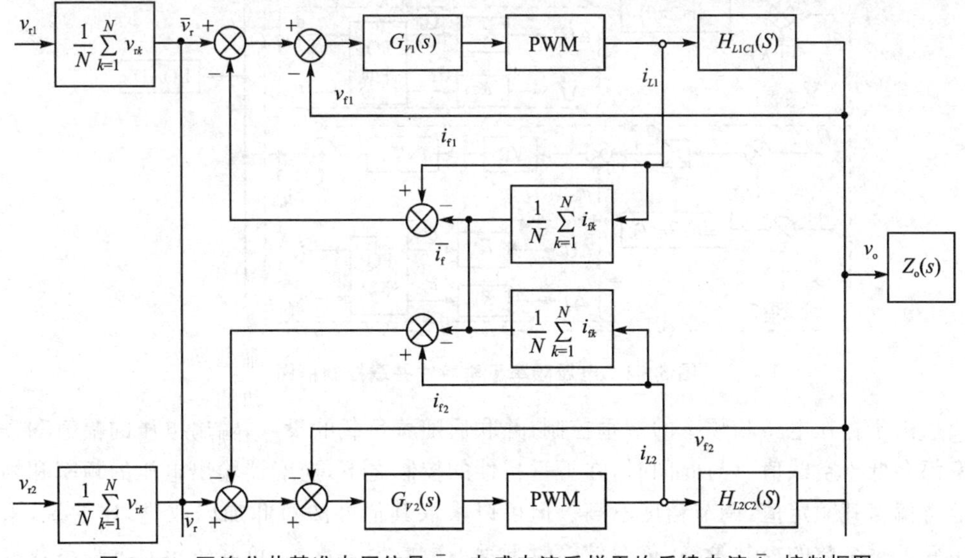

图5-3 互连公共基准电压信号 $\overline{v}_r$、电感电流采样平均反馈电流 $\overline{i}_f$ 控制框图

准信号同步使得各模块输出电压相位和频率一致,以平均反馈电流 i_f 作为各个并联模块的电流参考值,用各模块输出电流与参考值的误差调整电压参考值的幅值实现均流。在分布式控制方式下,各模块冗余并联可靠性高,但是随着并联模块数目的增加以及互连线距离的增大,互连线信号容易受到干扰,尤其在采用模拟控制时,也可以采用光纤通信进行实时控制,从而提高抗干扰能力,但将大大增加并联系统的成本。

5.1.4 无互连线控制方式

电压频率下垂特性是借助同步发电机并网特性的一种无互连线并联控制技术,现已成功地应用到了逆变电源并联系统中。在逆变器并联系统中,各逆变模块输出的有功、无功分别是其输出电压相位、幅值的函数,通过调节逆变器输出电压的相位、幅值就可以控制其输出的有功和无功功率。因此,当输出阻抗表现为感性的逆变器并联时,可以通过相应的控制策略使得各逆变模块输出电压的频率(相位)和幅值随输出有功功率和无功功率的增加而下降,这样承担有功功率越多的模块输出电压频率降低得越多,承担无功功率越多的模块输出电压幅值降低得越多。最终各并联模块输出电压的频率和幅值会稳定在一个新的平衡点,从而实现负载功率的均分和环流的抑制。

图 5-4 所示为基于下垂特性控制方案所实现的逆变器并联,可以完全消除并联系统中各逆变器之间的并联互联线,从而消除了各台逆变器在距离上的限制;同时,也就不会引入外界的噪声和干扰,也不存在单点故障等问题,从而真正实现冗余结构和模块化设计,从而构成真正意义上的分布式电源系统。

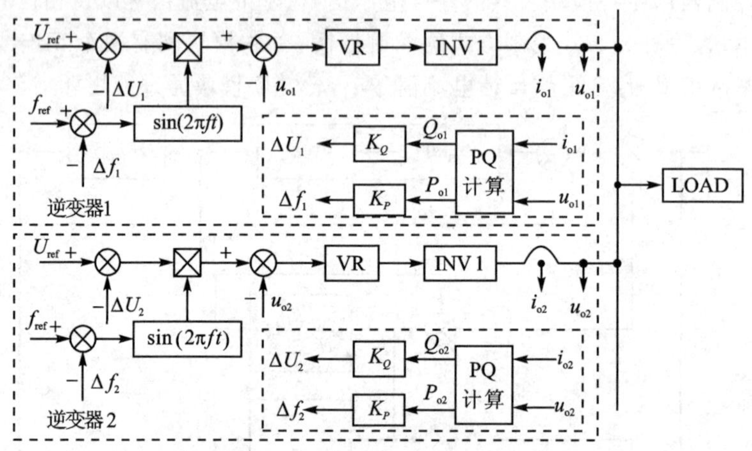

图 5-4 电压频率下垂特性并联控制框图

由于存在电压和频率的下垂控制,并联后随着负载的投入,输出电压的幅值和频率都会低于空载值。与此同时,在下垂特性的控制之下,逆变器输出电压的频率和幅值将偏移其额定值,调节精度不高。但可以采取其他办法对此加以改进,比如说,采用变下垂系数的控制策略:负载较轻时下垂系数取大一点,而负载较重时下垂系数取小一点，实践证明此时可以获得较好的均流效果和电压频率、幅值调节精度。此外，衰减系数越大，各并联模块均分负载的效果越好，但是输出电压的幅值和频率精度也越差，故均流与电压稳定之间是相互矛盾的。为抑制稳态时电压幅值以及频率的偏离，部分文献提出了一种基于虚拟输出阻抗的无互连线并联方式，并实现了虚拟阻抗的软启动操作，抑制了并机时初始相位差引起的电流尖峰。

无互连线并联控制方式为一种开环控制，无法实现负载的完全均分，即无法完全消除系统中的环流。但并联控制系统的同步及均流控制只依赖于各模块内的并联控制策略，可使各逆变器模块之间的控制系统电气联系完全隔离，系统安装或维修更加简便、快速，并联运行更加可靠，容量的扩展也更加容易和方便。另一方面，该控制无法实现模块间的信息传递，给均流带来了较大的困难。

5.2　逆变器并联系统连接方式

5.2.1　“1+1”并机冗余系统方案

在 UPS 方案设计中，为提高系统的可用性往往采用“1＋1”并联冗余的供电方式。如图 5－5 所示，系统配置两台相同型号和相同容量的 UPS，通过各自配置的

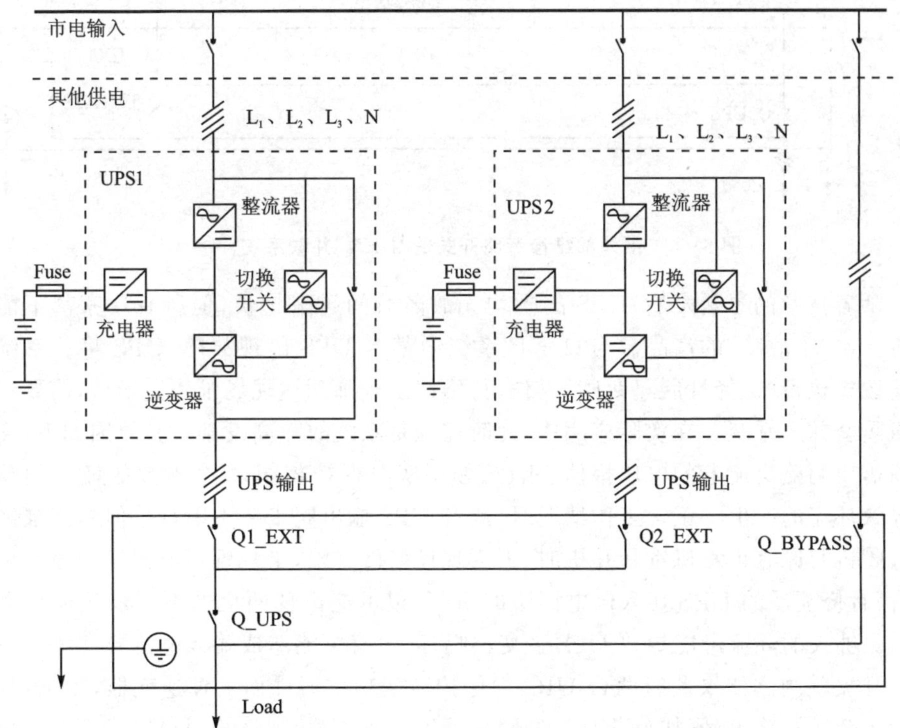

图 5－5　“1＋1”系统连接图

“并机逻辑控制板”,将两台 UPS 的输出直接并联而形成并联冗余供电系统。这种系统中两台主机输入往往来自一路电源,输出通过配电屏单一总线给负载提供能量。

功率等于负载标称功率的 50%,整个系统提供 200%的标称输出功率,“1+1”并联冗余系统的平均无故障时间是单机 UPS 的 5.5 倍。相对于单机系统而言,系统可靠性有了很大的提升。但在实际运行过程中,我们发现该方案并不是十全十美的。另外,两个单机或“1+N”系统(见图 5-6)也可组成分散式冗余系统。各单机或系统带独立输出,并且通过负载母线同步器实现输出同步,以达到重要负载在两个系统中无缝切换的目的。

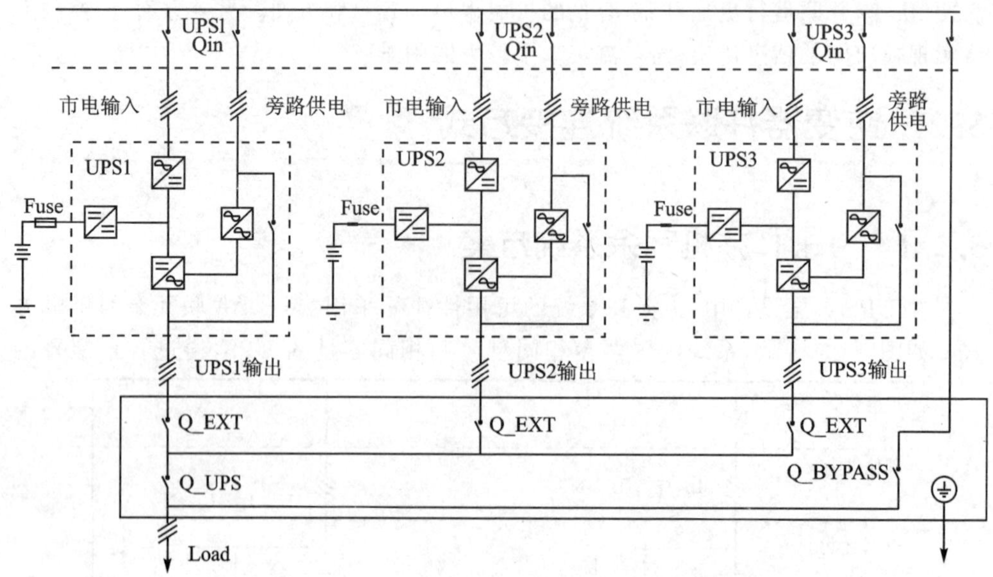

图 5-6 带外部维修旁路开关的“1+N”并联系统(N=2)

随着技术的不断发展,UPS 的平均无故障时间越来越长,但所有厂家都不能保证生产出“零故障”的产品。当“1+1”系统中某台 UPS 出现故障,UPS 将从系统中快速脱机执行“选择性脱机跳闸”操作,待维修工程师到达现场维修完毕后,需要将故障机重新并入系统。在实际应用中,此时往往是系统故障高发期。其原因如下:交流并联需要两路交流电的电压幅值、相位、频率实时保持相同,3 个参数的任一偏差都将导致环流的产生。正常工作情况时,两台 UPS 输出同步并不困难。但是当维修完的故障机与原有正常机重新并机时,因为现场条件有限,工程师不能保证故障完全排除,而且修复后的 UPS 切入供电回路的瞬间,很可能出现两机的不同步从而产生环流。足够大的环流可能导致 UPS 逆变器损坏,也有可能造成输入电流异常增大而使输入开关跳闸。如果此时两台 UPS 为保护逆变功率器件而关掉逆变器,则 UPS 系统将中断所有输出,假如负载是计费服务器等重要负载,则将给用户造成不可估量的损失。

另外，当并机冗余系统需要扩容时，大型 UPS 一般不具备热并机功能，为了连接并机组件和重新设置并机参数，原有并机系统往往要先切换到旁路供电模式。此时负载处于毫无保障的市电供电模式，一旦市电中断或电压波动，后端负载极有可能出现停机或宕机故障。为了保证大型 UPS 系统的安全扩容，一般需要启动后备电源系统，比如柴油发电机系统，以保证输入电源在系统扩容时不中断。

从供电回路来讲，并机系统输出端与负载之间有配电柜、连接电缆、断路器、保险丝和一定长度的连接电缆，这些单一连接回路被称作"单点瓶颈"。在实际运行中，人为误动作开关，老鼠咬断电缆，施工切断供电线路，年度设备例行检修均可能导致供电中断，而对于某些重要负载是需要全天候不间断供电，因此"1+1"并机冗余系统并不能肩负此重任。

5.2.2　双母线系统方案

双母线系统由两个独立的 UPS 系统组成，各 UPS 系统可由一个或多个并联 UPS 单机组成。双母线系统可靠性高，适用于带多个输入端子的负载。对于单输入负载，可以加入一个静态切换开关来启动负载总线同步系统，其中一个系统为主系统，另一个系统为从系统。双母线系统的运行模式包括主系统和/或从系统以逆变或旁路模式运行。

如图 5-7 所示，双母线系统由两个独立的 UPS 系统组成，各 UPS 系统可由一个或多个并联 UPS 单机组成，为保障同步，双母线系统需要安装负载总线同步系统。当其中一个系统供电母线上的任何设备或电缆发生故障或需要维护时，其负载可经静态转换开关切换至另一个系统供电。由此做到了点对点的冗余，极大地增加了整个系统的可靠安全性。

为保证两套系统可以同频率、同相位跟踪，需配置负载总线同步跟踪控制器，无论是市电还是电池，两套 UPS 均能保证同相位跟踪。在其控制管理下，若因故出现 UPS 供电系统 2 向下面负载供电故障，具有自动跟踪控制功能的负载总线同步跟踪控制器和静态转换开关会让系统 1 暂时承担起全部负载的供电任务。此时用户可对系统 2 进行脱机检修。反之亦然。

双母线系统真正实现了系统的在线维护、在线扩容、在线升级，提供了更大的配电灵活性，满足了服务器的双电源输入要求。解决了供电电路中的"单点故障"问题，提高了输出电源供电系统的"容错"能力。与"1+1"并机冗余系统相比，双母线系统增加了负载总线同步跟踪控制器和静态切换开关，设备投资有所增大。传统的"1+1"并机冗余系统可靠性只能达到 99.999%，采用双母线系统可使系统可靠性提升到 99.999 9%以上，系统可靠性有了数量级的提升。为了保证用户核心负载的用电安全，在尽量节省投资的情况下，双母线系统是最佳选择之一。

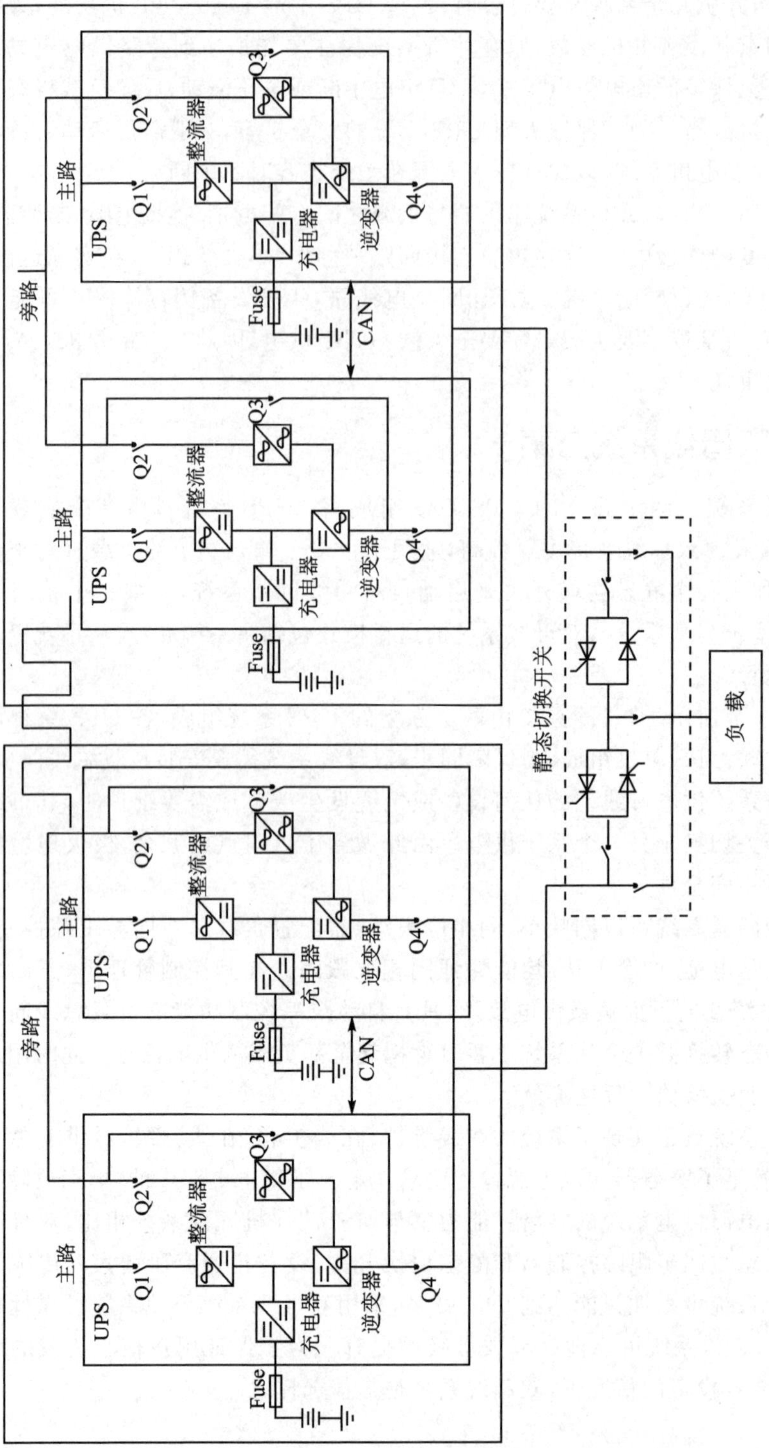

图5-7 双母线系统

5.3　逆变器并联控制示例

5.3.1　并机系统并联环流特性

并联系统中逆变器输出的电压差异会导致环流的存在，这些环流表现为逆变器之间输出的有功、无功存在不平衡，即负载的功率没有在并联的逆变器之间均分。为有效抑制逆变器之间的环流，实现负载有功、无功的均分，需要分析并联系统中，逆变器输出的有功、无功主要有哪些因素决定，从而采取更有效的环流抑制策略。

取两台逆变器并联系统为例，其简化的原理图如图 5－8 所示。其中，$E_i\angle\varphi_i$、P_i 及 Q_i 分别表示第 i 台逆变器的输出电压、有功功率及无功功率，$V_o\angle 0°$ 为负载电压，$Z_i\angle\theta_i$ 表征第 i 台逆变器输出阻抗与线路阻抗之和，θ_i 为阻抗角记为 $\theta_i=\arctan(X_i/R_i)$。

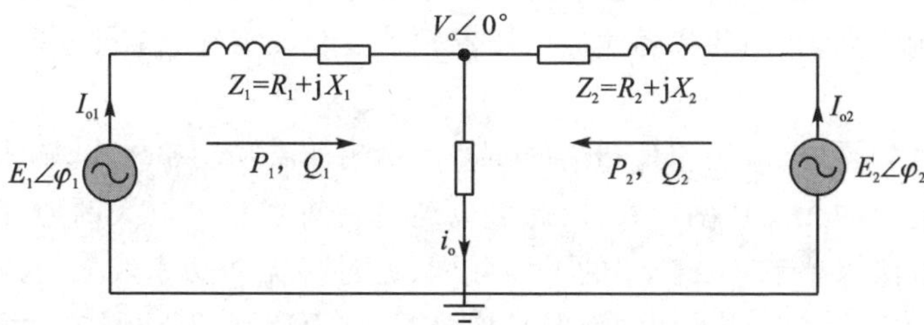

图 5－8　考虑输出线路阻抗的并联系统简化框图

逆变器 i 的输出电流为

$$\dot{I}_{oi}=\frac{E_i\angle\varphi_i-V_o}{Z_i\angle\theta_i} \tag{5-1}$$

输出功率为

$$S_i=E_i\angle\varphi_i\cdot I_{oi}^{*}=P_i+\mathrm{j}Q_i \tag{5-2}$$

其中，

$$\begin{cases} P_i=\dfrac{[E_i^2\cos\theta_i-E_iV_o\cos(\theta_i+\varphi_i)]}{Z_i} \\ Q_i=\dfrac{[E_i^2\sin\theta_i-E_iV_o\sin(\theta_i+\varphi_i)]}{Z_i} \end{cases} \tag{5-3}$$

1. 当逆变器输出阻抗为纯感性时的均流控制

此时 $\theta_i=90°$，又考虑负载阻抗远远大于线路阻抗与逆变器输出阻抗之和，则 φ_i 很小，因此有 $\sin\varphi_i\approx\varphi_i$，$\cos\varphi_i\approx 1$，式(5－3)可简化为

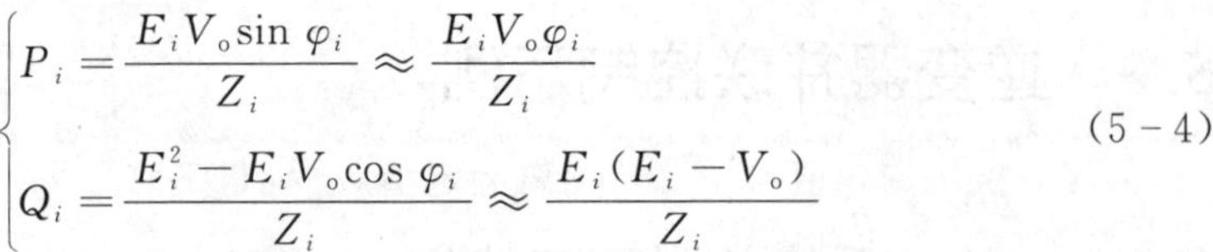

$$\begin{cases}P_i=\dfrac{E_iV_o\sin\varphi_i}{Z_i}\approx\dfrac{E_iV_o\varphi_i}{Z_i}\\Q_i=\dfrac{E_i^2-E_iV_o\cos\varphi_i}{Z_i}\approx\dfrac{E_i(E_i-V_o)}{Z_i}\end{cases}\tag{5-4}$$

对式(5-4)中的有功功率等式两边取微分可得

$$\Delta P_i=\frac{V_o}{Z_i}(E_i\cdot\Delta\varphi_i+\Delta E_i\cdot\varphi_i+\Delta E_i\cdot\Delta\varphi_i)\tag{5-5}$$

由于 φ_i 很小,有 $E_i\cdot\Delta\varphi_i\gg\Delta E_i\cdot\varphi_i$,$E_i\cdot\Delta\varphi_i\gg\Delta E_i\cdot\Delta\varphi_i$,进一步可得

$$\Delta P_i=\frac{E_iV_o}{Z_i}\cdot\Delta\varphi_i\tag{5-6}$$

同理可得

$$\Delta Q_i=\frac{2E_i-V_o}{Z_i}\cdot\Delta E_i\tag{5-7}$$

式(5-6)和式(5-7)说明,有功功率随输出电压相角的变化而变化,输出电压的幅值对其影响不大;无功功率随输出电压的幅值变化而变化,输出电压的相角对其影响不大。

进一步可知,输出电压相角超前的逆变器输出的有功功率较大,输出电压幅值较大的逆变器输出的无功功率较大,因此可以通过将有功功率较大的逆变器输出电压相角滞后的方法来调节有功功率的平均分配;通过将无功功率较大的逆变器输出电压幅值减小的方法来实现无功功率的平均分配,从而得到“有功调频、无功调幅”下垂控制策略,如下:

$$\begin{cases}\omega_i=\omega^*-m_{p\omega}P_i\\E_i=E^*-m_{qv}Q_i\end{cases}\tag{5-8}$$

式中:E^*、ω^* 分别为额定电压的幅值和频率;E_i、ω_i 分别为第 i 台逆变器参考电压的幅值及频率;$m_{p\omega}$、m_{qv} 分别为第 i 台逆变器的频率及幅值下垂系数。

2. 当逆变器输出阻抗为纯阻性时的均流控制

此时,系统的均流控制方程为

$$\begin{cases}\omega_i=\omega^*+m_{q\omega}Q_i\\E_i=E^*-m_{pv}P_i\end{cases}\tag{5-9}$$

3. 当逆变器输出阻抗为阻感性时的均流控制

此时,逆变器输出电压的幅值和相角会同时影响输出的有功和无功功率,其控制方程为

$$\begin{cases}\omega_i=\omega^*-m_{p\omega}P+m_{q\omega}Q_i\\E_i=E^*-m_{qv}Q_i-m_{pv}P_i\end{cases}\tag{5-10}$$

下垂控制可以通过调节自身输出电压的幅值和相角来实现输出功率的平衡,但

在实际应用时存在以下明显缺点：

① 并机系统的均流效果与下垂力度有关，即下垂力度越大，系统的均流效果越好，但输出电压的幅值和频率越偏离额定值，这也是下垂控制的固有矛盾。因此，下垂控制系数需要在电压精度和均流度之间折中选取。

② 传统下垂控制在基波功率的均分控制下具有很大优势，但在系统负载为非线性情况下所产生的谐波功率平衡控制效果不佳，将产生较大的谐波循环电流和较差的电能质量。

③ 传统下垂控制需要计算瞬时有功功率和无功功率在一个工频周期内的平均值，一般是通过一个低通滤波器来实现的。为实现良好的滤波效果，这个滤波器的带宽要低于闭环系统的带宽。因此，并联系统的瞬态性能和稳定性一定程度上也取决于该滤波器的设计。

④ 在建立下垂控制的数学模型时，忽略了逆变器输出线缆参数不一致的影响。也就是说，在建立模型时我们认为逆变器的输出电压在输出线缆上的压降相同，到达负载端的电压、电流相角也不会因为线缆参数的不一致而发生偏移。但是实际应用时，并联系统中的逆变器输出线缆长短不一或过长的功率输出线缆也会造成传统的下垂控制策略的控制偏差。

本书将针对下垂控制的缺陷提出几种改进措施供读者参考。

5.3.2　PQ 下垂法补偿器方案

1. 补偿器的基本原理

根据以上分析，逆变电源输出电压频率、幅值可以按输出负载为阻性的特征进行衰减调节控制。假设逆变器输出阻抗为纯感性，即 PQ 下垂法调节控制来实现负载电流的均分和环流的抑制：

$$\begin{cases} f_i = f_0 - m_i Q_i \\ U_i = U_0 - k_i P_i \end{cases} \tag{5-11}$$

式中：f_0 为空载频率；P_i 为逆变电源的额定有功功率；m_i 为频率衰减系数；U_0 为空载电压幅值；Q_i 为逆变电源的额定无功功率；k_i 为电压幅值衰减系数。

PQ 下垂法能够达到均流的快速调节，下垂系数越大均流效果越好，但电压精度和频率精度越差，因此纯粹的 PQ 下垂法无法满足 UPS 指标要求。为了保证并机系统的稳压精度，本书在 PQ 下垂法的基础上加入下垂补偿器，利用系统输出平均电流的有功分量对下垂控制造成的电压幅值跌落进行补偿，如下：

$$U_i = U_0 - k_i P_i + \frac{k_{\text{cmp}}}{N}\sum_{i=1}^{N} P_i \tag{5-12}$$

利用系统的数字均流总线传输本台机器输出电流的有功、无功及零轴分量，通过本机 DSP 接收其他机器传输的信息，得到系统电流的平均值，如图 5-9 所示。

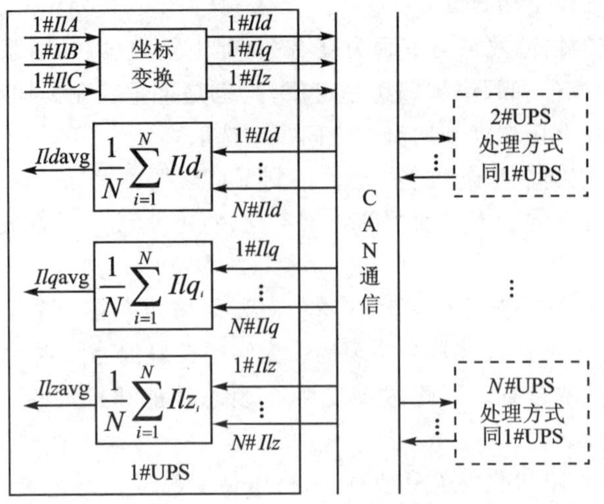

图 5-9　并机系统均流信息传输示意图

2. 补偿器实际应用中的问题

传统的方案是根据三相平均有功电流的模值进行补偿,这个方案思路很直接,因为下垂作用量是根据负载电流进行工作的。换言之,下垂造成的电压跌落和输出的有功电流有关,故可以直接根据输出的有功电流进行补偿,即

$$\begin{cases} I_p = \dfrac{I_{Ap} + I_{Bp} + I_{Cp}}{3} \\ V_{\text{cmp}} = I_p \cdot K_{d\text{cmp}} \end{cases} \tag{5-13}$$

式中:I_{Ap}、I_{Bp}、I_{Cp} 分别为三相电流输出的有功分量;$K_{d\text{cmp}}$ 为补偿系数。

这种方案可以有效地解决平衡负载下输出电压跌落的问题。但系统带不平衡重载时,会导致输出电压不平衡,电压依然有可能超出稳压精度范围。

(1) 原因分析

当系统带三相平衡载时,三相电流可以认为是正序的,经过坐标旋转变换后,在 $d-q$ 坐标系下可以得到直流量。通过控制器的调节作用,可以消除直流误差,进而再变换回 $A-B-C$ 坐标系后,得到三相平衡的输出电压。

当系统带不平衡负载时,三相输出电流不平衡,除了含有正序分量外,还包括负序和零序分量。其中负序分量经过 $d-q$ 变换后会得到一个二次谐波分量,而控制器无法消除该谐波。因此当该控制量反变换至 $A-B-C$ 三相坐标系后,该二次谐波带来的负序分量会叠加到电压的控制环路中,从而引起输出电压的不平衡。

(2) 解决措施

下面的问题就是如何改进下垂补偿方案。最直观的思路就是在下垂补偿环节补偿掉这个二次谐波。与平衡负载时的下垂补偿思路基本一致,根据三相平均电流各自的有功、无功分量,通过坐标变换消除负序分量产生的谐波。

① 利用各相电流的有功和无功分量合成三相电流，即

$$\begin{cases} I_A = I_{Ap} \cdot \cos\theta + I_{AQ} \cdot \sin\theta \\ I_B = I_{Bp} \cdot \cos(\theta + 120^\circ) + I_{BQ} \cdot \sin(\theta + 120^\circ) \\ I_C = I_{Cp} \cdot \cos(\theta - 120^\circ) + I_{CQ} \cdot \sin(\theta - 120^\circ) \end{cases} \tag{5-14}$$

② 进行 Clarke 变化，得到电流在两相静止坐标系下的电流分量 I_α、I_β，即

$$\begin{cases} I_\alpha = \dfrac{2 \cdot I_A - I_B - I_C}{3} \\ I_\beta = \dfrac{I_B - I_C}{\sqrt{3}} \end{cases} \tag{5-15}$$

③ 进行 Park 变化，得到电流在两相旋转坐标系下的电流分量 I_d、I_q，即

$$\begin{cases} I_d = I_\beta \cdot \sin\theta + I_\alpha \cdot \cos\theta \\ I_q = I_\beta \cdot \cos\theta - I_\alpha \cdot \sin\theta \end{cases} \tag{5-16}$$

④ 使用电流的 d 轴分量来产生补偿电压，即

$$V_{\text{cmp}} = I_d \cdot K_{d\text{cmp}}$$

(3) 波形分析

读取了几组稳态下均流控制的参数，如图 5-10 所示，上面的曲线表示下垂作用量，下面的曲线表示下垂补偿作用量。

图 5-10(a)所示为三相平衡负载时的情况，下垂控制在 d 轴上是一个比较稳定的直流量；图 5-10(b)和(c)所示为单相和两相不平衡满载时的情况，我们可以清晰地看出，下垂控制作用量是一个在直流分量上叠加了很大二次谐波的值。改进的控制方案有效地补偿了这个二次谐波，实验证明系统的输出电压基本平衡，稳压精度得到了很大改善。

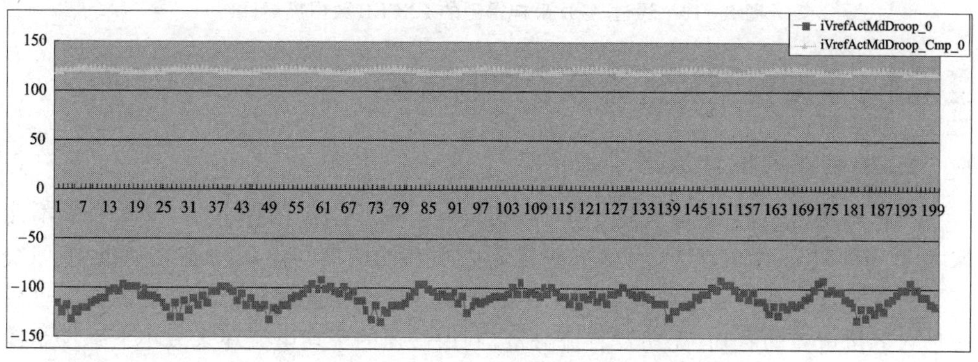

(a) 三相平衡负载时下垂控制作用量和下垂补偿作用量

图 5-10　通过 A/D 采样得到的 EXCEL 数据描述

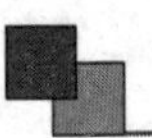

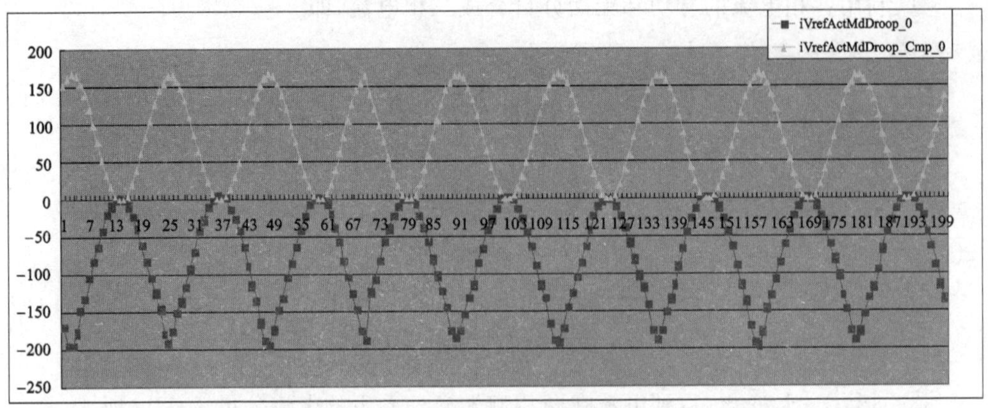

(b) 单相满载时下垂控制作用量和下垂补偿作用量

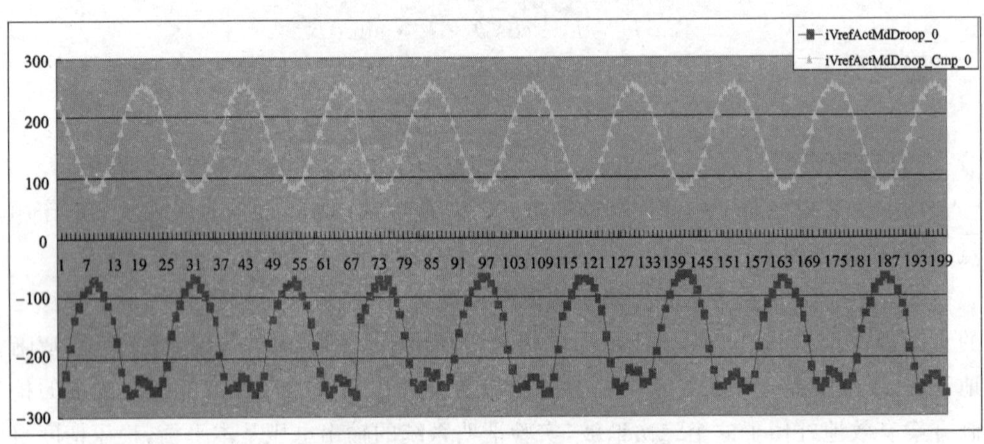

(c) 两相满载时下垂控制作用量和下垂补偿作用量

图 5-10 通过 A/D 采样得到的 EXCEL 数据描述(续)

5.3.3 平均电流及直流分量控制方案

1. 控制器的设计原理

下垂力度越大,电流静差越小,均流度越好。由于动态指标要求,下垂系数不能取太大,否则电压跌落很大,因此下垂控制必须在均流度与电压动态之间折中。PQ 下垂法也不能实现对输出电流直流分量的控制。因而在连接各台逆变器的数字总线中加入各机电流的有功、无功及直流分量,利用慢速的平均电流环来减小下垂控制残留的静差,保证系统稳态时各机之间电流无静差,提高系统均流度。

如图 5-8 所示,假设逆变器等效输出阻抗相同且为阻性,即 $r_1=r_2=r$,并忽略输出线路阻抗的影响,则两机输出电流如下:

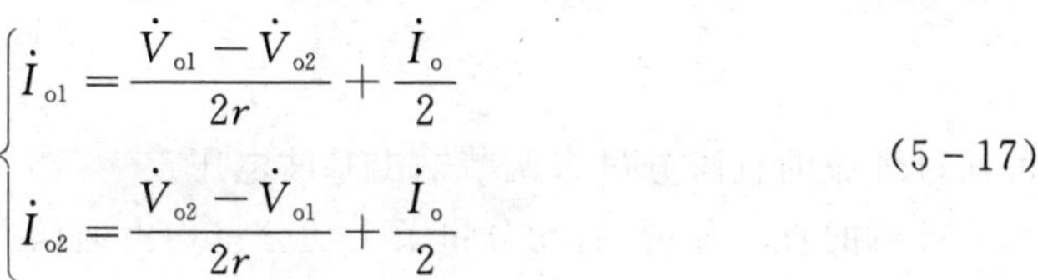

$$\begin{cases} \dot{I}_{o1}=\dfrac{\dot{V}_{o1}-\dot{V}_{o2}}{2r}+\dfrac{\dot{I}_{o}}{2} \\ \dot{I}_{o2}=\dfrac{\dot{V}_{o2}-\dot{V}_{o1}}{2r}+\dfrac{\dot{I}_{o}}{2} \end{cases} \tag{5-17}$$

将式(5-17)中的两式相减，有

$$\frac{\dot{I}_{o1}-\dot{I}_{o2}}{2}=\frac{\dot{V}_{o1}-\dot{V}_{o2}}{2r} \tag{5-18}$$

令 $\dot{I}_{cir}=\dfrac{\dot{V}_{o1}-\dot{V}_{o2}}{2r}$，则

$$\begin{cases} \dot{I}_{o1}=\dfrac{\dot{I}_{o}}{2}+\dot{I}_{cir} \\ \dot{I}_{o2}=\dfrac{\dot{I}_{o}}{2}-\dot{I}_{cir} \end{cases} \tag{5-19}$$

由式(5-19)可知，输出电流由两部分构成，一部分是大小、方向相同的负载电流 $I_o/2$；另一部分是只与逆变器输出电压差和输出等效阻抗有关的环流 I_{cir}。由于经闭环控制后，系统输出阻抗很小，因此很小的压差就会在系统内产生较大环流。

当两台逆变器输出电压幅值 $V_{o1}\neq V_{o2}$，相位 $\phi_1=\phi_2=\phi$ 时，并联系统环流 I_{cir} 表示为

$$I_{cir}=\frac{(V_{o1}-V_{o2})\sin(\omega t+\phi)}{2r}=\frac{\Delta V}{2r}\sin(\omega t+\phi) \tag{5-20}$$

由式(5-20)可知，可通过调解基波环流的有功分量来调节输出基波幅值。

当两台逆变器输出电压幅值 $V_{o1}=V_{o2}=V$，相位 $\phi_1\neq\phi_2$ 时，并联系统的环流 I_{cir} 可表示为

$$\begin{aligned} I_{cir}&=\frac{V}{2r}[\sin(\omega t+\phi_1)-\sin(\omega t+\phi_2)] \\ &=\frac{V}{r}\sin\frac{\phi_1-\phi_2}{2}\cos\left(\omega t+\frac{\phi_1+\phi_2}{2}\right) \\ &\approx\frac{V\Delta\phi}{2r}\cos\left(\omega t+\phi_1-\frac{\Delta\phi}{2}\right) \end{aligned} \tag{5-21}$$

因为 $\phi_1\gg\Delta\phi$，所以有

$$I_{cir}\approx\frac{V\Delta\phi}{2r}\cos(\omega t+\phi_1) \tag{5-22}$$

由式(5-22)可知，可近似认为基波无功分量的环流仅由输出电压相位偏差产生，即可通过调节基波环流的无功分量来调节输出基波相角。

当两逆变器各自输出的直流电压为 V_{dc1}、V_{dc2} 时，产生的直流分量如下：

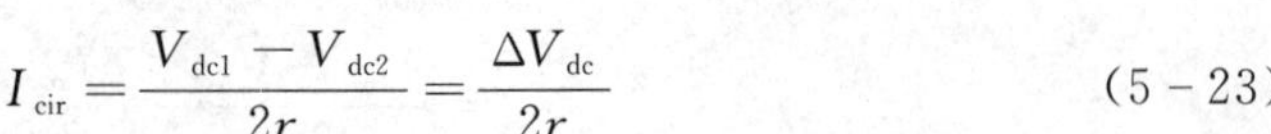

$$I_{cir}=\frac{V_{dc1}-V_{dc2}}{2r}=\frac{\Delta V_{dc}}{2r} \tag{5-23}$$

可通过环流的直流分量来调节输出基波电压。

环流的直流分量、有功分量及无功分量均由通信方式产生,加入均流环后给定量控制框图如图 5-11 所示。

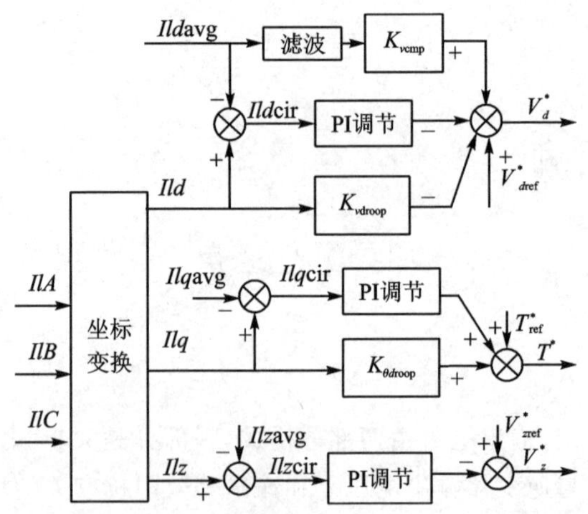

图 5-11　加入下垂补偿器及均流环后 *dqz* 轴参考给定

d 轴调节由 3 个模块组成:电压下垂控制、电压补偿控制和环流控制。这 3 个控制量再与 d 轴输入电压给定值相加,得到并机系统 d 轴输入电压给定;q 轴调节由 2 个模块组成,分别为角度下垂控制和角度环流控制,与 PLL 锁相角度相加作为 PWM 发波前坐标轴变换参考角度;z 轴环流量经过一个 PI 调节器得到 z 轴输入电压给定。

2. 仿真分析

模拟控制器加入均流调节器前后的均流性能对比如图 5-12 所示。两并机系统带阻性负载,0～0.02 s 内无均流控制,0.02～0.10 s 内加入均流控制,可看出加入均流控制后系统均流性能变好。

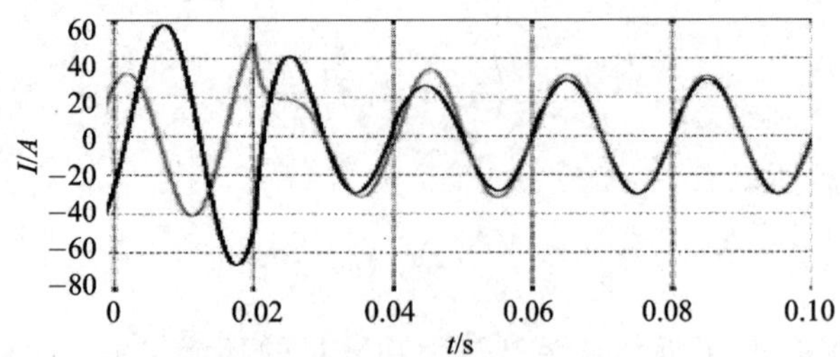

图 5-12　两并机带阻性负载 A 相输出电流

参考单机控制参数，对具有下垂补偿的工频均流控制器进行仿真。逆变电压额定频率为 50 Hz，峰值为 311 V。

(1) 模拟并联时存在初始压差和相差工况

1＃UPS 电压给定为 316 V，角度滞后 2°；2＃UPS 电压给定为 306 V，角度超前 2°，两并机电流仿真波形如图 5－13 所示。

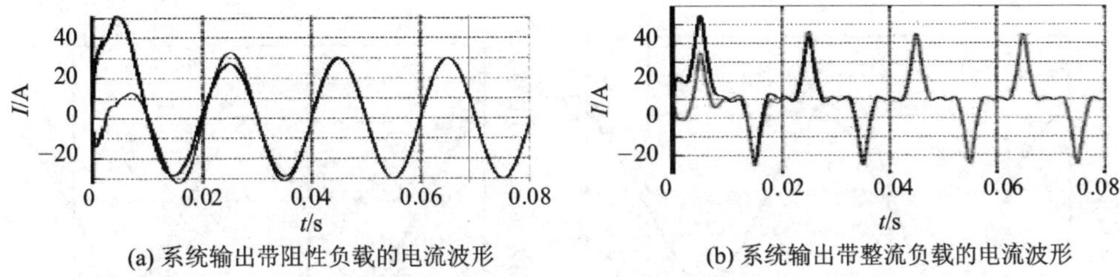

(a) 系统输出带阻性负载的电流波形　　(b) 系统输出带整流负载的电流波形

图 5－13　并联存在初始压差和相差时的电流波形

(2) 模拟并机系统检测误差工况

1＃UPS 电压检测＋5％，电流检测正常；2＃UPS 电压检测正常，电流检测＋5％，两并机电流仿真波形如图 5－14 所示。

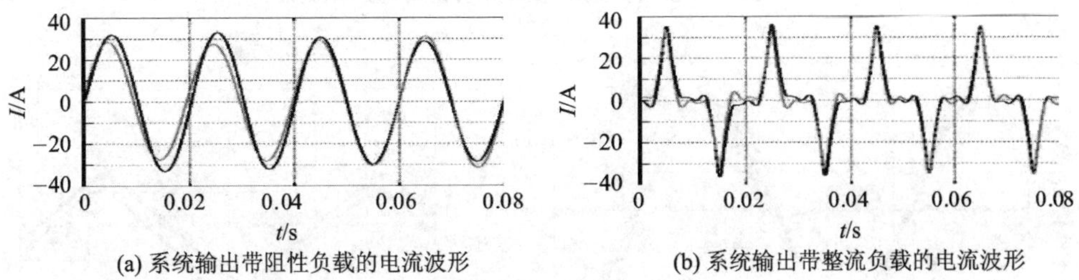

(a) 系统输出带阻性负载的电流波形　　(b) 系统输出带整流负载的电流波形

图 5－14　并机系统检测误差时的电流波形

(3) 模拟长线并机系统时的工况

1＃UPS 输出连接导线电阻为 0.005 Ω，电感为 5 μH；2＃UPS 输出连接导线电阻为 0.1 Ω，电感 100 μH，两并机电流仿真波形如图 5－15 所示。

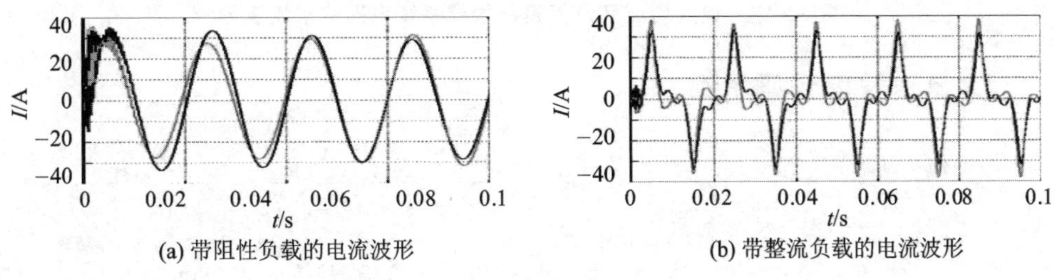

(a) 带阻性负载的电流波形　　(b) 带整流负载的电流波形

图 5－15　长线并机系统的电流波形

3. 实验研究

实验在 2 台 UPS 所构成的并机系统下进行。图 5 - 16 所示为未加入均流环调节及下垂补偿控制器时的实验波形,图 5 - 17 所示为加入均流环调节及下垂补偿控制器时的实验波形。通过测试数据说明,加入均流环及下垂补偿控制器调节后,满足稳态时电压稳压精度及电流不均流度。

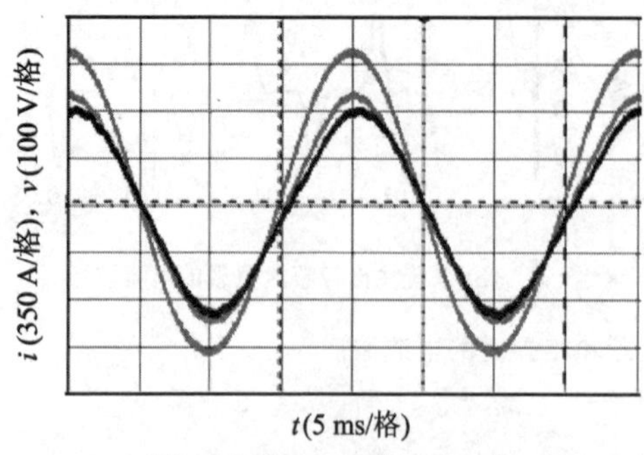

(a) 并机系统带100%阻性平衡负载,输出电压为224.9 V,电流不均流度为10.8%

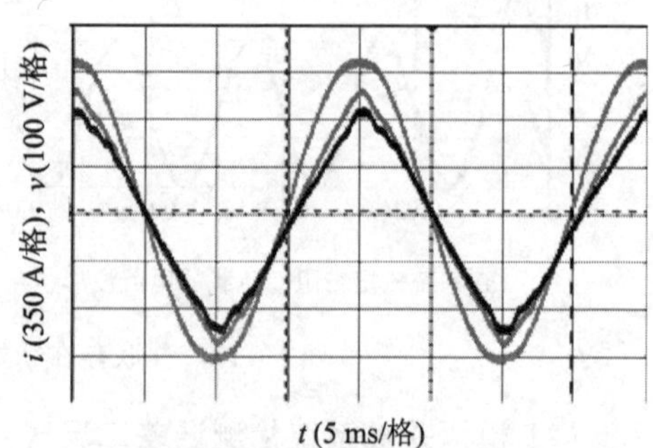

(b) 并机系统带100%标准整流负载,A相电压为225.1 V,电流不均流度为14.2%

图 5 - 16　未加入均流环节时并机系统电压电流波形

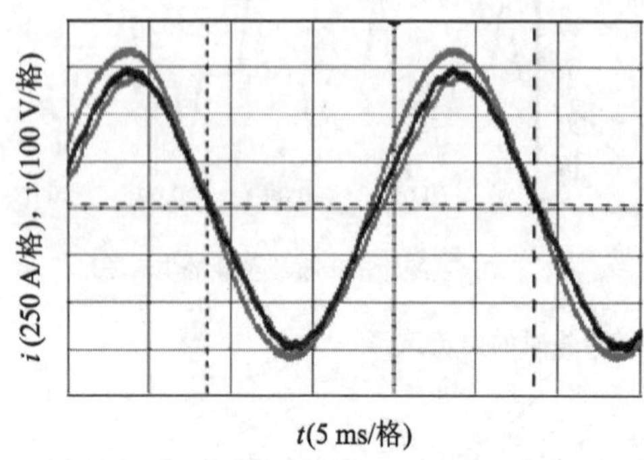

(a) 系统阻性负载,输出A相电压为228.9 V(THDu=0.45%),不均流度1.53%

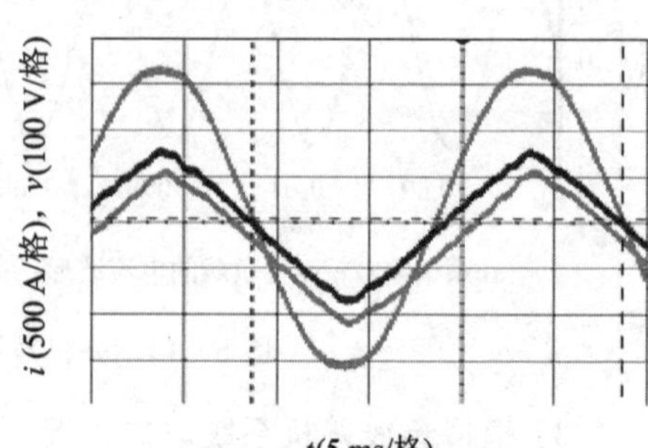

(b) 标准整流负载,输出A相电压为228.5 V(THDu=1.31%),电流不均流度1.12%

图 5 - 17　加入均流环及下垂补偿器系统电压的电流波形

4. 算法程序代码示例

```
//d 轴环流调节
VdIcir = Icird * Kpd + Intgd;
LMT16(VdIcir, VdIcir_Lmt, - VdIcir_Lmt);
Intgd += Icird * Kid;
Intgd -= (Intgd >> CntRightShift);
LMT32(Intgd ,Intgd_Lmt, - Intgd_Lmt);
//q 轴环流调节
```

```
if (! 主机)
{
    AngleIcir = Icirq * KpAngle + Intgq;
    LMT16(AngleIcir, LMT, - LMT);
    Intgq += Icirq * KiAngle;
    LMT16(Intgq , LMT, - LMT);
}
else    // 积分量衰减
{
    unIntgq - = Intgq >> CntRightShift;
    AngleIcir = 0;
}
//d 轴逆变电流下垂
Act4VdcDrp = VdcFloat * kVdcDrp;
LMT16(Act4VdcDrp, Act4VdcDrp_Lmt, 1);
VMdDrp = - (IinvMd - Act4VdcDrp) * KdDrp;
LMT16(VdDrp, LMT, - LMT);
//角度下垂
AngleDrp =- IinvqAvg * KAngleDrp;
LMT16(AngleDrp, LMT, - LMT);
//电压补偿
KdDrpCmpAct ++ ;
if (KdDrpCmpAct > KdDrp_Cmp)
{
    KdDrpCmpAct = KdDrp_Cmp;
}
VdDrp_Cmp = I_d * KdDrpCmpAct;
LMT16(VdDrp_Cmp, 200, 1);
```

5.3.4　结合瞬时环流调节的控制方案

UPS 逆变器的并联控制除了可以采用工频设计以外，也可以采用瞬态设计，即利用瞬时环流调节自身瞬时输出电压，以达到抑制并联系统环流的目的。

这两种方案，前者物理含义清晰，稳态性能好，但动态响应速度慢；后者稳态性能稍差，但动态响应速度快。若将两者结合使用，则能使并联系统的均流既具有良好的稳态性，又具有快速的动态性。本设计就是采用以瞬时环流反馈为主，环流有功分量和无功分量调节为辅的方法进行设计。但无论对哪一种方案进行设计，都必须先分析并联逆变器闭环控制系统的输出阻抗特性，因为这会影响到并机系统环流控制器的设计。

1. 控制器方案设计

(1) 系统的输出阻抗特性

闭环控制逆变器的输出阻抗特性不仅与主功率电路有关，还与控制器的结构、控制器的参数有着密切的关系。因此，针对不同的逆变器控制系统要进行相应的输出阻抗特性分析。

由于输出电压有效值环仅作为输出电压瞬时值环的补偿,且补偿量限制得很小,为了方便分析,可以不考虑输出电压有效值环的影响。考虑并联系统中各逆变器控制系统以系统负载平均电流代替自身负载电流作为负载电流前馈量,可以将 UPS 两台单相半桥逆变器并联系统的模拟控制系统框图提炼,如图 5-18 所示。

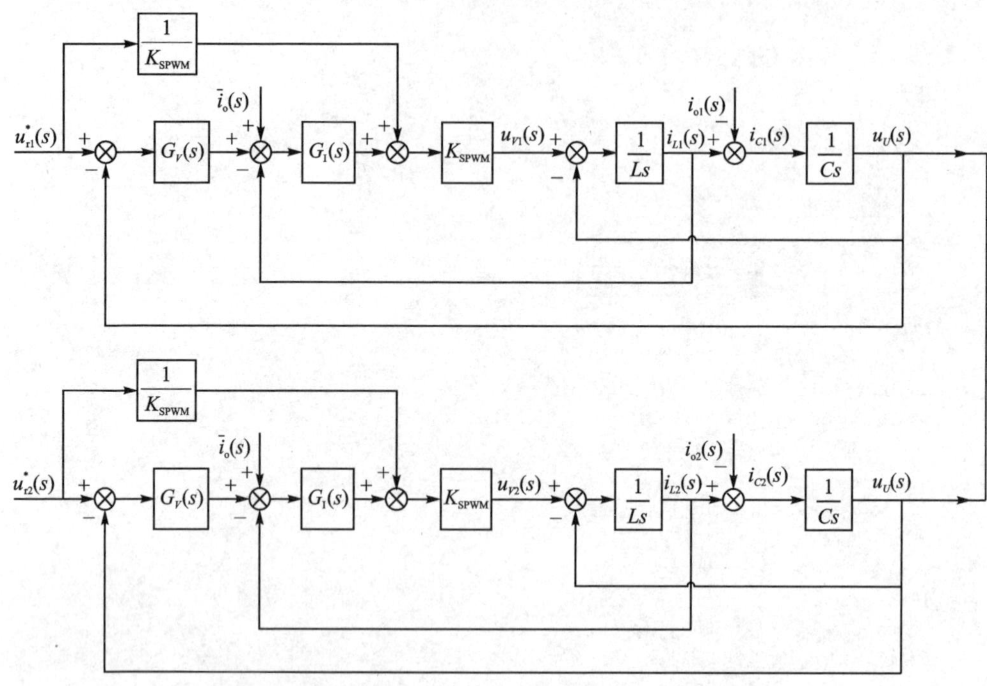

图 5-18　两台逆变器并联系统的模拟控制系统框图

由图 5-18 可得

$$\begin{cases} u_{V1}(s)=\{[u^*_{r1}(s)-u_U(s)]\cdot G_V(s)+i_o(s)-i_{L1}(s)\}\cdot G_I(s)\cdot K_{SPWM}+u^*_{r1}(s) \\ u_{V1}(s)-u_U(s)=Ls\cdot i_{L1}(s) \\ i_{L1}(s)-i_{o1}(s)=Cs\cdot u_U(s) \\ 2\bar{i}_o(s)=i_{o1}(s)+i_{o2}(s) \\ u_{V2}(s)=\{[u^*_{r2}(s)-u_U(s)]\cdot G_V(s)+i_o(s)-i_{L2}(s)\}\cdot G_I(s)\cdot K_{SPWM}+u^*_{r2}(s) \\ u_{V2}(s)-u_U(s)=Ls\cdot i_{L2}(s) \\ i_{L2}(s)-i_{o2}(s)=Cs\cdot u_U(s) \end{cases} \tag{5-24}$$

式中:$u^*_{r1}(s)$、$u^*_{r2}(s)$分别为两台逆变器的输出电压瞬时值给定;$u_{V1}(s)$、$u_{V2}(s)$分别为两台逆变器桥臂中点的电压;$i_{L1}(s)$、$i_{L2}(s)$分别为两台逆变器输出滤波电感电流;$i_{o1}(s)$、$i_{o2}(s)$分别为两台逆变器负载电流;$\bar{i}_o(s)$为并联系统负载平均电流;$G_V(s)$为各逆变器控制系统的输出电压瞬时值校正控制器;$G_I(s)$为各逆变器控制系统的电感电流瞬时值校正控制器。

由式(5-24)可得

$$\frac{u_{r2}^*(s)-u_{r1}^*(s)}{i_{o2}(s)-i_{o1}(s)}=\frac{Ls+K_{SPWM}G_I(s)}{1+K_{SPWM}G_I(s)G_V(s)} \tag{5-25}$$

令 $\Delta u_r^*(s)=u_{r2}^*(s)-u_{r1}^*(s)$,$\Delta i_o(s)=i_{o2}(s)-i_{o1}(s)$,则式(5-25)转化为

$$\frac{\Delta u_r^*(s)}{\Delta i_o(s)}=\frac{Ls+K_{SPWM}G_I(s)}{1+K_{SPWM}G_I(s)G_V(s)} \tag{5-26}$$

由第 2 章单相 UPS 开发内容的设计可以知道,$G_V(s)=0.92+\frac{418.18}{s}$,$G_I(s)=0.78$,$K_{SPWM}=0.729$,又由主功率电路可知输出滤波电感器的电感值 $L=116\ \mu H$,将这些已知条件代入式(5-26)中,可得

$$\frac{\Delta u_r^*(s)}{\Delta i_o(s)}=\frac{2.39\times10^{-3}s(2.04\times10^{-4}s+1)}{6.41\times10^{-3}s+1} \tag{5-27}$$

由式(5-27)所得的伯特图如图 5-19 所示。

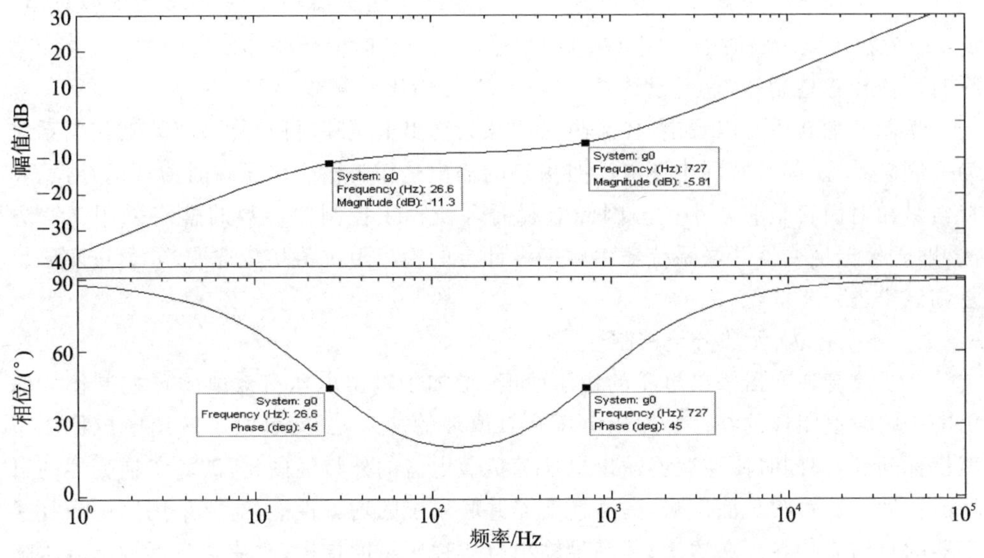

图 5-19 UPS 逆变器并联系统的输出阻抗模型伯特图

由图 5-19 可以近似地认为,UPS 逆变器并联系统的输出阻抗在[26.6,727] Hz 频率区间内呈阻性,在(0,26.6)Hz 和(727,∞)Hz 频率区间内呈感性。而实际上,UPS 逆变器输出频率的设计点为 50 Hz 和 60 Hz,对照图 5-19 可以认为,采用带负载平均电流前馈的输出电压、电感电流瞬时值双闭环控制的 UPS 逆变器并联系统在输出频率设计点的输出阻抗特性呈阻性,因此自然而然地具有一定的自均流能力特性。

(2) 并联控制方案设计

UPS 逆变器并联系统在输出频率设计点的输出阻抗特性呈阻性。因此,在设计

其并联控制系统方案时必须遵循以下原则：基于工频设计控制方案，需要环流的有功分量调节输出电压的幅值，环流的无功分量调节输出电压的相位；基于瞬态设计控制方案，需要保持瞬时环流与瞬时输出电压的同相调节。

1) 瞬时环流反馈控制

瞬时环流反馈控制属于瞬态控制方案，结合并联系统输出阻抗呈阻性的特点，将瞬时环流闭环校正控制器设计成比例环节。如图 5-20 所示为环流瞬时值闭环控制系统模拟框图。

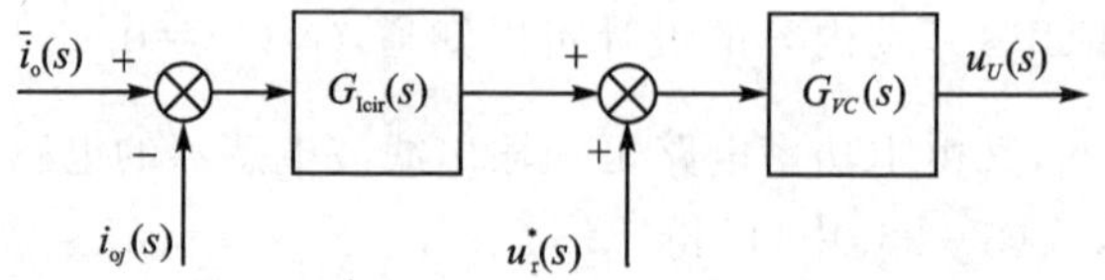

图 5-20 环流瞬时值闭环控制系统模拟框图

在图 5-20 中，$\bar{i}_o(s)$为并联系统负载平均电流，由并联系统中各有效逆变器输出的负载电流瞬时值算术平均得到；$i_{oj}(s)$为自身逆变器输出的负载电流瞬时值，$u_r^*(s)$为输出电压瞬时值给定，$G_{VC}(s)$为输出电压瞬时值环闭环传递函数，$G_{\mathrm{Icir}}(s)$为瞬时环流校正控制器，这里设计 $G_{\mathrm{Icir}}(s)=K_{p\mathrm{cir}}$ 为比例环节。

从图 5-20 还可以看出，环流瞬时值环为输出电压瞬时值环的外环，其控制系统为一高阶系统；同时实际中环流瞬时值环的输出是作为输出电压瞬时值环的补偿，其补偿量相对而言是非常小的。因此对瞬时环流校正控制器参数的整定采用工程方法，即先根据逆变器并联系统输出频率设计点的输出阻抗值初步选取，并通过实验反复调试来进一步优化。

2) 环流有功、无功分量控制

为了改善逆变器输出电压的稳压精度，增加了输出电压有效值闭环控制作为输出电压瞬时值闭环的补偿。输出电压有效值环的加入，虽然解决了输出电压稳压精度指标问题，但同时使逆变器输出电压随负载电流的外特性硬化，破坏了逆变器的自均流特性。针对其负面影响，提高逆变器并联系统的均流性能，需要采用措施恢复逆变器的自均流特性。在这里，为满足输出电压稳压精度指标，改造逆变器输出电压随负载电流的外特性已经非常困难，因此本规范通过构造逆变器输出电压随环流的“下垂”外特性来达到恢复其自均流特性的目的。

设计中，认为逆变器输出电压为标准正弦波。基于该前提，下面对 UPS 两台逆变器并联系统的环流特性进行分析。如图 5-21 所示为两台 UPS 逆变器的并联系统等效电路模型。

图 5-21 中，逆变器等效为其输出电压和输出阻抗的串联模型，若逆变器的输出阻抗可认为是电阻，以 r_1、r_2 分别表示，则分析中可认为 $r_1=r_2=r$；此外，Z 表示并联系统负载。

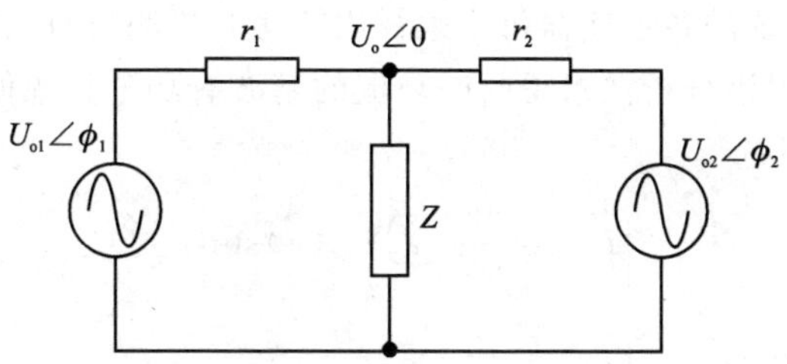

图 5-21　UPS 两台逆变器并联系统等效电路模型

当两台逆变器各自输出电压幅值 $U_{o1} \neq U_{o2}$、相位 $\phi_1 = \phi_2 = \phi$ 时，并联系统的环流 I_{cir} 可表示为

$$I_{cir} = \frac{(U_{o1} - U_{o2})\sin(\omega t + \phi)}{2r} = \frac{\Delta U}{2r}\sin(\omega t + \phi) \tag{5-28}$$

当两台逆变器各自输出电压幅值 $U_{o1} = U_{o2} = U$，相位 $\phi_1 \neq \phi_2 (\Delta\phi = \phi_1 - \phi_2)$ 时，并联系统的环流 I_{cir} 可表示为

$$I_{cir} = \frac{U}{2r}[\sin(\omega t + \phi_1) - \sin(\omega t + \phi_2)] = \frac{U\Delta\phi}{2r}\cos\left(\omega t + \phi_1 - \frac{\Delta\phi}{2}\right) \tag{5-29}$$

从式(5-28)中可以看出，输出电压幅值的偏差仅产生基波有功分量的环流；在式(5-29)中，考虑相位偏差为一个小值，因此可近似认为输出电压相位的偏差仅产生基波无功分量的环流。对照式(5-28)和式(5-29)，分别以逆变器输出端口流出的基波有功环流和基波容性无功环流为正方向，则可以构造逆变器输出电压随基波环流的"下垂"外特性，如图 5-22 所示。

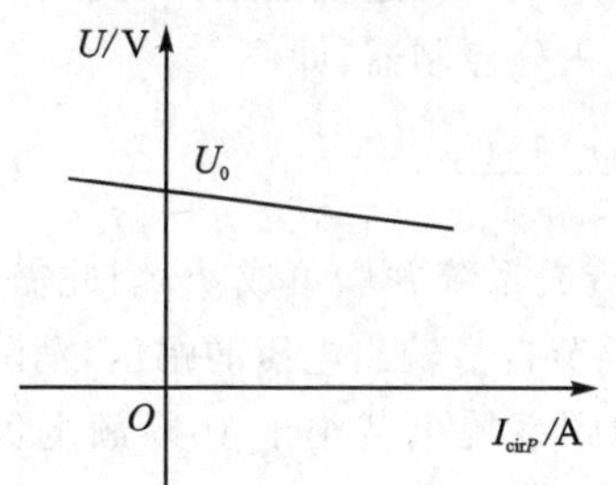

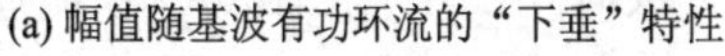
(a) 幅值随基波有功环流的"下垂"特性

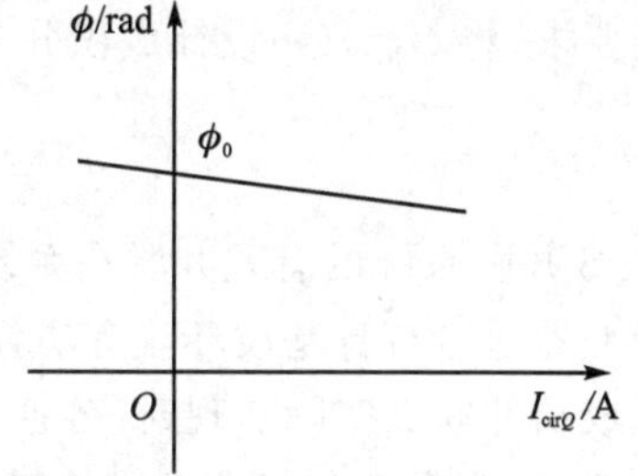

(b) 相位随基波无功环流的"下垂"特性

图 5-22　逆变器输出电压随基波环流的"下垂"特性

图 5-22 中，U 为逆变器输出电压幅值，U_0 为逆变器输出电压幅值的额定值，ϕ 为逆变器输出电压的初始相位，ϕ_0 为逆变器输出电压初始相位的额定值，I_{cirP} 为并联系统基波环流有功分量幅值，I_{cirQ} 为并联系统基波环流无功分量幅值。

对于 UPS 逆变器并联系统，只要按图 5-22 构造系统中各逆变器的输出电压随基波环流的外特性，即可恢复其自均流特性，提高并联系统的均流性能。

实际中,并联系统的各逆变器每个采样周期实时检测自身的瞬时环流,再通过软件利用离散傅里叶频谱分析法求得瞬时环流的基波有功分量幅值和基波无功分量幅值。其公式为

$$\begin{cases} I_{\text{cir}P} = \dfrac{2}{N}\sum\limits_{k=0}^{N-1} I_{\text{cir}}(k)\sin(k) \\ I_{\text{cir}Q} = \dfrac{2}{N}\sum\limits_{k=0}^{N-1} I_{\text{cir}}(k)\cos(k) \end{cases} \tag{5-30}$$

傅里叶频谱分析法的好处是,无论瞬时环流的检测引入多大的直流分量,均不会对分析计算的结果产生影响。式(5-30)中,N 为一个输出电压周期内采样的点数,$\sin(k)$、$\cos(k)$依据逆变器输出电压参考信号的基准正弦表在当前采样点的数值求取。

按照图 5-22(a)所示的方案,设计基波环流有功分量幅值闭环模拟控制系统框图,如图 5-23 所示。

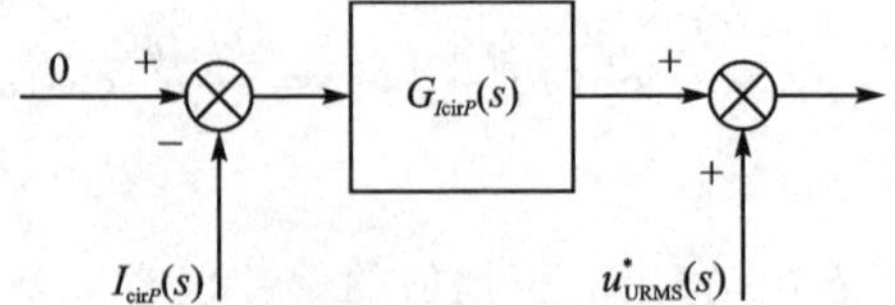

图 5-23　基波环流有功分量幅值闭环模拟控制系统框图

基波环流有功分量幅值校正控制器的输出改变输出电压有效值环的给定值 $u^*_{\text{URMS}}(s)$,达到改变输出电压幅值的目的。理论上,基波环流有功分量幅值校正控制器 $G_{\text{Icir}P}(s)$应该设计成比例环节。本规范为满足系统中各逆变器输出电压幅值有差并联的要求,将 $G_{\text{Icir}P}(s)$设计成积分分离的比例-积分控制器,即

$$G_{\text{Icir}P}(s) = K_{p\text{cir}P}\,\frac{\tau_{\text{cir}P}s + \alpha}{\tau_{\text{cir}P}s} \tag{5-31}$$

UPS 并联系统的有差并联在系统轻载时会造成系统并联不成功,因此需要系统中各逆变器通过自身基波环流有功分量快速地调节自身输出电压的幅值,消除差异,使系统成功并联。实际实现时,各逆变器当检测到系统负载小于 10%额定负载时,$\alpha=1$;当检测到系统负载大于或等于 10%额定负载时,$\alpha=0$。设计基波环流无功分量幅值闭环模拟控制系统框图,如图 5-24 所示。

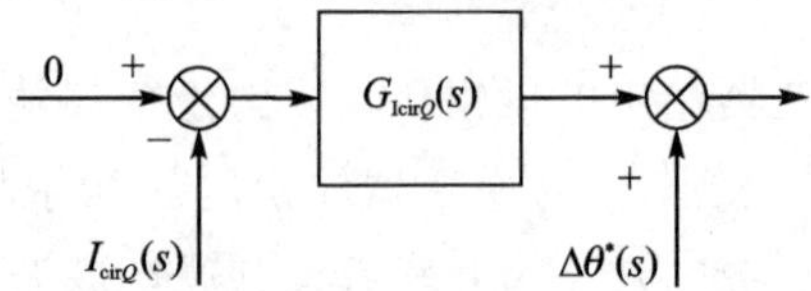

图 5-24　基波环流无功分量幅值闭环模拟控制系统框图

基波环流无功分量幅值校正控制器的输出通过改变输出电压参考信号的相位步长给定值 $\Delta\theta^*(s)$（$\Delta\theta^*(s)$为软件锁相环的输出），达到改变输出电压相位的目的。

按理论分析的结果，将基波环流无功分量幅值校正控制器设计成比例环节，即 $G_{\mathrm{IcirQ}}(s)=K_{p\mathrm{cirQ}}$。由于逆变器输出滤波电感很小，导致并联系统中各逆变器输出电压只要有较小的相位偏差就会产生很大的基波环流无功分量，严重时造成系统并联失败，因此设计中 $K_{p\mathrm{cirQ}}$ 要取一个相对较小的数值来满足系统的稳定性。

2. 实验分析

采用上述数字并联控制技术方案，实现了 6 台 UPS 逆变器的并联。图 5-25 中，通道 2 为并联系统交流母线电压（输出电压体制为 240 V/60 Hz），通道 3 为其中一台逆变从机输出电流，通道 4 为逆变主机输出电流，从图中各波形可以看出，6 台 UPS 逆变器并联系统有着良好的动静态性能。

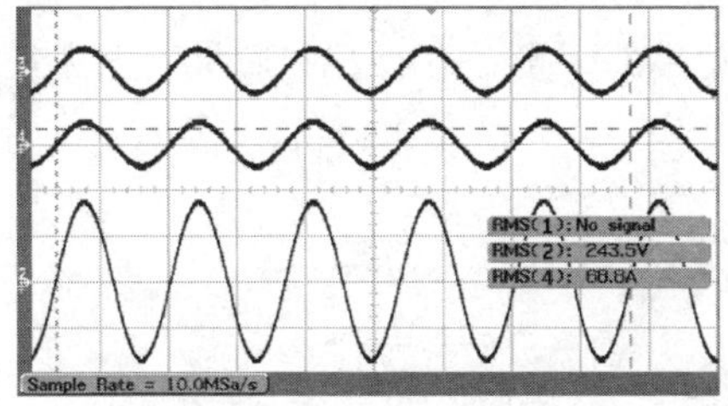

(a) 阻性满载输出电压电流稳态波形图

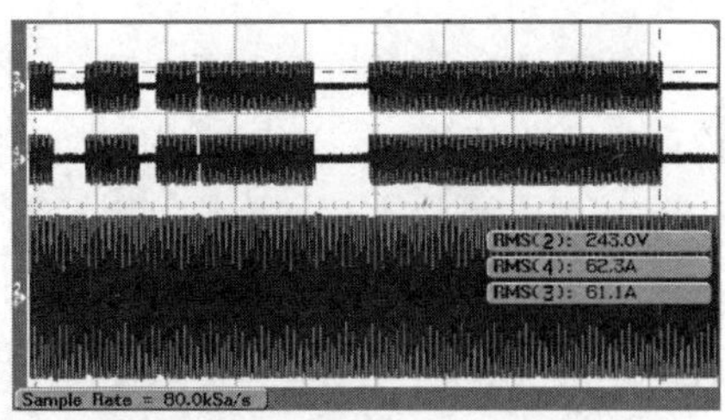

(b) 阻性满载输出电压电流动态波形图

图 5-25　逆变器并联系统实验波形

5.3.5　分布式并联系统控制

传统逆变并联系统的输出端一般连接到同一个公共母线（PCC）上，并由此端点向负载供电，如图 5-26 所示。然而当逆变器在空间上比较离散时，此时无法接入同一 PCC 端，如图 5-27 所示。如何保证系统中各台逆变器输出的电压、幅值相同，并保证输出功率的平衡，值得我们探究。

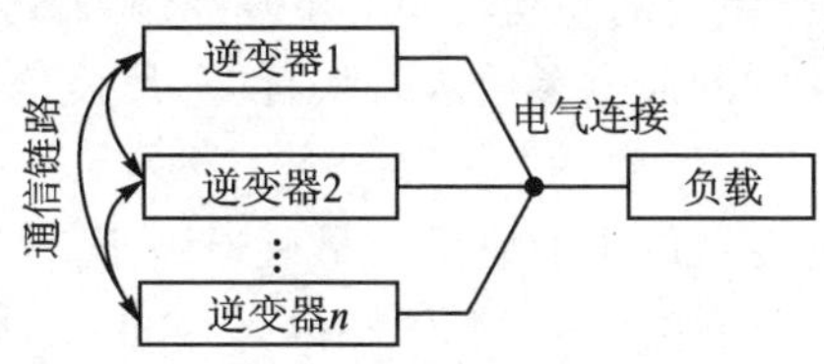

图 5-26　公共母线型并联系统

在基于下垂控制理论的逆变并联控制系统中，在控制的结构上常采用标准化的分层控制架构，如图 5-28 所示。该控制结构分为 3 层，其中，一次控制，采用下垂控制实现各逆变器之间功率的初次分配；二次控制，通过对系统工作点的二次调节，消

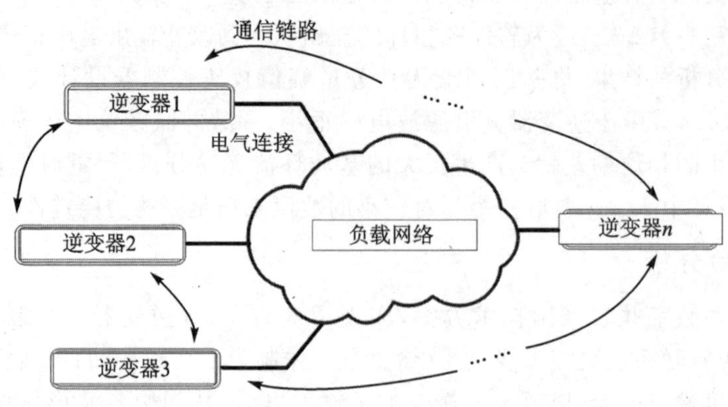

图 5-27 分布式并联系统

除一次控制产生的电压幅频偏差并优化输出功率的平衡;三次控制,通常以电力经济效益最大化为原则,解决经济调度的优化问题。

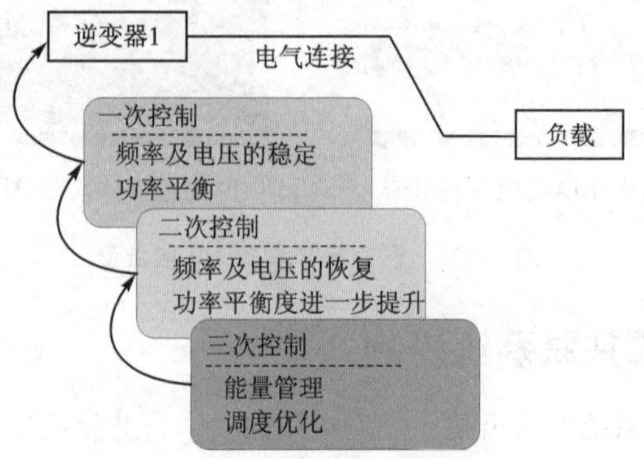

图 5-28 标准化分层控制结构示意图

针对公共母线型并联系统,学术界提出的众多下垂控制的改进策略均在上述结构的二次控制中,例如利用系统的平均功率对下垂控制系数进行矫正,对线路阻抗压降进行补偿或对原下垂控制的额定参数进行偏置等,然而这类控制均依赖于中央控制单元。

分布式控制算法在逆变系统中的应用最早可追溯于 20 世纪中期。在分布式控制中,每个单元可视为多智能体系统(Multi-Agent System,MAS)中的一个智能体,各智能体通过点对点构成的稀疏通信网络与其相邻智能体进行信息交互,从而实现共同的控制目标。相较于集中控制方式,分布式控制不需要中央控制器,当系统中的逆变器或通信链路出现故障时,均不会导致灾难性故障。因而与集中控制式相比,分布式控制在可靠性和可扩展性方面具备显著优势。

在分析和利用分布式控制算法时,一致性问题始终作为其研究基础。所谓的"一致性”，是指系统中依据信息传递的规则（共识协议），随着时间的推移各个 MAS 最终可达到某个共同状态。如果将其拓展到分布式逆变网络，一致性问题的研究可认为是采用恰当的控制协议使网络中的逆变器的状态趋于一致。

渐进式共识协议不仅是 MAS 合作的关键因素，也是其他改进共识协议的基础。渐进式共识协议通常基于一阶或二阶线性模型进行设计，近几年也发展出多种改进协议，如线性共识协议、非线性共识协议、有限时间共识协议、二阶共识协议、自适应共识协议、有约束的共识协议等。下面介绍几种常用的改进协议：

1）线性共识协议

$$\begin{cases}\dot{x}_i(t)=u_i(t)\\ y_i(t)=x_i(t)\end{cases} \tag{5-32}$$

以式(5-32)所示的一阶系统为例进行说明，其中，x_i 为系统中第 i 个智能体的状态。

若时间 $t\to\infty$，有 $x_i(t)\to x_j(t)$，则说明状态 x_i 可达到一致性。因此，该系统的共识协议可以通过反馈实现，即 $u_i=\sum\limits_{j\in N_i}a_{ij}(x_j-x_i)$。

2）非线性共识协议

实际上，MAS 的非线性属性会对线性控制器的性能产生负面影响。逆变系统中非线性的主要来源除了由非理想的执行机构和通信通道的饱和产生之外，非线性负载以及电压电流中的谐波同样也会产生非线性效应。

为了改善系统的收敛时间并提高其鲁棒性，可对上述线性共识协议进行优化，如下：

$$\begin{cases}\dot{x}_i(t)=f_1(t)+f_2(t)u_i(t)+d_i(t)\\ y_i(t)=x_i(t)\end{cases} \tag{5-33}$$

式中：$f_1(t)$ 和 $f_2(t)$ 为非线性方程；$d_i(t)$ 为有界扰动。

系统的共识协议可修改为

$$u_i=-\sum_{j\in N_i}a_{ij}\psi(x_i-x_j) \tag{5-34}$$

式中：ψ 函数满足其收敛性。

3）有限时间共识协议

可认为系统在该控制协议的作用下，在有限的时间内达到某个共同状态。可以对式(5-34)进行限幅饱和，如利用符号函数，则该控制协议可进一步写为

$$u_i=\sum_{j\in N_i}a_{ij}\,\mathrm{sig}(x_j-x_i)^{\alpha} \tag{5-35}$$

式中：$0<\alpha<1$；函数 $\mathrm{sig}(x)$ 为关于 x 的连续函数，记为 $\mathrm{sig}(x)=\mathrm{sgn}(x)|x|^{\alpha}$，$\mathrm{sgn}(x)$ 为符号函数，可表示为

$$\mathrm{sgn}(x)=\begin{cases}1, & x>0\\ 0, & x=0\\ -1, & x<0\end{cases} \tag{5-36}$$

1. 图　论

在研究分布式系统之前,需要借助图论知识对系统的通信网络进行数学描述。定义:视 $\boldsymbol{G}(\boldsymbol{V},\boldsymbol{E},\boldsymbol{A})$ 为一个连通图。其中,$\boldsymbol{V}=\{v_1,v_2,\cdots,v_n\}$ 表示图中的 n 个节点或智能体;$\boldsymbol{E}=\boldsymbol{V}\times\boldsymbol{V}$ 表示网络中边的集合。$\boldsymbol{A}=[a_{ij}]\in\mathbf{R}^{n\times n}$ 表示网络中的邻接矩阵,其中 a_{ij} 表示节点之间的连接权重。若节点 i 与节点 j 可以实现信息交互,则边 $(v_i,v_j)\in\boldsymbol{E}$,有 $a_{ij}>0$;否则 $a_{ij}=0$。$N_i=\{j\in n:(v_i,v_j)\in\boldsymbol{E}\}$ 表示网络中节点 i 的邻接节点构成的集合,对于图 5-29 所示的网络连接,其邻接矩阵可表示为

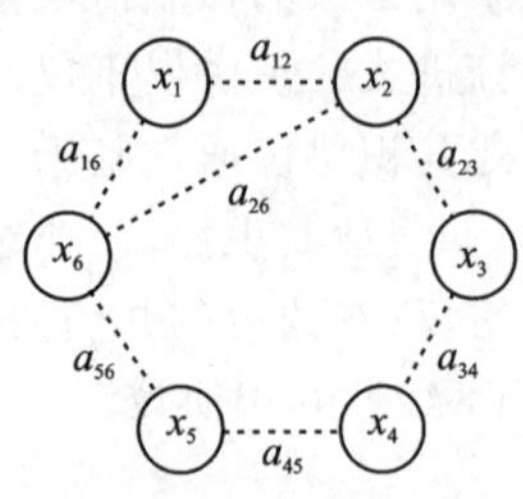

图 5-29　连接网络示例

$$\boldsymbol{A}=\begin{bmatrix} 0 & a_{12} & 0 & 0 & 0 & a_{16} \\ a_{12} & 0 & a_{23} & 0 & 0 & a_{26} \\ 0 & a_{23} & 0 & a_{34} & 0 & 0 \\ 0 & 0 & a_{34} & 0 & a_{45} & 0 \\ 0 & 0 & 0 & a_{45} & 0 & a_{56} \\ a_{16} & a_{26} & 0 & 0 & a_{56} & 0 \end{bmatrix} \tag{5-37}$$

2. 李亚普诺夫稳定性判据

对于选取的控制协议,需要在该通信结构中证明其稳定性。需要保证系统在当前的控制协议的作用下,其所要控制的系统状态能够收敛到某一特定的值,即系统的状态值能够在某一时间内实现一致。

俄国数学家李亚普诺夫(Lypaponov)提出的稳定性判据是研究现代控制系统稳定性的重要方法。他提出了两种分析稳定性的方法。Lypaponov 第一方法(间接法),通过对线性化的特征方程的根来分析系统的稳定性,当系统为非线性时,必须对其线性化;Lypaponov 第二方法(直接法),可理解为系统的某一状态受扰动而偏离其平衡态,能够依据系统内部的结构使该状态能够回到初始平衡或在平衡点的有限域中。鉴于该判据是从能量的角度来分析的,对线性及非线性系统均适用,因此第二方法不仅作为分析控制系统稳定的工具,而且也是研究控制理论的重要方法。Lypaponov 第二方法的难点在于寻找 Lypaponov 函数。

① 对于具有连续一阶偏导数的标量函数 $V(x)$,若 $V(x)$ 正定且 $\dot{V}(x)$ 负定,则系统平衡状态是渐进稳定的,则 $V(x)$ 可视为 Lypaponov 函数。

② 若①成立且 $V(x)$ 还满足 $\lim\limits_{\sqrt{\sum_{i=1}^{n}x_i^2}\to\infty} V(x)=\infty$,则平衡状态在整个空间中是大范围渐进稳定的。

3. 常用性质

① 定义 $\boldsymbol{L}=[l_{ij}]\in\mathbf{R}^{n\times n}$ 为图 $\boldsymbol{G}(\boldsymbol{V},\boldsymbol{E},\boldsymbol{A})$ 的拉普拉斯矩阵，其中 l_{ij} 表示为

$$l_{ij}=\begin{cases}\sum\limits_{k=1,k\neq i}^{n}a_{ik}, & j=i\\ -a_{ij}, & j\neq i\end{cases} \tag{5-38}$$

对于一个连通图，矩阵 $\boldsymbol{L}$ 具有如下性质：

- $\boldsymbol{L}$ 为半正定矩阵，其特征值均为非负。定义 λ_i 为矩阵 $\boldsymbol{L}$ 的特征值，则有 $0=\lambda_1<\lambda_2\cdots<\lambda_n$。其中，$\lambda_2$ 为其第 2 小特征值，若 $[1\quad\cdots\quad 1]_{n\times1}^{\mathrm{T}}x=0$ 则有 $\boldsymbol{x}^{\mathrm{T}}\boldsymbol{L}\boldsymbol{x}\geqslant\lambda_2\boldsymbol{x}^{\mathrm{T}}\boldsymbol{x}$。
- 若 $\forall\boldsymbol{x}=[x_1\quad\cdots\quad x_n]^{\mathrm{T}}\in\mathbf{R}^n$，则等式 $\boldsymbol{x}^{\mathrm{T}}\boldsymbol{L}\boldsymbol{x}=\dfrac{1}{2}\sum\limits_{i=1}^{n}\sum\limits_{j=1}^{n}a_{ij}(x_j-x_i)^2$ 成立。
- 定义对角矩阵 $\boldsymbol{G}=\mathrm{diag}\{g_i\}\in\mathbf{R}$，则有 $\dfrac{1}{2}\sum\limits_{i=1}^{n}\sum\limits_{j=1}^{n}a_{ij}(x_j-x_i)^2+\sum\limits_{i=1}^{n}g_ix_i^2=\boldsymbol{x}^{\mathrm{T}}(\boldsymbol{L}+\boldsymbol{G})x$。令 λ' 为 $(\boldsymbol{L}+\boldsymbol{G})$ 最小特征值，则等式 $\boldsymbol{x}^{\mathrm{T}}(\boldsymbol{L}+\boldsymbol{G})\boldsymbol{x}=\lambda'\boldsymbol{x}^{\mathrm{T}}\boldsymbol{x}$ 成立。

② 令 $x_1,x_2,\cdots,x_n\geqslant0$，若 $0<p\leqslant1$，则有 $\sum\limits_{i=1}^{n}x_i^p\geqslant\left(\sum\limits_{i=1}^{n}x_i\right)^p$；若 $p>1$，则有 $\sum\limits_{i=1}^{n}x_i^p\geqslant n^{1-p}\left(\sum\limits_{i=1}^{n}x_i\right)^p$。

4. 示例分析

尽管分布式系统的各节点(逆变器)在空间网络中是离散的，但网络中的任何一个节点作为并联系统的子模块工作时，依旧需要保证逆变器 4 个状态量——输出的电压幅值及频率为额定，有功功率和无功功率能够实现均分，因此我们需要选定某个控制协议将网络中的 4 个状态量在有限时间内实现一致。在基于下垂控制的并联系统中，电压的幅值和频率与自身输出的有功和无功可以形成某种线性或非线性的关系，例如 $f(\omega,P)$、$f(V,Q)$。通过分别对 $f(\omega,P)$、$f(V,Q)$ 设计控制协议可以同时实现两个状态量的一致性，因此这需要更复杂的控制协议。为了简化分析和设计，本书认为上述逆变器 4 个状态量是独立的，均可写成一阶微分方程形式，即

$$\dot{x}_i(t)=u_i(t) \tag{5-39}$$

我们定义 x_i 为第 i 个逆变单元的电压、频率、有功或无功，即这 4 个状态任意之一；x_{ref} 为状态量的参考值，即对于电压、频率可认为是其额定值，对于有功和无功可认为是其平均值，因此为本机状态值与参考值之差可表示为 $\delta_i=x_i-x_{\mathrm{ref}}$。

接下来我们需要寻找一个控制协议，使得在该协议的控制下，误差会在有限的时间内趋近于零。我们选定文献 *Distributed robust finite-time nonlinear consensus protocols for multi-agent systems* 提出的非线性控制协议，如下：

$$u_i=\alpha\sum_{j\in N_i}a_{ij}(x_j-x_i)^{\frac{b}{c}}+\beta\sum_{j\in N_i}a_{ij}(x_j-x_i)^{\frac{d}{e}}+\gamma\mathrm{sgn}\Big[\sum_{j\in N_i}(x_j-x_i)\Big] \tag{5-40}$$

则式(5-40)可改写为

$$\dot{x}_i=\alpha\sum_{j\in N_i}a_{ij}(x_j-x_i)^{\frac{b}{c}}+\beta\sum_{j\in N_i}a_{ij}(x_j-x_i)^{\frac{d}{e}}+\gamma\mathrm{sgn}\Big[\sum_{j\in N_i}(x_j-x_i)\Big] \tag{5-41}$$

为了证明其收敛性,我们定义一个 Lypaponov 候选函数:

$$V_\delta=\frac{1}{2}\sum_{i=1}^{n}\delta_i^2 \tag{5-42}$$

对时间求导可得

$$\dot{V}_\delta=\sum_{i=1}^{n}\delta_i\dot{\delta}_i \tag{5-43}$$

由于 $\delta_i=x_i-x_{\mathrm{ref}}$ 且 x_{ref} 可认为是不随时间变化的量,因此有 $\dot{\delta}_i=\dot{x}_i$,则

$$\dot{V}_\delta=\sum_{i=1}^{n}\delta_i\Big\{\alpha\sum_{j\in N_i}a_{ij}(x_j-x_i)^{\frac{b}{c}}+\beta\sum_{j\in N_i}a_{ij}(x_j-x_i)^{\frac{d}{e}}+\gamma\mathrm{sgn}\Big[\sum_{j\in N_i}(x_j-x_i)\Big]\Big\} \tag{5-44}$$

又因为 $x_j-x_i=(x_j-x_{\mathrm{ref}})-(x_i-x_{\mathrm{ref}})=\delta_j-\delta_i$,则有

$$\begin{aligned}\dot{V}_\delta&=\sum_{i=1}^{n}\delta_i\Big\{\alpha\sum_{j\in N_i}a_{ij}(\delta_j-\delta_i)^{\frac{b}{c}}+\beta\sum_{j\in N_i}a_{ij}(\delta_j-\delta_i)^{\frac{d}{e}}+\gamma\mathrm{sgn}\Big[\sum_{j\in N_i}(\delta_j-\delta_i)\Big]\Big\}\\&\leqslant\frac{1}{2}\alpha\sum_{i=1}^{n}\sum_{j=1}^{n}a_{ij}(\delta_i-\delta_j)(\delta_j-\delta_i)^{\frac{b}{c}}+\\&\quad\frac{1}{2}\beta\sum_{i=1}^{n}\sum_{j=1}^{n}a_{ij}(\delta_i-\delta_j)(\delta_j-\delta_i)^{\frac{d}{e}}-\gamma\sum_{i=1}^{n}|\delta_i|\end{aligned} \tag{5-45}$$

由于 α、β、γ 均大于零,所以

$$\begin{aligned}\dot{V}_\delta&\leqslant-\frac{1}{2}\alpha\sum_{i=1}^{n}\sum_{j=1}^{n}a_{ij}(\delta_j-\delta_i)^{\frac{b+c}{c}}-\frac{1}{2}\beta\sum_{i=1}^{n}\sum_{j=1}^{n}a_{ij}(\delta_j-\delta_i)^{\frac{d+e}{e}}\\&=-\frac{1}{2}\alpha\sum_{i=1}^{n}\sum_{j=1}^{n}\Big(a_{ij}^{\frac{2c}{b+c}}|\delta_j-\delta_i|^2\Big)^{\frac{b+c}{2c}}-\frac{1}{2}\beta\sum_{i=1}^{n}\sum_{j=1}^{n}\Big(a_{ij}^{\frac{2e}{d+e}}|\delta_j-\delta_i|^2\Big)^{\frac{d+e}{2e}}\end{aligned} \tag{5-46}$$

由于式中的系数均大于零,因此可认为 $\dot{V}_\delta\leqslant0$,继而说明系统是收敛的。

由于 $(b+c)/2c\in(1,\infty)$ 且 $(d+e)/2e\in(0,1)$,则由常用性质②,可得

$$\dot{V}_\delta\leqslant-\frac{1}{2}\alpha n^{1-\frac{b+c}{2c}}\Big[\sum_{i=1}^{n}\sum_{j=1}^{n}a_{ij}^{\frac{2c}{b+c}}(\delta_j-\delta_i)^2\Big]^{\frac{b+c}{2c}}-\frac{1}{2}\beta\Big[\sum_{i=1}^{n}\sum_{j=1}^{n}a_{ij}^{\frac{2e}{d+e}}(\delta_j-\delta_i)^2\Big]^{\frac{d+e}{2e}} \tag{5-47}$$

令如下等式:

$$\begin{cases} G_\mu = \sum_{i=1}^{n}\sum_{j=1}^{n}\mu_{ij}(\delta_j - \delta_i)^2 \\ G_\rho = \sum_{i=1}^{n}\sum_{j=1}^{n}\rho_{ij}(\delta_j - \delta_i)^2 \end{cases} \tag{5-48}$$

式中：$\mu_{ij}=a_{ij}^{\frac{2c}{b+c}}$；$\rho_{ij}=a_{ij}^{\frac{2e}{d+e}}$。

因而 μ_{ij}、ρ_{ij} 可分别认为是新图 $\boldsymbol{G}(\mu)$、$\boldsymbol{G}(\rho)$ 的连接权重，则相应的邻接矩阵可表示为 $\boldsymbol{A}=[\mu_{ij}]\in\mathbf{R}^{n\times n}$，$\boldsymbol{A}=[\rho_{ij}]\in\mathbf{R}^{n\times n}$。因此由常用性质①，式(5-48)可改写为

$$\begin{cases} G_\mu = \sum_{i=1}^{n}\sum_{j=1}^{n}\mu_{ij}(\delta_j - \delta_i)^2 = 2\delta^{\mathrm{T}}\boldsymbol{L}_\mu\delta \geqslant 2\lambda_2(\boldsymbol{L}_\mu)\delta^{\mathrm{T}}\delta = 4\lambda_2(\boldsymbol{L}_\mu)V_\delta \\ G_\rho = \sum_{i=1}^{n}\sum_{j=1}^{n}\rho_{ij}(\delta_j - \delta_i)^2 = 2\delta^{\mathrm{T}}\boldsymbol{L}_\rho\delta \geqslant 2\lambda_2(\boldsymbol{L}_\rho)\delta^{\mathrm{T}}\delta = 4\lambda_2(\boldsymbol{L}_\rho)V_\delta \end{cases} \tag{5-49}$$

式中：$\boldsymbol{L}_\mu$ 和 $\boldsymbol{L}_\rho$ 分别表示图 $\boldsymbol{G}(\mu)$ 和 $\boldsymbol{G}(\rho)$ 的拉普拉斯矩阵；$\lambda_2(\boldsymbol{L}_\mu)$ 和 $\lambda_2(\boldsymbol{L}_\rho)$ 分别表示该矩阵的第2小的大于零的特征值。

式(5-47)可改写为

$$\begin{aligned} \dot{V}_\delta &= -\frac{1}{2}\alpha n^{\frac{c-b}{2c}}[4\lambda_2(\boldsymbol{L}_\mu)V_\delta]^{\frac{b+c}{2c}} - \frac{1}{2}\beta[4\lambda_2(\boldsymbol{L}_\rho)V_\delta]^{\frac{d+e}{2e}} \\ &\leqslant -\frac{1}{2}\alpha n^{\frac{c-b}{2c}}(4\lambda_{\min}V_\delta)^{\frac{b+c}{2c}} - \frac{1}{2}\beta(4\lambda_{\min}V_\delta)^{\frac{d+e}{2e}} \end{aligned} \tag{5-50}$$

式中：$\lambda_{\min}=\min[\lambda_2(\boldsymbol{L}_\mu),\lambda_2(\boldsymbol{L}_\rho)]$。

进一步，令 $y_\delta^2=4\lambda_{\min}V_\delta$，则对时间求导可得 $2y_\delta\dot{y}_\delta=4\lambda_{\min}\dot{V}_\delta\Rightarrow\dot{V}_\delta=\dfrac{y_\delta\dot{y}_\delta}{2\lambda_{\min}}$，因此有

$$\dot{y}_\delta = -\alpha n^{\frac{c-b}{2c}}\lambda_{\min}y_\delta^{\frac{b}{c}} - \beta\lambda_{\min}y_\delta^{\frac{d}{e}} \tag{5-51}$$

式中：b、c、d、e 均为大于零的奇数，并满足 $\alpha>0$ 且 $\beta>0$，$b>c$ 且 $d<e$。可认为该系统是全局有限时间收敛的，其收敛的上线时间为

$$T = \frac{1}{n^{\frac{c-b}{2c}}\alpha\lambda_{\min}}\frac{c}{b-c} + \frac{1}{\beta\lambda_{\min}}\frac{e}{e-d} \tag{5-52}$$

注：标量系统 $y=-\alpha\sqrt[c]{y^b}-\beta\sqrt[e]{y^d}$ 的收敛时间证明参见文献 *Finite-Time Stability of Continuous Autonomous Systems*。

本书只针对一阶系统进行了控制器的选取及收敛性的证明，其目的在于初步展示分布式理论在逆变网络中的应用，起到抛砖引玉的作用。当然，读者也可将并联控制系统等效高阶系统，采用有限时间、规定时间或固定时间等控制协议进行分析，这对于控制器的选取将更加复杂。

第6章

逆变器的锁相及同步跟踪机制

锁相环(PLL)是指一种电路或者模块,用于对接收到的信号进行处理,并从其中提取某个时钟的相位信息。或者说对于接收到的信号,仿制一个时钟信号,使得这两个信号从某种角度来看是同步的。

逆变器的锁相是构成并机系统的基础。本章首先对锁相器的各环节进行了模型建立和线性化分析;其次,针对单相及三相逆变器的锁相提出了简单、快捷的数字化设计方案;最后,针对 UPS 逆变器的并联跟踪,提出了“二级锁相”机制,并引入了同步信号,进一步提升了 UPS 系统并联运行的可靠性。

6.1 数字锁相环的基本原理

锁相环最早用于改善电视接收机的行同步和帧同步,以提高抗干扰能力。20 世纪 50 年代后期,随着空间技术的发展,锁相环用于对宇宙飞行目标的跟踪、遥测和遥控。20 世纪 90 年代初,随着数字通信系统的发展,锁相环应用越来越广,例如在调制解调、建立位同步等领域。DSP 的时钟电路将外部晶振产生的低时钟经 PLL 电路之后倍频成 DSP 的系统时钟,只不过这部分工作是通过 DSP 相关的寄存器进行设置的,而非通过用户软件算法实现。

近来,在工控领域,尤其是在多逆变器并联工作时,需要保证各台逆变器输出电压的幅值和相位一致,或者说在一定的误差范围内,既保证并联系统中的各台逆变器之间的环流达到指标要求,又保证各台逆变器所承担的功率尽可能一致,这就需要利用软件的相关算法去考虑 PLL 模块的设计。

一般情况下,锁相器是一个如图 6-1 所示的负反馈环路结构,由鉴相器(Phase Detector,PD)、环路滤波器(Loop Filter,LF)和压控振荡器(Voltage Controlled Oscillator,VCO)三部分组成。这 3 个基本模块组成的锁相环为基本锁相环,也称为线形锁相环(LPLL)。

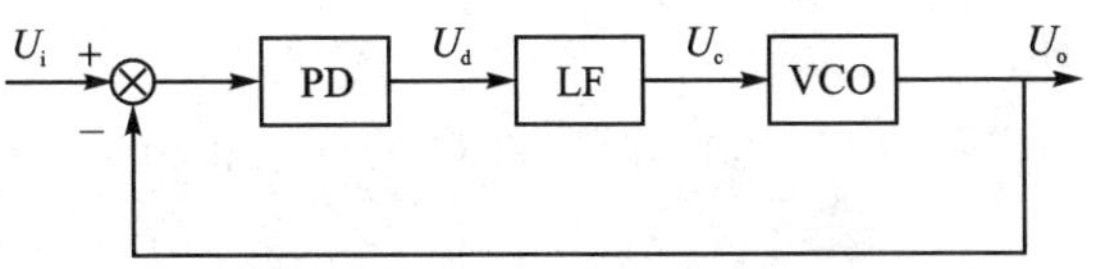

图 6-1　PLL 的典型结构

6.1.1　数字锁相环的组成

1. 鉴相器

锁相环中的鉴相器又称相位比较器，它的作用是检测输入信号和输出信号的相位差，并将检测出的相位差信号转换成 U_d 电压信号输出，该信号经低通滤波器滤波后形成压控振荡器的控制电压 U_c，对振荡器输出信号的频率实施控制。

锁相环中的鉴相器通常由模拟乘法器组成，但在实际中使用的锁相环系统还包括放大器、分频器、混频器等模块，但这些附加模块并不会影响锁相环的基本工作原理，可以忽略。利用模拟乘法器组成的鉴相器如图 6-2 所示。

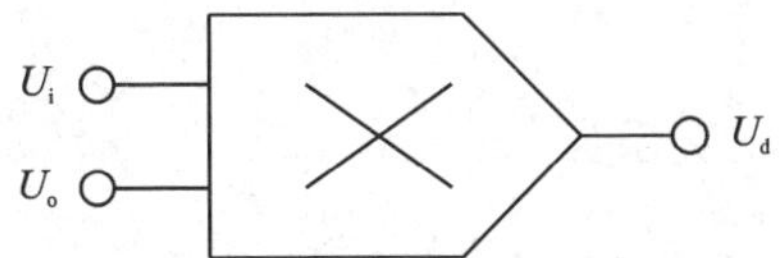

图 6-2　模拟乘法器结构

令

$$\begin{cases} U_i(t)=U_{im}\sin[\omega_i t+\theta_i(t)] \\ U_o(t)=U_{om}\sin[\omega_o t+\theta_o(t)] \end{cases} \tag{6-1}$$

则根据图 6-2 所示的模拟乘法器可得

$$U_d(t)=U_i(t)U_o(t)=U_{im}U_{om}\sin[\omega_i t+\theta_i(t)]\sin[\omega_o t+\theta_o(t)] \tag{6-2}$$

整理得

$$\begin{aligned} U_d(t)=\frac{1}{2}U_{im}U_{om}\{&\sin[(\omega_i-\omega_o)t+\theta_i(t)-\theta_o(t)]+ \\ &\sin[(\omega_i+\omega_o)t+\theta_i(t)+\theta_o(t)]\} \end{aligned} \tag{6-3}$$

2. 环路滤波器

环路滤波器是一个线性低通网络，通常为低通滤波器，主要作用是滤除 U_d 的高频分量，这里指的是鉴相器产生的“和频信号”，其目的是得到输入和输出信号之间的相位夹角。经滤波器后，U_c 由式(6-3)表示为

$$U_c(t)=\frac{1}{2}U_{im}U_{om}\sin[(\omega_i-\omega_o)t+\theta_i(t)-\theta_o(t)] \tag{6-4}$$

3. 压控振荡器

环路滤波器的输出信号 U_c 用来控制 VCO 的频率和相位。VCO 的压控特性如图 6-3 所示。

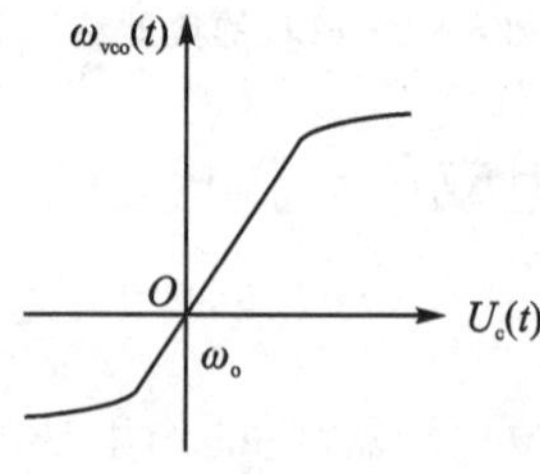

图 6-3 VCO 工作原理

该特性说明压控振荡器的振荡频率以 ω_o 为中心,随输入信号电压 $U_c(t)$ 线性变化,变化的关系为

$$\omega_o(t)=\omega_0+K_o\cdot U_c(t) \tag{6-5}$$

其中,ω_o 为 VCO 的固有振荡频率,即当控制电压 $U_c(t)=0$ 时的输出频率,K_o 确定了 VCO 的灵敏度。

瞬时频率和瞬时位相的关系为

$$\omega(t)=\frac{\mathrm{d}\theta(t)}{\mathrm{d}t} \tag{6-6}$$

则瞬时相位差 θ_d 为

$$\theta_d=(\omega_i-\omega_o)t+\theta_i(t)-\theta_o(t) \tag{6-7}$$

对两边求微分,可得频差的关系式为

$$\frac{\mathrm{d}\theta_d}{\mathrm{d}t}=\frac{\mathrm{d}(\omega_i-\omega_o)}{\mathrm{d}t}+\frac{\mathrm{d}[\theta_i(t)-\theta_o(t)]}{\mathrm{d}t} \tag{6-8}$$

综合锁相环的各个组成环节,当上式等于零时,输入和输出的频率和初始相位保持恒定不变的状态,$U_c(t)$ 为恒定值,意味着锁相环进入相位锁定状态;当上式不等于零时,输入和输出的频率不等,$U_c(t)$ 随时间变化,导致压控振荡器的振荡频率也随时间变化,锁相环进入"频率牵引",自动跟踪输入频率,直至进入锁定状态。

6.1.2 数字锁相环的线性化处理

1. 鉴相器模型

由前述的分析可知,鉴相器的作用是比较输入信号与输出信号的相位,同时输出一个对应于两信号相位差的误差电压。换言之,鉴相器的作用是比较输入信号与输出信号的相位,同时输出一个对应于两信号相位差的误差信号,为了反映其快速性,使用一个比例环节就足够了,如图 6-4 所示。

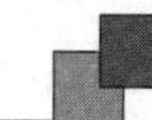

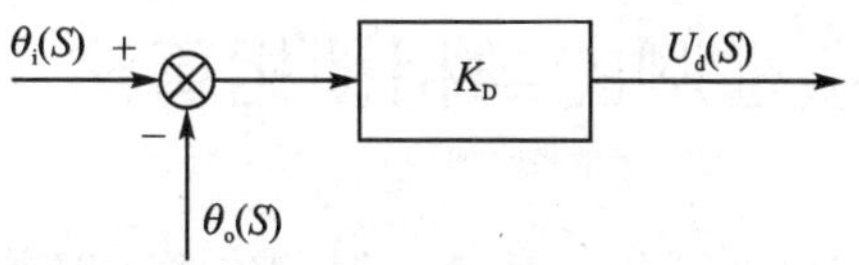

图 6-4　鉴相器数学模型

2. 环路滤波器模型

环路滤波器是一个线性滤波电路，其作用是消除误差电压中的高频分量和系统噪声，以保证环路所要求的性能，同时增加系统的稳定性。因此，环路滤波器的模型是误差调节器，可以采用如图 6-5 所示的经典 PI 控制。

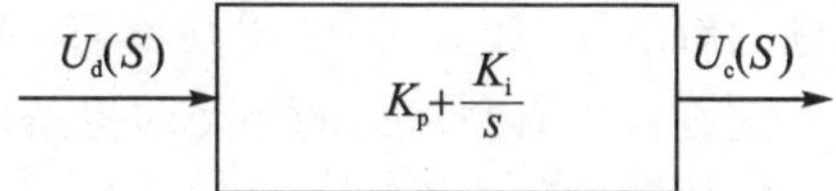

图 6-5　环路滤波器数学模型

3. VCO 模型

压控振荡器是一种电压/频率变换装置。由于前两个环节输出的是频率，但对于最终的输出，我们需要的是瞬时相位，而不是瞬时频率，所以需要对 $U_c(t)$ 进行积分而得到相位信息，即

$$\theta_o(t)=K_o\int U_c(t)\,\mathrm{d}t \tag{6-9}$$

因此该环节相当于一个积分环节，如图 6-6 所示。此外，还应该考虑限制频率变化速度的环节，在此可在程序中设定每次调频时规定的频率最大的调节量。

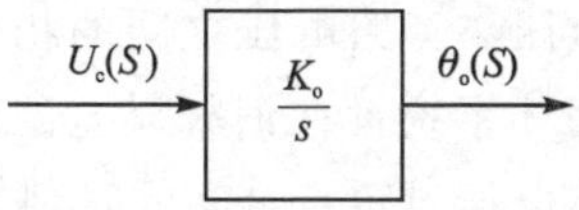

$$U_c(S) \rightarrow \boxed{\frac{K_o}{s}} \rightarrow \theta_o(S)$$

图 6-6　压控振荡器数学模型

综合这三个环节，可得到如图 6-7 所示的模拟锁相环复频域模型。

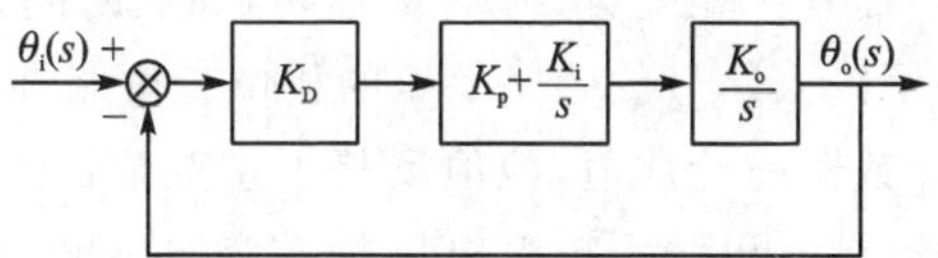

图 6-7　模拟锁相环复频域模型

6.2 基于过零点检测的单相锁相算法

作为不间断电源,UPS 在开机以后就应时刻准备着逆变器与旁路之间的平滑、可靠切换。实行相位控制对保证这种平滑、可靠的切换具有重要意义:一方面,锁相切换能保证输出电压幅值和相位的基本连续,减小对负载的冲击;另一方面,功能稍大的机种的输出开关往往选用可控硅,锁相切换能极大削弱切换过程中的环流,增强 UPS 系统的可靠性。

当旁路幅值正常,例如频率处于一定范围(如 50×(1±0.1)Hz)时,逆变器应严格与旁路保持同相;当旁路异常时,逆变器回归到本振 50 Hz 的自由运行状态。另外,为了方便电磁干扰问题的解决,在线式 UPS 中功率管一般应保持恒定的开关频率。这将成为 UPS 锁相方案设计中必须考虑的一个前提条件。

6.2.1 锁相方案及实现

基于上述的锁相要求,本书设计了一种适合于 UPS 的响应快、精度高、简洁的单相数字锁相方案。需要指出的是,这里逆变器的频率和相位的控制是通过控制参考波/调制波的相位来实现的。该方案的基本思想是:在开关频率固定的前提下,当旁路幅值和频率正常时,以逆变与旁路电压的过零点时刻差为相位差,对一个类似于"角频率"的相位步长进行 PI 调节,最终实现逆变与旁路同步的锁相运行;当旁路异常时,相位步长逐渐回到某个固定值,以实现逆变器在额定频率的本振运行。该方案的基本原理和关键环节简述如下:

1. 逆变电压与旁路电压之间相位差的获取与处理

锁相的目标是消除逆变电压与旁路电压之间的相位差,本锁相方案的调节依据就是该相位差。这与一般的闭环系统旨在消灭误差的配置类似。为了处理的简便,可将该相位差取作逆变与旁路电压过零点之间的时刻差。旁路电压的过零时刻可采用硬件的滞环比较器与 DSP 片上的捕获单元(Capture Unit,CAP)边沿捕获相结合的办法来记录。通过设置 CAP 单元上升沿捕获,就可在方波信号发生跳变时捕获该过零点。同时,为 CAP 捕获单元配置 T_1 计数器,当捕获时间发生时,读取该计数器的计数值,该数值包含了输入信号的旁路电压的相位。按照类似的方法,可以获取当逆变电压过零点时该计数器的计数值,该值反映了逆变输出电压的相位。根据两次读取计数器的值,就可以计算出输入市电电压与逆变输出电压的相位差。其捕获示意图如图 6-8 所示。

需要注意的是,相位差一般是一个相对的概念,滞后很多(若大于 180°)则应认为是超前。具体来说,若以逆变电压的正向过零时刻为准,则每当逆变电压正向过零时,计算该时刻与此前记录的最近的旁路正向过零时刻之差。若该时刻差小于旁路

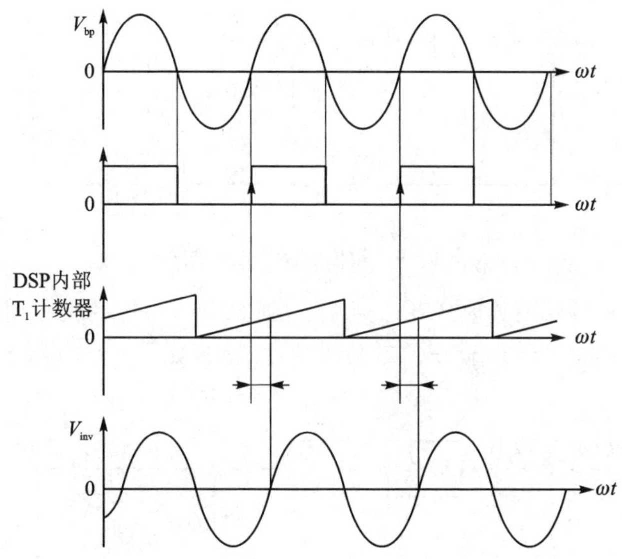

图 6-8　采用 DSP 中 CAP 模块的捕获示意图

周期的 1/2，则认为逆变电压滞后，该时刻差作为相位差直接送锁相调节器；若该时刻差大于旁路周期的 1/2，则应认为逆变电压超前，需将该时刻差减去旁路周期的 1/2，再作为相位差送锁相调节器。

上述处理可用如下数学算式表达：

$$\Delta P = P_{inv} - P_{bp}, \quad \text{当逆变电压出现过零点时}$$

$$\Delta P = \Delta P - \frac{T_{bp}}{2}, \quad \text{当 } \Delta P > \frac{T_{bp}}{2} \text{ 时}$$

式中：ΔP 为逆变电压与旁路电压之间的相位差；P_{inv} 与 P_{bp} 分别为逆变电压和旁路电压的最新过零时刻；T_{bp} 为旁路电压最新的周期值（$T_{bp} = P_{bp} - P_{bp0}$，$P_{bp0}$ 为旁路电压上一次的过零时刻）。

2. 相位差的闭环控制

旁路与逆变器之间的相位差经 PI 调节后改变输出信号的周期。由于输出信号的频率 $f_{inv}(s)$与 $T_{inv}(s)$存在倒数关系，因此通过改变输出电压的周期就可调整信号的频率，其控制原理框图如图 6-9 所示。

其中，$T_{inv}(s)$为输出信号的周期；T_o 为 VCO 的固有振荡频率 f_o 为所对应的周期；$\frac{1}{0.02s+1}$表征了控制系统的延迟。在程序中用于旁路电压与逆变电压的相位差是通过计数值之差来体现的。

图 6-9 中的 K_1 表示将程序中虚拟的按计数值定义的输出信号周期转换为实际的具有物理含义的周期值的转换系数，K_f 表示程序中实际周期与虚拟给定的定标

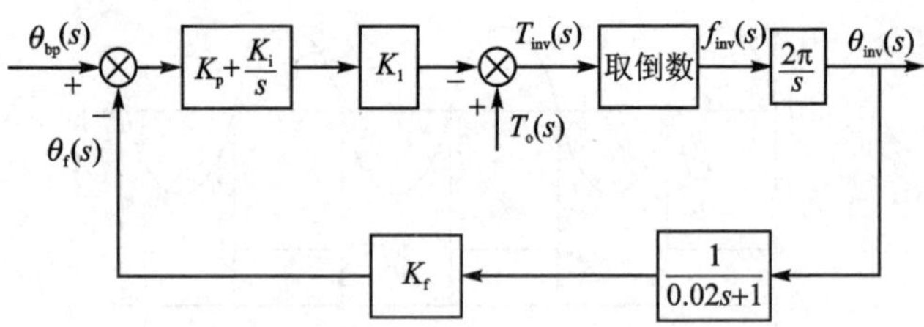

图 6-9　相位的闭环控制框图

关系。假设 T_1 计数器的数值从 0 计到 T_{prd}，则对应 50 Hz 的工频周期为 20 ms，因而 $K_1=0.02/T_{prd}$，$K_f=T_{prd}/2\pi$。对其线性化，得到如图 6-10 所示的线性化后的闭环控制框图。

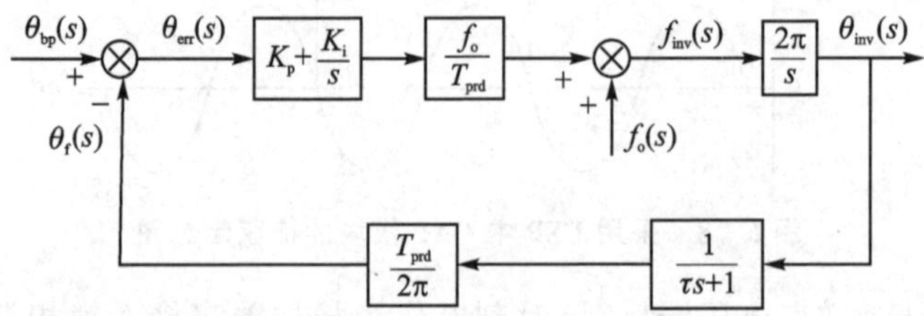

图 6-10　线性化后的闭环控制框图

系统的开环传递函数可表示为

$$G_{pll}=\frac{f_o(K_p s+K_i)}{s^2(\tau s+1)} \tag{6-10}$$

系统的闭环传递函数为

$$G_{cl}=\frac{\left(K_p+\frac{K_i}{s}\right)\cdot\frac{f_o}{T_{prd}}\cdot\frac{2\pi}{s}}{1+G_{pll}}=\frac{\left(K_p+\frac{K_i}{s}\right)\cdot\frac{f_o}{T_{prd}}\cdot\frac{2\pi}{s}}{1+\frac{f_o(K_p s+K_i)}{s^2(\tau s+1)}}$$

$$=\frac{2\pi f_o(K_p s+K_i)(\tau s+1)}{T_{prd}(\tau s^3+s^2+f_o K_p s+f_o K_i)} \tag{6-11}$$

由闭环传递函数可得系统的特征方程为

$$T_{prd}(\tau s^3+s^2+f_o K_p s+f_o K_i)=0 \tag{6-12}$$

则系统稳定的充分必要条件为

$$\begin{cases} f_o K_p-\tau f_o K_i>0 \\ K_p>0 \\ K_i>0 \end{cases} \tag{6-13}$$

可得

$$K_p>\tau K_i>0 \tag{6-14}$$

也就是表明，为了保证系统的稳定，比例和积分系数的选取需要依据系统的采样

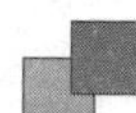

控制延迟时间来确定。进一步，通过图 6-10 所示的闭环控制系统，可得误差传递函数，即

$$G_{err}=\frac{\theta_{err}}{\theta_{ref}}=\frac{1}{1+G_{pll}}=\frac{s^2(\tau s+1)}{\tau s^3+s^2+f_o K_p s+f_o K_i} \tag{6-15}$$

则误差可表示为

$$\theta_{err}(s)=\frac{s^2(\tau s+1)}{\tau s^3+s^2+f_o K_p s+f_o K_i}\theta_{ref}(s) \tag{6-16}$$

假设 $s\theta_{err}(s)$的极点均不位于 s 的右半平面时，根据终值定理可得

$$\theta_{err}(\infty)=\lim_{t\to\infty}\theta_{err}(t)=\lim_{s\to 0}\frac{s^3(\tau s+1)}{\tau s^3+s^2+f_o K_p s+f_o K_i}\theta_{ref}(s) \tag{6-17}$$

因此，当输入为阶跃信号时，即 $\theta_{ref}(s)=\frac{1}{s}$时，此时 $\theta_{err}(\infty)=0$。这表明当输入相位发生阶跃变化时，输出相位可无差地跟踪输入。

当输入为速度信号时，即 $\theta_{ref}(s)=\frac{A(s)}{s^2}$，其中 $A(s)$为不能提出 s^2 项的多项式，此时 $\theta_{err}(\infty)=0$。这表明当输入相位发生速度变化时，输出相位也可无差地跟踪输入。

当输入为加速度信号时，即 $\theta_{ref}(s)=\frac{A(s)}{s^3}$，其中 $A(s)$为不能提出 s^3 项的多项式，此时 $\theta_{err}(\infty)=\left.\frac{A(s)}{f_o K_i}\right|_{s=0}$。这表明当输入相位发生速度变化时，系统是存在静差的，积分系数越大系统误差越小。

6.2.2 锁相环的数字化实现

逆变电压频率和相位的控制是通过控制其调制波的相位来实现的。而在 DSP 的软件中，调制波的相位是以开关周期为间隔进行维护的，并涉及一个很重要的“相位步长”的概念。所谓相位步长，是指在每个开关周期中调制波相位的增量。它是角频率 ω 在一段固定时间(开关周期 T_s，开关频率为 f_s)内的体现，即 $\Delta\theta=\omega_o T_s$。调制波的相位维护，就是在每个开关周期执行一次 $\theta=\theta+\Delta\theta$。每当 θ 达到 360°时，便执行回零操作，这样就可以依据 θ 进行 SPWM 调制。θ 每增加 360°，逆变电压便完成一个周期，这样逆变电压的频率 f_{inv} 与 $\Delta\theta$ 的关系为

$$f_{inv}=\frac{f_s}{\frac{360°}{\Delta\theta}}=\frac{f_s}{N} \tag{6-18}$$

式中：N 为载频比，它是一个虚拟的物理量，其物理含义可以理解为在一个调制波周期内控制的次数。f_{inv} 的精确控制主要是靠 θ 的高精度维护和 $\Delta\theta$ 的高精度调节来保证。

对于 UPS 逆变器的锁相跟踪,存在两种模式:本振模式及旁路跟踪模式。若旁路在 UPS 的可跟踪范围内,则逆变器跟踪旁路相位,为逆变器和旁路之间的切换准备条件,这种状态称为旁路跟踪模式;若超出跟踪范围(如电池模式下),则逆变器放弃旁路跟踪源,以标称频率运行,这种状态称为本振模式。因此在这两种不同的工作模式下,“相位步长”的获取和计算是有所不同的。

1. 本振模式

本振运行时,$\Delta\theta$ 完全依靠程序指定默认值。例如,本振频率为 50 Hz,f_s 为 10 kHz 时,载频比 N 为 200,则 $\Delta\theta$ 可表示为

$$\Delta\theta = 360° \cdot \frac{f_{inv}}{f_s} = 360° \cdot \frac{50}{10 \times 10^3} = 1.8° \tag{6-19}$$

这表明在采用 10 kHz 的控制频率对 50 Hz 的工频信号进行控制时,在每个开关周期角度增加 1.8°,连续控制 200 次,就实现了工频信号的完整的一个周波的角度输出。再比如,本振频率为 60 Hz,f_s 为 10 kHz 时,载频比 N 为 167,则 $\Delta\theta$ 可表示为

$$\Delta\theta = 360° \cdot \frac{f_{inv}}{f_s} = 360° \cdot \frac{60}{10 \times 10^3} = 2.16° \tag{6-20}$$

这表明,在采用 10 kHz 的控制频率对 60 Hz 的工频信号进行控制时,在每个开关周期角度增加 2.17°,连续控制 167 次,就实现了工频信号的完整的一个周波的角度输出。按照这种方式,该模式下逆变器输出的频率会严格地按照本振频率输出逆变电压。

2. 锁相模式

锁相运行时,由于被跟踪源的频率并非保持恒定,因此锁相调节就转化为相位步长 $\Delta\theta$ 的调节,具体步骤如下:

① 确定被跟踪源在每个开关周期的变化步长 $\Delta\theta_{std}$。

在具体的实现上依旧可以将被跟踪源通过硬件转换成方波,利用 DSP 片上的 CAP 模块去捕获两次方波信号上的跳沿,记录这两个过零点的 T_1 计数器的计数值,两次计数值之差就是被跟踪源的周期,与变换系数 K_{Cnt} 相乘后得到 $\Delta\theta_{std}$,流程图如图 6-11 所示。参考程序代码如下:

```
if(ECap4Regs.ECFLG.bit.CEVT1 == 1)
{
    u32TimerClkOld = u32TimerClk;                //备份上一次过零点的计数值
    u32TimerClk = ECap1Regs.CAP1;                //记录本次过零点的计数值
    ECap1Regs.ECCLR.all = 0xFFFF;                //清所有标志
    i32PeriodClk = u32TimerClk - u32TimerClkOld;    //计算信号周期
    //通过系数 KCnt 得到每个开关周期角度增量 Δθstd
    i16DeltathetaStd = (KCnt/i32PeriodClk);
}
```

被跟踪信号的周期是采用 T_1 计数器的计数值来体现的，而 $\Delta\theta_{std}$ 的物理含义为角度，因此转换系数 K_{Cnt} 的计算公式如下：

$$\frac{T_{period\_Cnt}}{360°}=\frac{\dfrac{f_{timer}}{f_s}}{\Delta\theta_{std}} \tag{6-21}$$

令

$$K_{Cnt}=360°\cdot\frac{f_{timer}}{f_s} \tag{6-22}$$

结合式(6－21)和式(6－22)进一步可得

$$\Delta\theta_{std}=\frac{K_{Cnt}}{T_{period\_Cnt}} \tag{6-23}$$

式中：T_{period_Cnt} 表示一个周期内的计数值，该计数值的时基频率为 f_{timer}；f_s 为系统控制频率。所以，当已知一个周期的计数值时，利用式(6－23)就可得到两个采样点之间的度数。

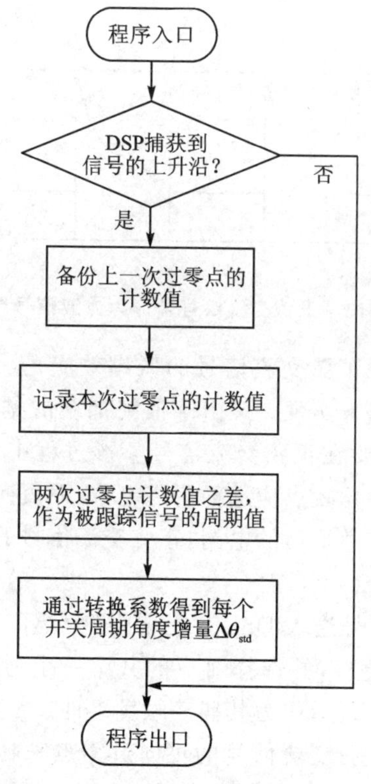

图 6－11　$\Delta\theta_{std}$ 计算的流程图

② 逆变与旁路电压的相位差经图 6－11 所示的 PI 调节后，改变 $\Delta\theta_{std}$ 以得到期望的 $\Delta\theta$，可记为

$$\Delta\theta = \Delta\theta_{std} + \Delta\theta_c \tag{6-24}$$

式中:$\Delta\theta_c$ 为 PI 调节输出的量。$\Delta\theta$ 的基本调节方向是:当逆变电压滞后于旁路电压(即相位差为正值)时,$\Delta\theta$ 需增大,即加快逆变电压的角速度,以赶上旁路电压的相位;否则 $\Delta\theta$ 需减小,即放慢逆变电压的角速度,以等待旁路电压赶上相位。

6.2.3 捕获方式的局限性

通过上述的实现方法可知,为了获取单相正弦交流信号的周期与初始相位信息,必须对正弦交流信号的正向过零点时刻进行捕获。一般地,在捕获精度要求较高的场合,通常使用硬件电路来进行捕获。

① 将属于强电的正弦交流电压、电流信号按比例转换成弱电的正弦交流电压信号。

② 将弱电正弦交流电压信号整形成如图 6-12 所示的,I/O 口可接收的方波电压信号。

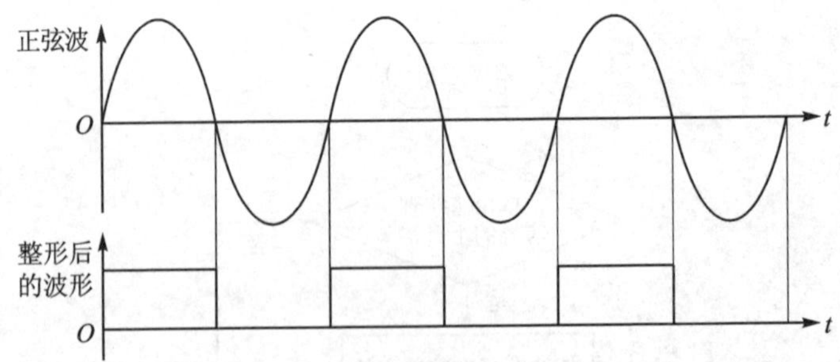

图 6-12 正弦交流信号整形为方波信号原理图

在实际应用中,为消除正弦交流信号的振零效应,整形电路一般不选用比较电路,而采用滞环比较器电路来实现。又由于最终捕获的是正弦交流信号正向过零点时刻,为保证捕获精度,需要在正弦交流信号整形过程中保证正向过零点时刻不失真,因此滞环比较器的正向比较点应选择为零电位,而负向比较点按滞环宽度选择为对应的负电位。这样,经过整形后的电路,正弦交流信号的正向过零点时刻就转化为对应方波信号的上跳沿时刻。

③ 将整形后的方波信号送入 DSP 片上增强型 CAP 功能模块的输入口,软件中配置该 I/O 口为 CAP 功能口,并选择对应的其中一个通用定时计数器作为其捕获时基,同时置输入信号的上跳沿作为其捕获触发事件。

经过如上配置后,当正弦交流信号的正向过零点来临时,也就意味着在 DSP 的 CAP 输入口会出现一次上跳沿事件,此时 CAP 单元就会将其时基计数器的当前计数值捕获并存入到对应的 FIFO 堆栈中。因此,只要在软件中读取当前 FIFO 堆栈中存储的数据,即可获知正弦交流信号该次正向过零点的时刻。

该方法实现简单,但有一定的局限性,主要体现在以下两点:

① UPS输出逆变电压的幅值较稳定，但旁路的幅值范围一般较宽，以230 V电压基准为例，其范围通常为120～251 V。为保证硬件过零检测电路的抗干扰性能，设置一定的滞环是必须的。然而，相同的滞环门槛对于不同幅值的正弦波，其过零时刻的检测偏差是不同的。为达到良好的锁相精度，因为旁路幅度是变动的，所以不能靠与逆变电压引入相同的检测偏差（不一定要求很小）的办法，因此需要严格控制硬件引入的检测偏差。唯一的办法就是保证在旁路幅值最大时该检测偏差足够小，这就要求过零检测滞环比较器的输入信号幅度尽量高，正向门槛尽量低。

② UPS的跟踪源较多，如果每一种信号都通过DSP的CAP捕获得到，那么不仅需要配置相当数量的硬件滞环比较电路，而且还需要占用大量的DSP端口，因此完全采用上述方案完成单相正弦信号的锁相在实现上具有难度。

6.2.4　过零点软件虚拟捕获算法及补偿技术

1. 软件虚拟CAP捕获原理

由于传统捕获方式获取角度差的缺陷，可以将UPS旁路电压信号正向过零点的捕获由先前的硬件捕获方式改为软件虚拟CAP捕获方式。其工作原理及实现步骤如下：

步骤1：旁路电压信号通过DSP的模/数转换器（简称ADC）进行采样，因此在硬件上会对实际的旁路电压（强电信号）进行比例转换并附加正向偏置后调理成DSP的ADC输入口可以接受的正弦电压信号（0～3.3 V弱电信号）。此外，ADC转换后的旁路电压数字量在软件中会进行定标和去偏处理。这样，实际旁路电压模拟信号经过硬件检测调理电路、DSP ADC转换和软件处理后，转换为与其成线性比例的旁路电压数字信号。

```
//DSP中A/D转换结果的读取
i16ADC_Vbp = AdcMirror.ADCRESULT0;
//若转换电路中存在1.5 V的正偏电压，则减去2 048(1.5 V的数字量)
i16ADC_Vbp = i16ADC_Vbp - 2048;
//数据的定标
i16Vbp_scale = ((INT32) i16ADC_Vbp * i16KVbp) >> 10;
```

步骤2：软件在每次PWM中启动一次模/数转换，并对新转换的旁路电压进行判断。如果大于或等于零，则置旁路电压正半周标志；否则清旁路电压正半周标志。经过这样的处理后，就可以将原本为正弦交流的旁路电压数字信号整形为分别以1、0表示高、低电平的对应数字方波信号。需要特别注意的是，步骤2只实现了一般比较器硬件电路的功能，对旁路电压信号的振零效应无能为力，因此为避免旁路电压信号的振零效应给系统带来的负面影响，增强软件消除振零效应的能力，软件上采用频率带通滤波器的功能设计，用来剔除无效的正向过零点信息。

步骤3：程序中选择DSP的通用定时计数器T_1作为虚拟CAP捕获的时基定时

器。T_1 通用定时计数器采用单向递增计数模式,计数周期应大于允许旁路电压范围内周期最长的旁路电压信号周期(如选择 T_1 通用定时计数器的计数周期为 50 ms)。虚拟捕获的示意图如图 6-13 所示。

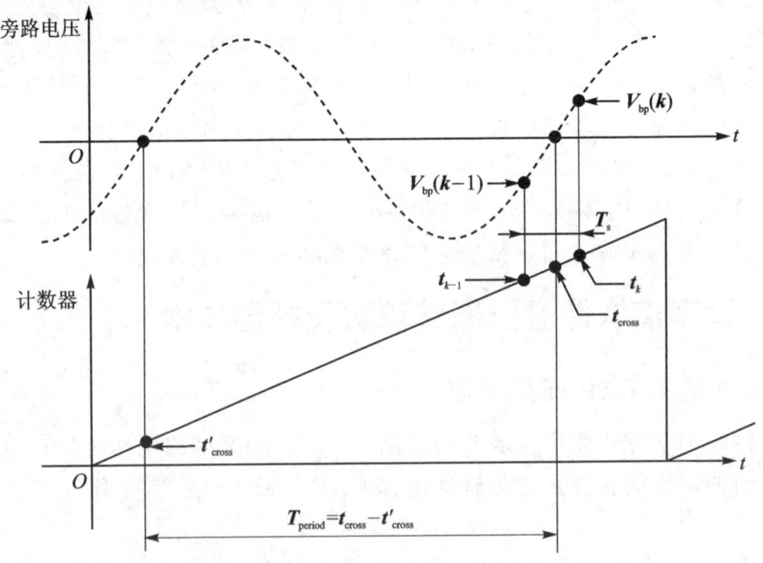

图 6-13 虚拟捕获的示意图

同时,当上一次采样周期旁路电压 $V_{bp}(k-1)$小于零且本次采样周期旁路电压 $V_{bp}(k)$大于或等于零的软件捕获触发事件发生时,将 T_1 通用定时计数器的当前计数值 t_k 存放到代表当前的旁路电压信号正向过零点时刻的变量中,即实现了软件对旁路电压信号正向过零点的捕获。而在实际实现中,由于软件从启动 DSP 的 ADC 对旁路电压信号进行转换,到软件捕获点要执行一些其他功能的代码,为了提高捕获的精度,可在软件每次启动 ADC 对旁路电压信号进行转换的同时就将该时刻 T_1 通用定时计数器的计数值存放到代表当前的旁路电压信号采样点时刻的变量中。进而再次判断是否满足此次采样周期的软件捕获的触发事件,若满足,则将代表当前的旁路电压信号采样点时刻的变量赋值给代表当前的旁路电压信号正向过零点时刻的变量。

通过以上的软件处理,就可以实现软件对正弦交流信号正向过零点时刻的捕获。从实现方法上来看,软件虚拟 CAP 捕获完全借用了 DSP 的硬件 CAP 单元实现捕获的思想,因此软件虚拟 CAP 捕获实现方法的设计实质其实就是利用软件来设计、构造与之等效功能的硬件电路的过程。

2. 软件捕获精度的理论分析

由前面分析的正弦交流信号正向过零点软件捕获实现方法可知,影响软件捕获精度的因素主要有两个方面:

① 旁路电压信号通过硬件调理电路和 DSP 的 A/D 单元进行模/数转换时引入的误差，此处称为转换误差 E_{ad}。

② 在软件对正弦交流信号正向过零点进行捕获时，由于软件处理的是离散后的正弦交流信号，而满足软件虚拟捕获的触发事件的离散点通常不是真正正弦交流信号中的正向过零点，因此软件虚拟捕获的时刻点就与正弦交流信号的真实正向过零点存在着误差，该误差是由软件采样频率（离散频率）产生的，本文称为采样误差 E_s。

因此，正弦交流信号正向过零点软件捕获的误差 E 为

$$E = E_s + E_{ad} \tag{6-25}$$

以实验样机逆变 DSP 软件对旁路电压信号正向过零点的捕获为例，定量分析其软件捕获的精度。

旁路电压信号硬件调理电路的调理系数为 0.002 5，即旁路电压 V_{bp} 经 0.002 5 倍衰减后送入 DSP 的片上 A/D 转换器的模拟量入口。实验系统的 DSP 为 TMS320F28335，其片上 A/D 转换器的分辨率为 12 位，对应的满量程模拟量为 3 V，故旁路电压信号 V_{bp} 的转换分辨率可表示为

$$R_{bp} = \frac{3\ \text{V}}{0.002\,5 \cdot 4\,096} = 0.293\ \text{V} \tag{6-26}$$

该数据表示每当旁路电压 V_{bp} 变化 0.293 V 时，A/D 的转换结果会变化 1 bit。当旁路输出电压的有效值为 220 V 时，旁路电压信号的转换误差可表示为

$$e_{bp} = \arcsin \frac{R_{bp}}{230\sqrt{2}} = 0.05° \tag{6-27}$$

即 $E_{ad} = 0.05°$。

逆变 DSP 软件的采样控制频率为 $f_s = 10$ kHz，当旁路电压信号的频率 $f_{bp} =$ 50 Hz 时，此时软件捕获的旁路电压信号正向过零点时刻与实际旁路电压信号正向过零点时刻的最大相位差 θ_{err} 为

$$\theta_{err} = 360° \cdot \frac{f_{bp}}{f_s} = 1.8° \tag{6-28}$$

即 $E_s = 1.8°$。

因此，当输出的旁路电压为 230 V、50 Hz 时，旁路电压信号正向过零点软件捕获的最大误差 $E = 1.8° + 0.05° = 1.85°$。如此大的捕获误差将会对 UPS 整机性能的提高造成不良的影响，特别是在输出滤波电感比较小的逆变器应用场合，逆变器输出电压间比较细微的相位偏差都可能会产生较大的环流，对单机输出切换和并机系统均会造成冲击，严重时会带来系统的崩溃。因此，必须采用必要的补偿技术来提高软件对旁路电压信号正向过零点的捕获精度。

3. 提高软件捕获精度的补偿技术

由前面的分析可知，影响旁路电压信号正向过零点软件捕获精度的转换误差所占的比重很小，软件补偿困难且效果不佳；对于采样误差 E_s，不仅决定着旁路电压信

号正向过零点软件捕获的精度,而且在正向过零点附近旁路电压信号接近于线性,因此可以采用线性插值的方法来进行软件补偿,这对提高旁路电压信号正向过零点软件捕获的精度具有重要的意义和效果。图 6-14 所示为两点线性插值补偿的原理示意图。

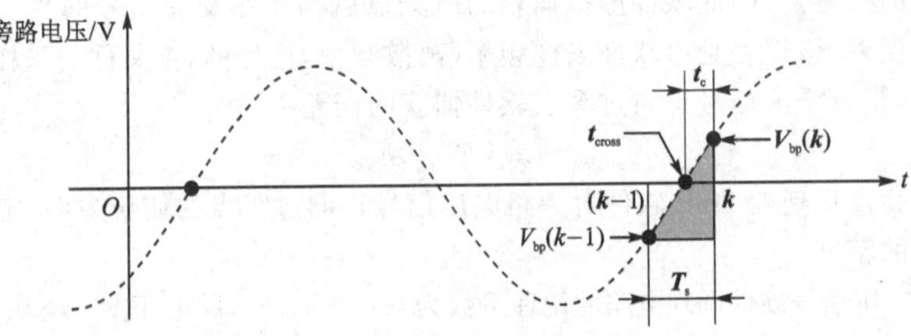

图 6-14　两点线性插值补偿原理示意图

由图 6-14 可知,软件捕获的旁路电压信号正向过零点时刻为 ADC 的第 k 次采样点时刻,与实际旁路电压信号正向过零点时刻存在着误差。对软件捕获的旁路电压信号正向过零点时刻引入两点线性插值补偿的原理是利用当前发生软件捕获事件的第 k 次 A/D 采样点和前一个第$(k-1)$次 A/D 采样点两点所分别采样的旁路电压数字量 $V_{bp}(k)$和 $V_{bp}(k-1)$进行线性插值,求取线性插值的旁路电压信号正向过零点与第 k 次采样点的时间差 t_c 作为补偿值补偿软件捕获的旁路电压信号正向过零点时刻。若以 t_{cross} 表示软件捕获的旁路电压信号正向过零点时刻(即第 k 个采样点时刻),则根据两点线性插值补偿原理,可以得到补偿后的软件捕获的旁路电压信号正向过零点时刻 t'_{cross} 为

$$t'_{cross}=t_{cross}-t_c=t_{cross}-\frac{V_{bp}(k)}{V_{bp}(k)+V_{bp}(k-1)}T_s \tag{6-29}$$

式中:T_s 为旁路电压信号采样周期。

4. 实验波形

实验中,软件锁相环算法采用虚拟锁相技术,即其给定信号(旁路电压信号)正向过零点时刻和反馈信号(逆变器参考基准正弦信号)正向过零点时刻的捕获均采用本文所述的设计方法。图 6-15 所示为逆变器输出电压相位跟踪旁路电压相位时的波形。其中通道 1 为旁路电压,通道 2 为逆变输出电压。

图 6-15(a)所示为旁路源为市电情况下的跟踪波形,图 6-15(b)所示为旁路源为市电被注入两倍 IEC 61000-2-2 标准 2~40 次谐波情况下的跟踪波形,切换点之前为旁路输出电压,切换点之后为逆变器输出电压。从图 6-15(a)和(b)可以看出,采用本文提出的正弦交流信号正向过零点软件捕获技术,经过两点线性插值补偿后的软件捕获的旁路电压信号正向过零点时刻与实际旁路电压信号正向过零点时刻基本保持一致,大大提高了软件对旁路电压信号正向过零点时刻捕获的精度。因此,

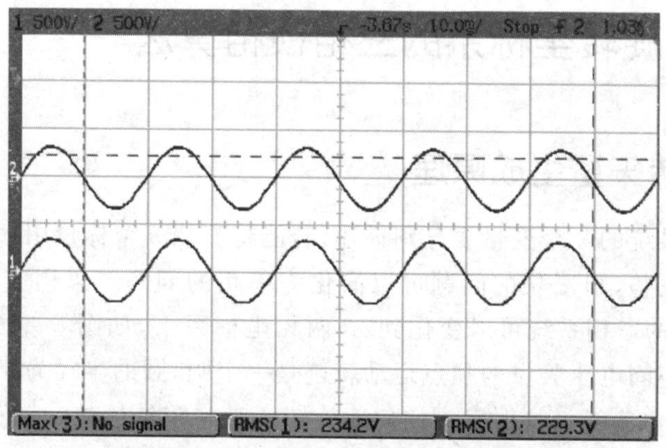

(a) 旁路市电供电时UPS输出电压与旁路电压波形

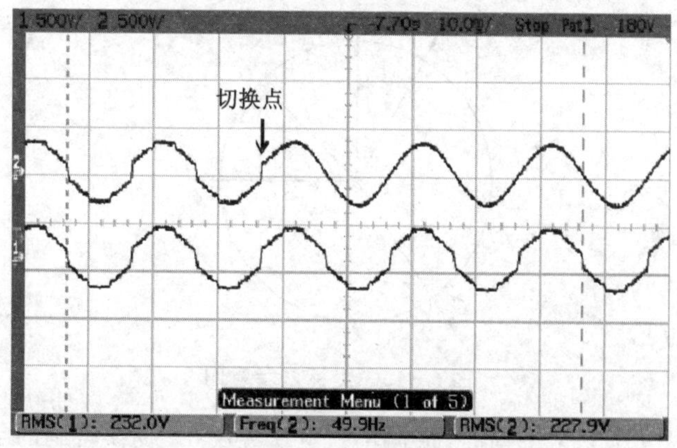

(b) 旁路注入2~40次谐波时UPS输出电压与旁路电压波形

图 6－15　逆变器输出电压跟踪旁路电压相位的波形

在无硬件捕获条件的情况下，该方法可为一个很好的推荐措施。

为了能够实现高精度地对正弦交流信号正向过零点时刻的软件捕获，该算法在应用时应注意以下事项：

① 通常情况下，正弦交流信号在(－5°，5°)区间内可认为是线性的。因此，采用两点线性插值补偿技术只有在满足软件的采样步长不超过 5°的情况下才能保持高精度的补偿，即为保证两点线性插值补偿的精度，正弦交流信号在 50 Hz 时软件的采样频率不能低于 3.6 kHz；60 Hz 时软件的采样频率不能低于 4.32 kHz。

② 软件中为消除正弦交流信号在一个正常周期内有多个正向过零点的扰动情形，以带通滤波器来替代硬件中的滞环比较器的功能。从实现上来看，对于持续的高频交流信号，这种方式有可能将被检测信号识别成带宽范围内的分频频率，导致一些正常的正向过零点丢失。例如软件中设计的带宽为[30 Hz，80 Hz]，对于 100 Hz 的正弦交流信号，软件会将其识别成 50 Hz 的正弦交流信号。因此，必须设置足够的带宽。

6.3 基于旋转坐标系的三相锁相算法

6.3.1 旋转矢量生成原理

通常三相系统的 3 个变量要分别描述,若能将三相 3 个标量用一个合成量表示,且保持信息的完整,则三相的问题可以简化为单相的问题。采用空间坐标系变换,ABC 坐标系下的三相系统可以变化到 $\alpha\beta$ 两相坐标系下,如图 6-16 所示。对应三相正弦电压的空间电压矢量的顶点运动轨迹是一个圆,圆的半径为相电压幅度的1.5倍,空间矢量以角速度 ω 逆时针方向匀速旋转。对旋转矢量在 α 轴和 β 轴投影进行反余切变换,可以得到旋转矢量角 θ。

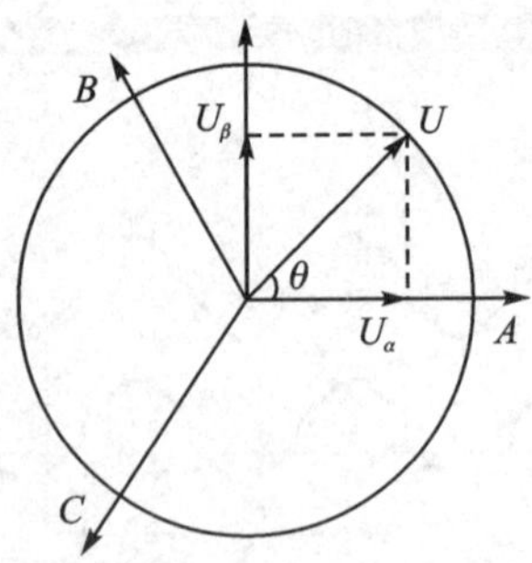

图 6-16 坐标系示意图

当三相输入电压完全平衡时,根据正弦电压经 Park 变换得到的空间矢量的轨迹来确定输入电压相位,可以完全做到一一对应;当三相电网电压严重不对称时,例如,ABC 三相电压有效值之间互差 20%时,这时采样三相电压计算得到的旋转矢量相角与实际 A 相电压相角差最大时相差 3.8°,对于功率因数校正电路,其所引起的功率因数差只有 0.2%。

6.3.2 锁相算法软件实现

如图 6-17 所示,$\dot{U}_{ref}$ 为参考电压矢量(通过三相坐标系经坐标系变换后得到),θ_{ref} 为 $\dot{U}_{ref}$ 的矢量角,$\dot{U}_{des}$ 为期望输出的电压矢量,θ_{des} 为 $\dot{U}_{des}$ 的矢量角。

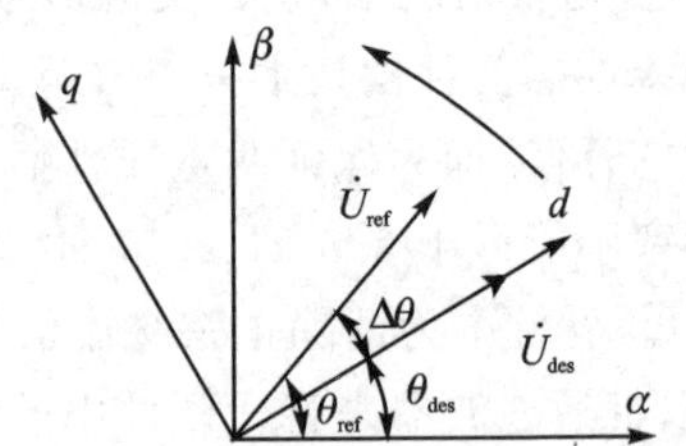

图 6-17 旋转坐标系下参考角与目标角

为了实现 PLL,只需要解决两个问题即可:如何快速得到输出与参考电压之间的相角差 $\Delta\theta$;如何得到基频 ω_0,从而使 $\Delta\theta$ 能够在基频 ω_0 基础上进行环路调节。

1. 如何得到相角差 $\Delta\theta$

由图 6－18 可知，$\Delta\theta$ 可通过在两相静止坐标系下进行简单的三角变换得到

$$\Delta\theta = \theta_{\text{ref}} - \theta_{\text{des}} = \arctan\frac{U_{\text{ref}\beta}}{U_{\text{ref}\alpha}} - \arctan\frac{U_{\text{des}\beta}}{U_{\text{des}\beta}}$$

但这种做法会耗费 DSP 较多的时钟周期，不适应实际应用场合。考虑锁相功能通常在中断进行，因此 $\Delta\theta$ 的值很小，考虑正弦函数的性质我们可牺牲一部分精度，采用下式所示的方法，即

$$\Delta\theta = \theta_{\text{ref}} - \theta_{\text{des}} \approx \sin(\theta_{\text{ref}} - \theta_{\text{des}}) \tag{6-30}$$

2. 如何得到基频 ω_0

频率是角度的一阶导数，即

$$\omega_0 = \frac{\mathrm{d}\theta}{\mathrm{d}t} \tag{6-31}$$

式(6－31)也可理解为频率是角度的变化率，即上一次中断的角度与本次中断角度之差可看作是基频 ω_0，软件实现依旧可利用正弦函数的性质实现，如下：

$$\omega_0 = \theta_{\text{ref}}(n) - \theta_{\text{ref}}(n-1) \approx \sin[\theta_{\text{ref}}(n) - \theta_{\text{ref}}(n-1)] \tag{6-32}$$

根据控制框图就可进行软件设计了，锁相环的逻辑设计如图 6－18 所示，基频的软件流程图如图 6－19 所示。

3. 例程分析

由于使用 F28335 的 FPU 模块，因而不需额外考虑定标问题。

(1) 三相锁相环程序算法子函数

```
//鉴相环节,跟踪相差计算
//其中:f32SinQ 为锁相角的正弦量,f32SinQSrcRef 为目标锁相角的正弦量
f32PhaseInst = f32SinQ * f32CosQSrcRef - f32CosQ * f32SinQSrcRef;
LMT32(f32PhaseInst, Limit1_Cnt, - Limit1_Cnt);
//环路滤波环节,此处为普通的 PI 调节
f32PllIntg += f32PhaseInst * f32PllKi; //锁相积分调节
LMT32(f32PllIntg, Limit2_Cnt, - Limit2_Cnt);
//锁相比例调节 + 给定矢量角合成(f32Freq 为目标频率即 ω0)
f32ThetaInc = f32PllIntg + f32PhaseInst * f32PllKp + f32Freq;
LMT32(f32ThetaInc, Limit2_Cnt, - Limit2_Cnt);
//VCO 环节,相当于积分环节。加入 0～360 的归一化处理
f32Theta += f32ThetaInc;
if (f32Theta > 2pi_Cnst)
{
    f32Theta -= 2pi_Cnst;
}
//PLL 锁相角 m_f32Theta 通过 FPU 查表的方式进行正余弦值计算,用于下次 PLL 计算
//用 sin()、cos()函数的调用和优化方式在 FPU 章节有介绍,在此不做赘述
sincos(f32Theta, & f32SinQ, & f32CosQ);
```

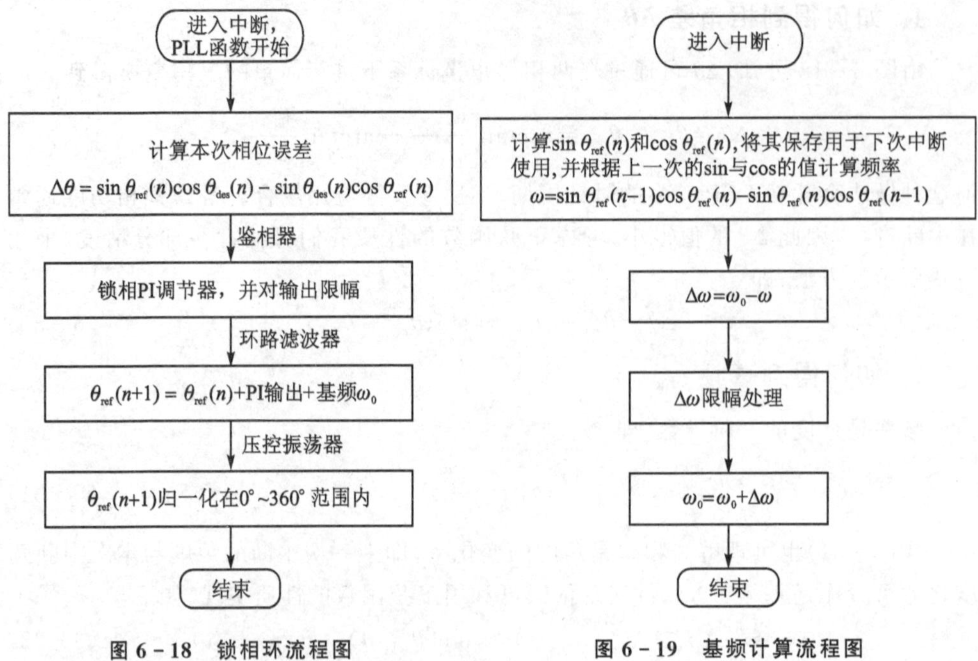

图 6-18 锁相环流程图　　　　图 6-19 基频计算流程图

(2) 目标频率(m_f32Freq)算法子函数

```
//f32VolSrc_A、f32VolSrc_B 和 f32VolSrc_C 为三相参考源经定标后的变量
FLOAT32 f32Temp, f32Alpha, f32Beta, f32VolSrcM;
//Clarke 变换
f32Alpha = (f32VolSrc_A * 2 - f32VolSrc_B - f32VolSrc_C) / 3;
f32Beta = (f32VolSrc_B - f32VolSrc_C) * / 1.732;
//模倒数计算,直接调用 FPU 库中的 isqrt()函数
f32Temp = f32Alpha * f32Alpha + f32Beta * f32Beta;
f32VolSrcM = isqrt(f32Temp);
//相角处理,限于篇幅此处省略
f32SinQSrcRef = f32Beta * f32VolSrcM;
f32CosQSrcRef = f32Alpha * f32VolSrcM;
//参考源瞬时频率
f32Freq = f32SinQSrcRef * f32CosQSrcPre - f32CosQSrcRef * f32SinQSrcPre;
//变量备份
f32SinQSrcPre = f32SinQSrcRef;
f32CosQSrcPre = f32CosQSrcRef;
```

4. 实验结果

旁路电压在 UPS 的切换及锁相中起到相当重要的作用。基于旋转坐标系的三相锁相环算法主要用于逆变电压锁旁路电压。按照上述原理及 DSP 代码设计，我们给出了单机运行时的逆变跟踪旁路能力测试波形。在线式 UPS 在旁路频率可变化

范围(如额定 50 Hz 为 45～55 Hz)应为完全跟踪，且在旁路频率受到干扰时依旧保持跟踪性能。

(1) 逆变器跟踪旁路能力

通道 1:A 相旁路电压;通道 2:A 相输出电压。UPS 跟踪速率为 0.1 Hz/s，旁路可调节的频率变化速率为 1 Hz/s。将旁路频率在[45 Hz，55 Hz]范围内变化且最终停到 50 Hz 时，逆变跟踪旁路电压波形如图 6-20 所示，其变化顺序为①②③④。

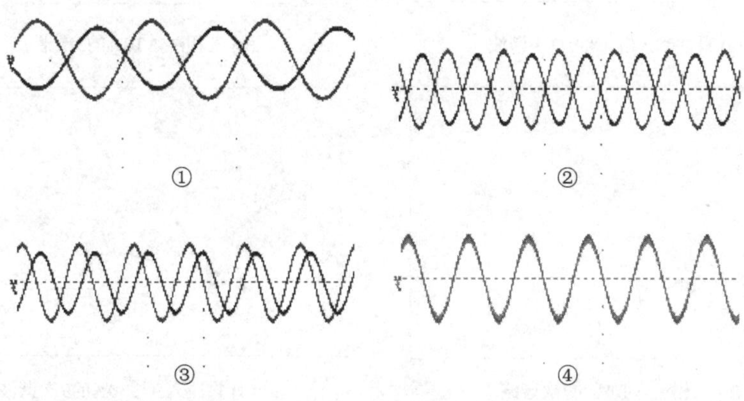

图 6-20　逆变跟踪旁路电压波形(1)

通道 1:A 相旁路电压;通道 2:A 相输出电压。UPS 跟踪速率为 0.2 Hz/s，旁路可调节的频率变化速率为 0.1 Hz/s。将旁路频率在[45 Hz，55 Hz]范围内变化且最终停到 50 Hz 时，逆变可完全跟踪旁路电压，波形如图 6-21 所示，其变化顺序为①②。

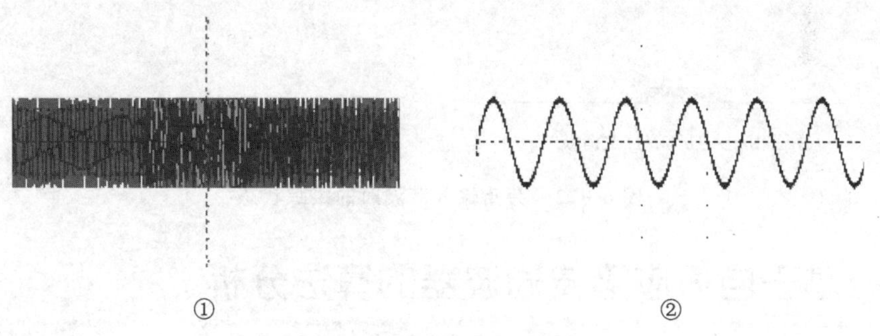

图 6-21　逆变跟踪旁路电压波形(2)

(2) 旁路输入谐波使其波形产生畸变

依据上述算法依旧能保证逆变器的锁相效果，相应波形如图 6-22 所示。

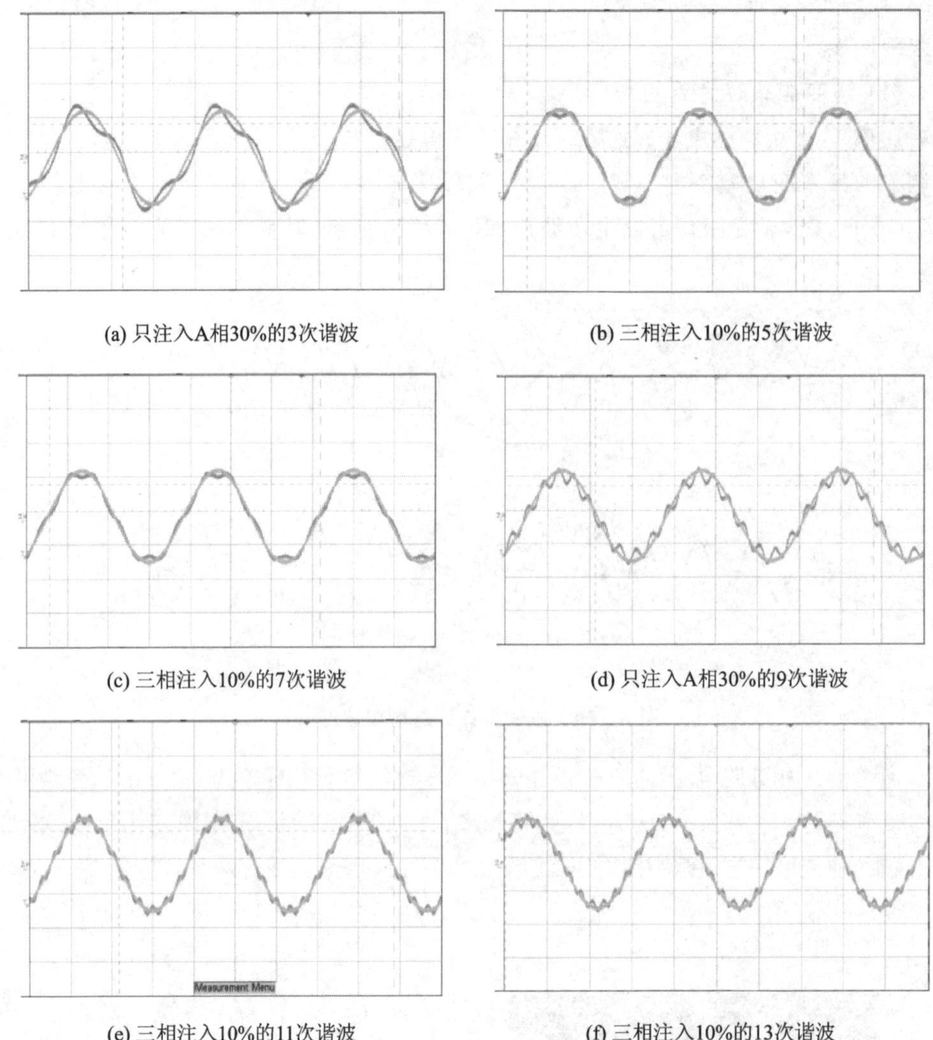
(a) 只注入A相30%的3次谐波
(b) 三相注入10%的5次谐波
(c) 三相注入10%的7次谐波
(d) 只注入A相30%的9次谐波
(e) 三相注入10%的11次谐波
(f) 三相注入10%的13次谐波

图 6-22 旁路输入谐波时的跟踪状态

6.4 基于自适应陷波滤波器的算法分析

在并网型逆变器工作过程中,需要精确估计电网角度与电网同步馈送电力。角度和频率是并网型逆变器工作的关键信息。锁相环是将内部振荡器用于反馈回路,来保持与外部周期信号的时间和相位的统一。PLL 仅是控制其输出信号的“相位伺服系统”,使得输出相位和参考相位之间的误差最小。锁相的质量直接影响在并网应用中的控制回路的性能。线路陷波、目标电压不平衡、线路跌落、相位损耗和频率变化是设备与电力设施接口所面临的常见状况,PLL 需要克服这些误差源并保持电网电压的清洁锁相。

1. 传统 PLL 锁相在并网型逆变器中的缺陷

PLL 的功能图如图 6-23 所示，它由相位检测(PD)、环路滤波器(LPF)和压控振荡器(VCO)组成。

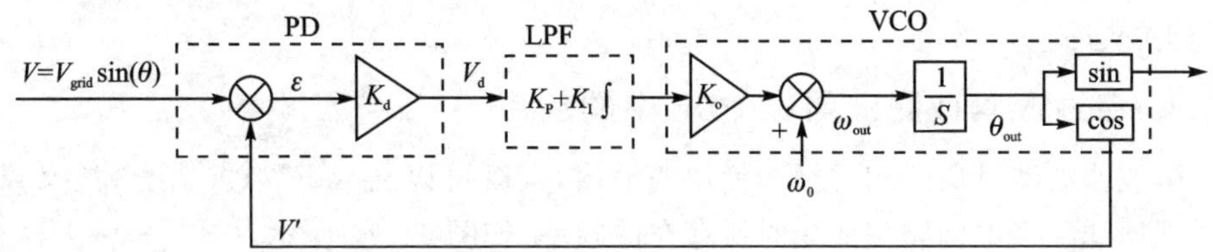

图 6-23　PLL 的功能图

测量的电网电压可以用电网频率(ω_{grid})表示，如下：

$$V=V_{grid}\sin(\theta_{in})=V_{grid}\sin(\omega_{grid}t+\theta_{grid}) \tag{6-34}$$

假设 VCO 产生接近电网正弦波的正弦波，VCO 输出可以写为

$$V'=\cos(\theta_{out})=\cos(\omega_{PLL}t+\theta_{PLL}) \tag{6-35}$$

相位检测块的目的是将输入正弦与来自 VCO 的锁定正弦进行比较，并产生与角度误差成比例的误差信号。为此，相位检测模块将 VCO 输出和测量输入值相乘，得到

$$V_d=\frac{K_d V_{grid}}{2}\{\sin[(\omega_{grid}-\omega_{PLL})t+(\theta_{grid}-\theta_{PLL})]+\sin[(\omega_{grid}+\omega_{PLL})t+(\theta_{grid}+\theta_{PLL})]\} \tag{6-36}$$

根据式(6-36)，PD 模块的输出可锁定误差的信息。然而，从 PD 获得的锁定误差信息是非线性的，并且具有以两倍电网频率变化的分量。要使用此锁定错误信息锁定 PLL 角度，必须删除两倍的电网频率分量。忽略电网频率分量的两倍，锁定误差给出为

$$\overline{V}_d=\frac{K_d V_{grid}}{2}\sin[(\omega_{grid}-\omega_{PLL})t+(\theta_{grid}-\theta_{PLL})] \tag{6-37}$$

对于稳态操作，($\omega_{grid}-\omega_{PLL}$)项可以被忽略，且当 θ 很小时 $\sin\theta\approx\theta$，线性化误差给出为

$$\mathrm{err}=\frac{V_{grid}}{2}(\theta_{grid}-\theta_{PLL}) \tag{6-38}$$

该误差是环路滤波器的输入，这是一个 PI 控制器，用以保证稳定状态下的误差为零。

注意：在 PLL 中，PI 具有双重用途：滤除载波和电网频率二次谐波；控制 PLL 对电网条件中的阶跃变化的响应，如相位跳跃，幅度变化等。

由于环路滤波器具有低通滤波器特性，因此可以用于滤除高频组件。如果被锁定的信号频率较高，PI 的低通特性足以抵消载波频率分量的二次谐波。然而对于并

网应用,由于电网频率为工频信号(50～60 Hz),PI 输出的信号会将高频信息引入环路滤波器中,因此会影响 PLL 的性能。

从上面的讨论可看出,PI 控制器的 LPF 特性不能在电网连接的情况下消除两次电网频率的分量。因此,须使用使 PD 模块线性化的替代方法。线性化 PD 输出具有两种方法:使用陷波滤波器从 PD 输出滤除两倍的电网频率分量;在单相 PLL 中使用正交方式。

2. 自适应陷波滤波器在 PLL 中的应用

陷波滤波器可用于相位检测模块的输出,其既可以衰减电网的二次谐波又可以选择性地滤除当电网频率变化时所存在的频率,如图 6-24 所示。

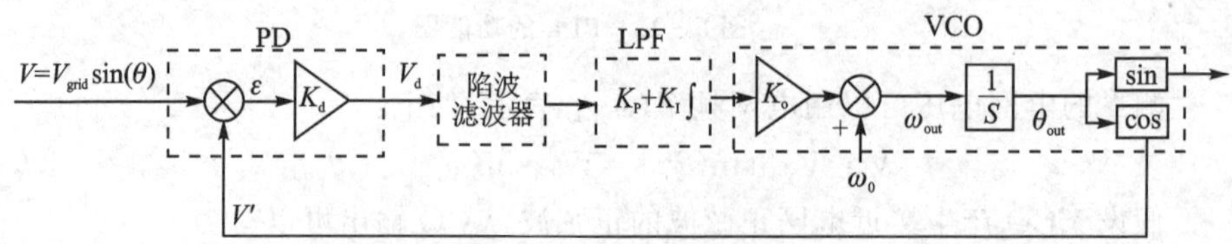

图 6-24　带自适应陷波滤波器的单相 PLL

(1) PI 的数字化实现

环路滤波器或 PI 的数字化,可由下式实现:

$$y_{\mathrm{LPF}}[n]=y_{\mathrm{LPF}}[n-1]\cdot A_1+y_{\mathrm{notch}}[n]\cdot B_0+y_{\mathrm{notch}}[n-1]\cdot B_1 \quad (6-39)$$

Z 变换可得

$$\frac{y_{\mathrm{LPF}}(z)}{y_{\mathrm{notch}}(z)}=\frac{B_0+B_1\cdot z^{-1}}{1-z^{-1}} \quad (6-40)$$

而 PI 控制的拉氏变换为

$$\frac{y_{\mathrm{LPF}}(s)}{y_{\mathrm{notch}}(s)}=k_{\mathrm{p}}+\frac{k_{\mathrm{i}}}{s} \quad (6-41)$$

使用双线性变换,令 $s=\frac{2}{T}\left(\frac{z-1}{z+1}\right)$,其中 T 为采样周期,可得

$$\frac{y_{\mathrm{LPF}}(z)}{y_{\mathrm{notch}}(z)}=\frac{\left(\frac{2\cdot k_{\mathrm{p}}+k_{\mathrm{i}}T}{2}\right)-\left(\frac{2\cdot k_{\mathrm{p}}-k_{\mathrm{i}}T}{2}\right)\cdot z^{-1}}{1-z^{-1}} \quad (6-42)$$

下面选择适当的比例值和积分系数。对于下式所示的一般二阶方程

$$H(s)=\frac{2\zeta\omega_{\mathrm{n}}s+\omega_{\mathrm{n}}^2}{s^2+2\zeta\omega_{\mathrm{n}}s+\omega_{\mathrm{n}}^2} \quad (6-43)$$

阶跃响应可以表达为

$$y(t)=1-c\mathrm{e}^{-\sigma t_s}\sin(\omega_{\mathrm{d}}t+\phi) \quad (6-44)$$

令

$$1-\delta=1-c\mathrm{e}^{-\sigma t_s}\Rightarrow\delta=c\mathrm{e}^{-\sigma t_s}\Rightarrow t_s=\frac{1}{\sigma}\cdot\ln\left(\frac{c}{\sigma}\right) \tag{6-45}$$

其中，

$$\sigma=\zeta\omega_n,\quad c=\frac{\omega_n}{\omega_d},\quad \omega_d=\sqrt{1-\zeta^2}\,\omega_n$$

若建立时间为 30 ms，误差带为 5%，阻尼比为 0.7，固有频率为 119.014，则得到 $k_p=166.6$ 和 $k_i=27\ 755.55$。将这些值代入数字环路滤波器系数：

$$\begin{cases}B_0=\dfrac{2\cdot k_p+k_iT}{2}\\[2ex] B_1=-\left(\dfrac{2\cdot k_p-k_iT}{2}\right)\end{cases} \tag{6-46}$$

若对目标频率为 50 Hz 进行 PLL，则 $B_0=166.877\ 556$，$B_1=-166.322\ 444$。

(2) 自适应陷波滤波器的设计

图 6-24 所示为 2 倍频的电网频率分量。典型的陷波滤波器方程如下：

$$H_{nf}(s)=\frac{s^2+2\zeta_2\omega_n s+\omega_n^2}{s^2+2\zeta_1\omega_n s+\omega_n^2} \tag{6-47}$$

其中，$\zeta_2=\zeta_1$。

使用零阶保持器将其离散化，则在 z 域中：

$$\begin{aligned}H_{nf}(z)&=\frac{z^2+(2\zeta_2\omega_nT-2)z-(2\zeta_2\omega_nT-\omega_n^2T^2-1)}{z^2+(2\zeta_1\omega_nT-2)z-(2\zeta_1\omega_nT-\omega_n^2T^2-1)}\\&=\frac{B_0+B_1z^{-1}+B_2z^{-2}}{A_0+A_1z^{-1}+A_2z^{-2}}\end{aligned} \tag{6-48}$$

陷波滤波器的系数可以随着电网频率的变化通过在后台设置而自适应地改变基于测量电网频率估计系数。例如，取 $\zeta_2=0.000\ 01$ 和 $\zeta_1=0.1$。

(3) 正弦和余弦波的生成

PLL 使用 sin()和 cos()函数计算，但这种方法会消耗大量计算时间。为了避免这个问题，正弦和余弦值可按照如下方式进行计算。

因为有

$$y(t+\Delta t)=y(t)+\frac{\mathrm{d}y(t)}{\mathrm{d}t}\cdot\Delta t \tag{6-49}$$

则

$$\begin{cases}\sin(t+\Delta t)=\sin(t)+\dfrac{\mathrm{d}[\sin(t)]}{\mathrm{d}t}\cdot\Delta t=\sin(t)+\cos(t)\cdot\Delta t\\[2ex] \cos(t+\Delta t)=\cos(t)+\dfrac{\mathrm{d}[\cos(t)]}{\mathrm{d}t}\cdot\Delta t=\cos(t)-\sin(t)\cdot\Delta t\end{cases} \tag{6-50}$$

3. MATLAB 模拟定点处理器在仿真环境下的运行

C2000 IQ 数学库提供内置函数，可以简化程序员对小数点的处理。但是基于定点的程序编码有动态范围和精度的问题,因此最好是模拟定点处理器在仿真环境下的运行情况。下面是使用定点的 MATLAB 脚本工具箱,用于测试具有不同网格条件的 PLL 算法。

```
%选择 Q21 数据格式
T = numerictype('WordLength',32,'FractionLength',21);
%为 fimath 函数指定各个数学属性
F = fimath('RoundMode','floor','OverflowMode','wrap');
F.ProductMode = 'SpecifyPrecision';
F.ProductWordLength = 32;
F.ProductFractionLength = 21;
F.SumMode = 'SpecifyPrecision';
F.SumWordLength = 32;
F.SumFractionLength = 21;
%指定 fipref 对象,以便出现溢出和下溢时显示警告
P = fipref;
P.LoggingMode = 'on';
P.NumericTypeDisplay = 'none';
P.FimathDisplay = 'none';
%PLL 的模型从此处开始
Fs = 50000;          %采样频率 50 kHz
Freq = 50;           %以 Hz 标称电网频率
Tfinal = 0.2;        %模拟运行时间为 0.5 s
Ts = 1/Fs;           %采样时间为 1/Fs
t = 0:Ts:Tfinal;     %代码段的仿真时间
wn = 2 * pi * Freq;  %以弧度标称电网频率

% CASE 1 :相位突变
L = length(t);
for n = 1:floor(L)
u(n) = sin(2 * pi * Freq * Ts * n);
end
for n = 1:floor(L)
u1(n) = sin(2 * pi * Freq * Ts * n);
end
for n = floor(L/2):L
u(n) = sin(2 * pi * Freq * Ts * n + pi/2);
end

%CASE2 : 频率突变
% L = length(t);
% for n = 1:floor(L)
% u(n) = sin(2 * pi * Freq * Ts * n);
% end
% for n = 1:floor(L)
% u1(n) = sin(2 * pi * Freq * Ts * n);
% end
% for n = floor(L/2):L
```

```
% u(n) = sin(2 * pi * Freq * 1.1 * Ts * n);
% end

% CASE3：幅值变化
% L = length(t);
% for n = 1:floor(L)
% u(n) = sin(2 * pi * Freq * Ts * n);
% end
% for n = 1:floor(L)
% u1(n) = sin(2 * pi * Freq * Ts * n);
% end
% for n = floor(L/2):L
% u(n) = 0.8 * sin(2 * pi * Freq * Ts * n);
% end;

u = fi(u,T,F);
u1 = fi(u1,T,F);
% 以 PLL 程序处理定义相应的数组
Upd = fi([0,0,0],T,F);
ynotch = fi([0,0,0],T,F);
ynotch_buff = fi([0,0,0],T,F);
ylf = fi([0,0],T,F);
SinGen = fi([0,0],T,F);
Plot_Var = fi([0,0],T,F);
Mysin = fi([0,0],T,F);
Mycos = fi([fi(1.0,T,F),fi(1.0,T,F)],T,F);
theta = fi([0,0],T,F);
werror = fi([0,0],T,F);
% 陷波滤波器设计
c1 = 0.1;
c2 = 0.00001;
X = 2 * c2 * wn * 2 * Ts;
Y = 2 * c1 * wn * 2 * Ts;
Z = wn * 2 * wn * 2 * Ts * Ts;
B_notch = [1 (X - 2) ( - X + Z + 1)];
A_notch = [1 (Y - 2) ( - Y + Z + 1)];
B_notch = fi(B_notch,T,F);
A_notch = fi(A_notch,T,F);
% PLL 仿真过程
for n = 2:Tfinal/Ts % PLL 仿真过程的迭代次数
Upd(1) =  u(n) * Mycos(2);
% 陷波滤波器
ynotch(1) = - A_notch(2) * ynotch(2) - A_notch(3) * ynotch(3) + B_notch(1) * Upd(1) +
B_notch(2) * Upd(2) + B_notch(3) * Upd(3);
% 为下一次采样更新 Upd 数组
Upd(3) = Upd(2);
Upd(2) = Upd(1);
% PI 环路滤波器
ylf(1) = fi(1.0,T,F) * ylf(2) + fi(166.877,T,F) * ynotch(1) + fi( - 166.322,T,F) *
ynotch(2);
```

```
%更新 Ynotch
ynotch(3) = ynotch(2);
ynotch(2) = ynotch(1);
ynotch_buff(n + 1) = ynotch(1);
ylf(1) = min([ylf(1) fi(200.0,T,F)]);
ylf(2) = ylf(1);
wo = fi(wn,T,F) + ylf(1);
werror(n + 1) = (wo - wn) * fi(0.00318,T,F);
%积分过程
Mysin(1) = Mysin(2) + wo * fi(Ts,T,F) * (Mycos(2));
Mycos(1) = Mycos(2) - wo * fi(Ts,T,F) * (Mysin(2));
%积分器限幅
Mysin(1) = max([Mysin(1) fi( - 1.0,T,F)]);
Mysin(1) = min([Mysin(1) fi(1.0,T,F)]);
Mycos(1) = max([Mycos(1) fi( - 1.0,T,F)]);
Mycos(1) = min([Mycos(1) fi(1.0,T,F)]);
Mysin(2) = Mysin(1);
Mycos(2) = Mycos(1);
%更新输出 theta(1)
theta(1) = theta(2) + wo * Ts;
%输出 theta(1)的复位条件
if(Mysin(1) >  0 && Mysin(2) <= 0)
theta(1) =- fi(pi,T,F);
end
SinGen(n + 1) = Mycos(1);
Plot_Var(n + 1) = Mysin(1);
End

% CASE 1 :
error = Plot_Var - u;
%CASE2:
%error = Plot_Var - u;
%CASE3:
%error = Plot_Var - u1;
figure;
subplot(3,1,1),plot(t,Plot_Var,'r',t,u,'b'),title('PLL(red) & Ideal Grid(blue)');
subplot(3,1,2),plot(t,error,'r'),title('Error');
subplot(3,1,3),plot(t,u1,'r',t,Plot_Var,'b'),title('PLL Out(Blue) & Ideal Grid(Red)');
```

4. DSP 程序设计

```
typedef struct{
    int32  AC_input;
    int32  theta[2];
    int32  cos[2];
    int32  sin[2];
    int32  wo;
    int32  wn;
    int32  Upd[3];
```

```
    int32  ynotch[3];
    int32  ylf[2];
    int32  delta_t;
    int32  NOTCH_B2;
    int32  NOTCH_B1;
    int32  NOTCH_B0;
    int32  NOTCH_A2;
    int32  NOTCH_A1;
    int32  LPF_B1;
    int32  LPF_B0;
    int32  LPF_A0;
}PLL_Vars;
void PLL_init(int freq, long DELTA_T, PLL_Vars * pll)
{
    pll.Upd[0]      = _IQ21(0.0);
    pll.Upd[1]      = _IQ21(0.0);
    pll.Upd[2]      = _IQ21(0.0);
    pll.ynotch[0]   = _IQ21(0.0);
    pll.ynotch[1]   = _IQ21(0.0);
    pll.ynotch[2]   = _IQ21(0.0);
    pll.ylf[0]      = _IQ21(0.0);
    pll.ylf[1]      = _IQ21(0.0);
    pll.sin[0]      = _IQ21(0.0);
    pll.sin[1]      = _IQ21(0.0);
    pll.cos[0]      = _IQ21(0.99);
    pll.cos[1]      = _IQ21(0.99);
    pll.theta[0]    = _IQ21(0.0);
    pll.theta[1]    = _IQ21(0.0);
    pll.wn          = _IQ21(2 * 3.14 *  freq);
    //配置环路滤波器的参数
    pll.lpf_B1      = lpf_B1;
    pll.lpf_B0      = lpf_B0;
    pll.lpf_A0      = lpf_A0;
    pll.delta_t     = DELTA_T;
}
void PLL_COEF_update(float delta_T, float wn,float c2, float c1, PLL_Vars  * pll)
{
    float x,y,z;
    x = (float)(2.0 * c2 * wn * delta_T);
    y = (float)(2.0 * c1 * wn * delta_T);
    z = (float)(wn * delta_T * wn * delta_T);
    pll.notch_A1 = _IQ21(y - 2);
    pll.notch_A2 = _IQ21(z - y + 1);
    pll.notch_B0 = _IQ21(1.0);
    pll.notch_B1 = _IQ21(x - 2);
    pll.notch_B2 = _IQ21(z - x + 1);
}
inline void PLL_run_FUNC(PLL_Vars  * pll)
{
```

```
    pll.Upd[0]     = _IQ23mpy(pll.AC_input,pll.cos[1]);
    pll.ynotch[0] = - _IQ23mpy(pll.notch_A1,pll.ynotch[1])
                    - _IQ23mpy(pll.notch_A2,pll.ynotch[2])
                    + _IQ23mpy(pll.notch_B0,pll.Upd[0])
                    + _IQ23mpy(pll.notch_B1,pll.Upd[1])
                    + _IQ23mpy(pll.notch_B2,pll.Upd[2]);
    pll.Upd[2] = pll.Upd[1];
    pll.Upd[1] = pll.Upd[0];
    pll.ylf[0] =  - _IQ23mpy(pll.lpf_A0,pll.ylf[1])
                  + _IQ23mpy(pll.lpf_B0,pll.ynotch[0])
                  + _IQ23mpy(pll.lpf_B1,pll.ynotch[1]);
    pll.ynotch[2] = pll.ynotch[1];
    pll.ynotch[1] = pll.ynotch[0];
    pll.ylf[1] = pll.ylf[0];
    // VCO
    pll.wo = pll.wn + pll.ylf[0];
    pll.sin[0] = pll.sin[1] + _IQ23mpy((_IQ23mpy(pll.delta_t,pll.wo)),pll.cos[1]);
    pll.cos[0] = pll.cos[1] - _IQ23mpy((_IQ23mpy(pll.delta_t,pll.wo)),pll.sin[1]);
    if(pll.sin[0] > _IQ21(0.99))
    {
        pll.sin[0] = _IQ21(0.99);
    }
    else if(pll.sin[0] < _IQ21( - 0.99))
    {
        pll.sin[0] = _IQ21( - 0.99);
    }
    if(pll.cos[0] > _IQ21(0.99))
    {
        pll.cos[0] = _IQ21(0.99);
    }
    else if(pll.cos[0] < _IQ21( - 0.99))
    {
        pll.cos[0] = _IQ21( - 0.99);
    }
    //计算 theta 数值
    pll.theta[0] = pll.theta[1]
        + _IQ23mpy(_IQ23mpy(pll.wo, _IQ21(0.15915)),pll.delta_t);
    if((pll.sin[0] > _Q21(0.0) && (pll.sin[1] <= _IQ21(0.0)))
    {
        pll.theta[0] = _IQ21(0.0);
        pll.theta[1] = pll.theta[0];
        pll.sin[1]   = pll.sin[0];
        pll.cos[1]   = pll.cos[0];
    }
}
```

需要包括头文件并声明对象 PLL 结构和环路滤波器系数：

```
#include "PLL.h"
#define B0 _IQ21(166.877)
#define B1 _IQ21( - 166.322)
#define A1 _IQ21( - 1.0)
lpf_B0 = B0;
lpf_B1 = B1;
lpf_A0 = A1;
```

调用陷波滤波器更新系数更新程序：

```
PLL_init(FREQ,_IQ21((float)(1.0/ISR_FREQUENCY)));
c1 = 0.1;
c2 = 0.00001;
PLL_COEF_update(((float)(1.0/ISR_FREQ)),(float)(2 * PI * FREQ * 2),(float)c2,(float)c1);
inv_meas_vol_inst = ((long)((long)VAC_FB << 12)) - offset_165) << 1;
pll1.AC_input = (long)InvSine >> 3; //将数据格式由 Q24 转为 Q21
PLL_run_FUNC(&pll1);
InvSine = pll2.sin << 3;            //右移 3 bit,将数据格式由 Q21 转为 Q24
```

6.5　UPS 并联系统的跟踪机制

在逆变并联系统中，锁相环的目的是使每一个逆变器输出的电压幅值、频率到达负载端且尽可能保持一致，尤其在模块的逆变器并联场合。在传统的锁相机制中，逆变器的输出都统一地跟踪旁路电压，但该机制在模块化逆变器的运行中存在一定的局限性，主要表现在以下几个方面：

① UPS 逆变器有两种工作方式，旁路运行和逆变运行。当逆变运行时，逆变器需要实时锁定旁路电压，以备当出现过载、逆变器故障时可不间断地切换至旁路。但实际上，理想的旁路电压是不存在的，它的周期性抖动有很大的随机性，若这种抖动超出了逆变器的可跟踪范围，每一台逆变器认为旁路不可跟踪，则每台机器各自切换至内部的精准 50 Hz 信号。处于本振模式下的逆变器模块尽管都可输出标准的 50 Hz 信号，但其初始角度存在随机差异。

② 在并机模式下开机运行时，若旁路电压不正常，则系统中的每一个模块均处于本振模式。若此时打开逆变器，则由于逆变器之间是异步的，因此系统只能一个接一个地从旁路切换至逆变侧。需要注意的是，由于逆变器不是同时同旁路侧切换至逆变侧，因此尽管是并机系统，但是在切换的过程中系统只能承载小于单个模块容量的负载。

③ 为了提高 UPS 系统的运行效率，目前模块化 UPS 逆变器支持了一种节能工作模式：在正常运行期间，负载通过旁路供电。一旦旁路电压异常或严重失真，或者其频率变化太快，系统应立刻转至逆变器输出，为负载供电。为了能够成功地执行从旁路至逆变的切换，逆变器之间应保持良好的同步。但是若在系统切换至逆变器输出之前，旁路的质量已经很恶化以至逆变器不能再有效地跟踪了，则此时逆变器之间

不能保证同步。

6.5.1 并联系统的“二级锁相”机制

为了便于 UPS 在旁路供电和本振模式下实现平稳的切换,基于分散逻辑控制思想,可采用“二级锁相机制”。在这种锁相机制下,需要对并联系统的逆变模块指定系统主机,并由系统主机选择跟踪源从而产生系统的跟踪同步信号。因此,需要考虑以下几点:

1. 主机竞争机制

主机的选择可以本机检测的旁路电压为依据,具体表现如下:

① 当本机检测到的旁路电压没有掉电、其频率处于可跟踪范围。

② 逆变器已开机。

③ 该逆变器的锁相环完成锁相。

若上述条件均成立,则本机向监控发送“备选主机有效信息”,监控实时接收系统中各台机器的“备选主机有效信息”后选择机号小的作为系统主机,并以广播形式告知各逆变器。

2. 锁相源选择机制

在跟踪目标控制方面,分为一级锁相和二级锁相,“二级锁相”机制的跟踪示意图如图 6-25 所示。

一级锁相是针对逆变主机而言的,若自身旁路处于跟踪范围以内则跟踪旁路;否则本振,并且产生发送工频同步信号脉冲 SyncPulse。也就是说,一级锁相的目的是主机选择跟踪源并产生工频同步信号脉冲 SyncPulse 的过程,本文简称 PLL1。

二级锁相是以工频同步信号脉冲 SyncPulse 为基准,系统中包含主机在内的所有逆变器进行数字锁相的环节,本文简称 PLL2。逆变器输出的角度就是 PLL2 锁相环输出的角度。

旁路正常工作时,主机 PLL1 跟踪旁路,并且发送工频同步信号脉冲,主从机 PLL2 均跟踪工频同步信号,从机 PLL1 跟踪旁路以备当前从机竞争成为主机后能够不间断地发送同步信号。

一旦旁路异常,主机的 PLL1 过渡到本振状态,保持 PLL1 输出角度的连续性。在旁路异常时,主机的 PLL1 本振,并发送工频同步信号,从机的 PLL1 跟踪工频同步信号,一旦主机丢失,从机可接替主机功能,发送工频同步信号,并保持输出角度的连续性,主从机的 PLL2 均跟踪工频同步信号。

(1) PLL1 锁相原理

以 PLL1 跟踪旁路为例,说明 PLL1 锁相原理,如图 6-26 所示。PLL1 进行锁相时先要进行锁频,调频主要是一个积分环节,通过该积分环节使 PLL1 输出频率和旁路频率一致。调频环节中的 LMT1 和 LMT2 的作用是进行限幅,其中 LMT1 是

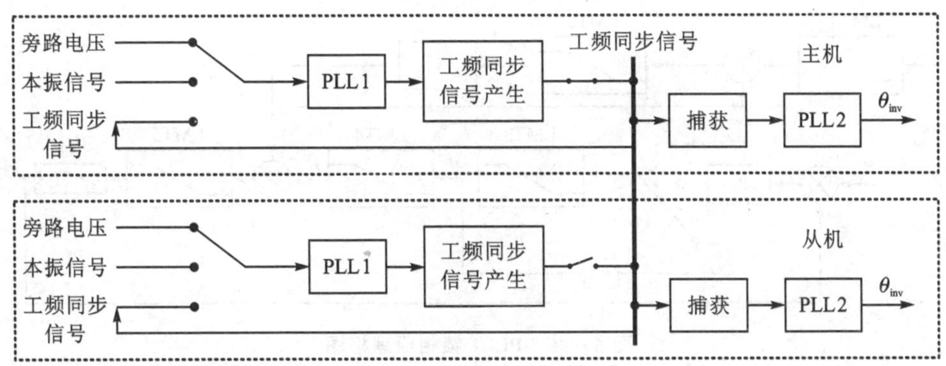

(a) 旁路正常时的跟踪逻辑

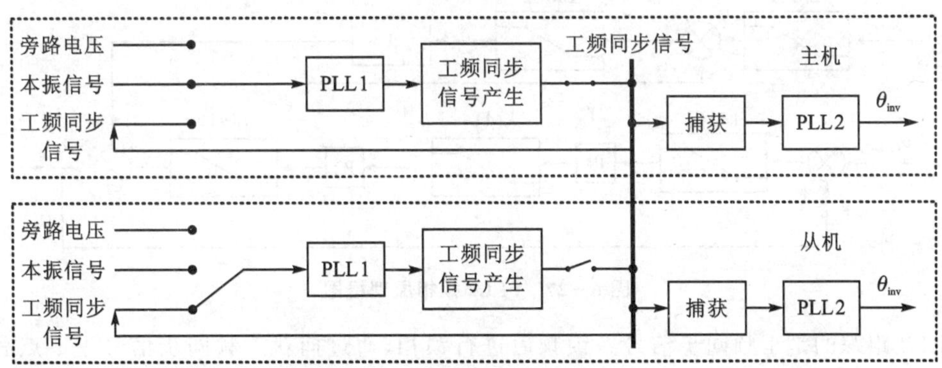

(b) 旁路异常时的跟踪逻辑

图 6-25　逆变器的二级锁相跟踪逻辑

使输入的旁路频率限定在一定范围内，LMT2 是限定频率误差在一定范围内，这样可以加快锁频。

加入锁相环节的条件是：当旁路频率和 PLL1 锁频输出频率之差大于 0.2 Hz 时，不进行锁相，使锁相输出频率逐渐衰减至 0；当旁路频率和 PLL1 锁频输出频率之差大于 0.2 Hz 时，图 6-26 中的虚线箭头指向的开关切换到锁相 PI 调节器输出端，进行锁相。

锁相环节采用增量式 PI 调节器，PI 调节器输出接 LMT3，用来限定锁相跟踪频率，之后进行一个积分环节，并限幅，使锁相输出频率限定在一定范围内。

输出频率为锁相输出频率和锁频输出频率之和，然后经过限幅和角度变换得到 PLL1 的角度。

(2) PLL2 锁相原理

PLL2 锁相原理框图如图 6-27 所示。

PLL2 通过接收 PLL1 发送的工频同步信号，以达到锁相的目的。与 PLL1 一样，也是先锁频，后锁相。锁频原理和 PLL1 一样，只不过 PLL1 跟踪的是旁路，

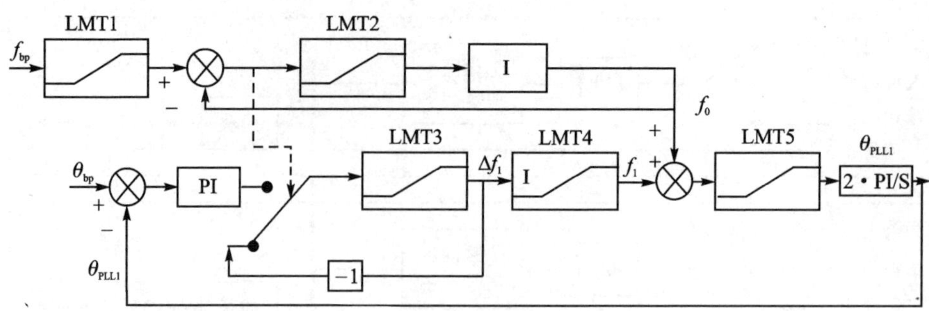

图 6-26 PLL1 锁相原理框图

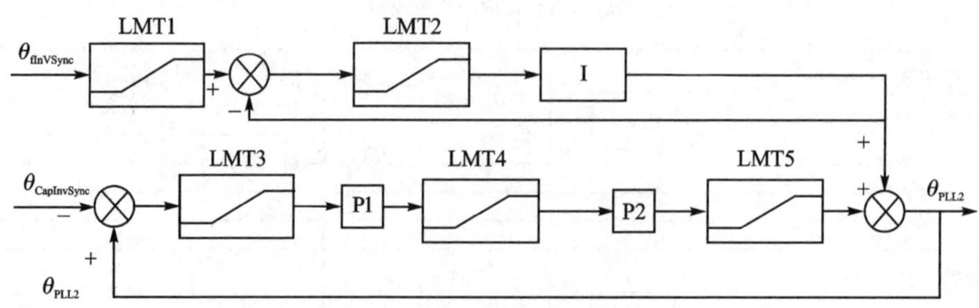

图 6-27 PLL2 锁相原理框图

PLL2 跟踪的是工频同步信号。锁频后进行锁相,通过捕获工频同步信号过零点和 PLL2 输出过零点的值,得出相位差,然后进行一系列限幅和比例调节,最终使得 PLL2 和工频同步信号同相。

6.5.2 并机同步信号的产生

系统中只有主机才能发送工频同步信号。其基本原理是依据 PLL1 锁相环输出的相角,调整三角载波的周期与该锁相角成线性变化关系,并通过一个固定值与该载波周期进行比较,从而产生工频同步信号的上升沿与锁相环输出同步脉冲。

就上述所示的工频同步锁相方案而言,系统主机和各个从机的第一级锁相需要实时跟踪主机在第一级锁相中所产生的工频同步信号。因而本小节讨论的主要问题为两点:主机工频信号的产生及同步信号的锁定。

实现时可利用 DSP 中一个 EPWM 模块并占用一个 PWM 输出口,例如使用 EPWM1,将 EPWM1 模块中的定时器 Timer1 配置为递增计数模式。其比较逻辑配置为:当计数值小于比较值时,PWM 输出为高电平;当计数值大于比较值时,PWM 输出为低电平。生成的工频同步信号如图 6-28 所示。

1. 工频同步信号的发出

需要注意的是:只有系统主机发送工频同步信号,在旁路正常和异常时才均发送工频同步信号。根据 PLL1 锁相环输出的频率和相角,调整 PWM 周期寄存器的值,

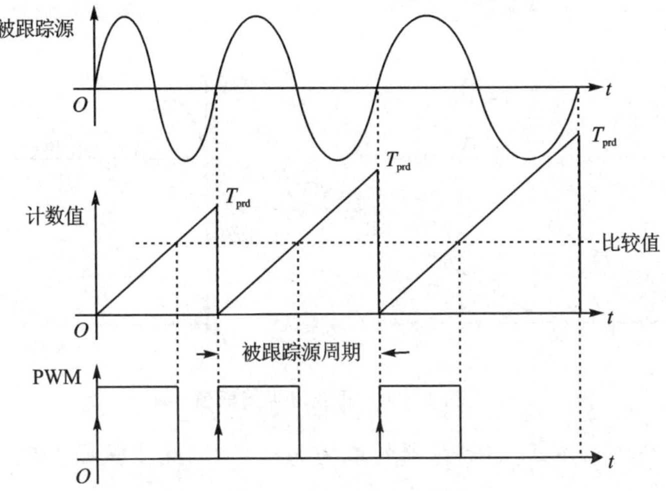

图 6-28　工频同步信号生成示意图

使工频同步信号的下降沿与锁相环输出同步。因而占用 DSP 资源为一个 PWM 口。实现步骤如下：

① 初始设置，PWM 计数器 Timer1 为向上计数，周期寄存器值为 96 ms，比较点为 8 ms 时刻点。正常工作 50 Hz 时，周期寄存器值为 20 ms。

② 对 PLL1 的角度进行插值，得到 0°时对应在 Timer1 上的时刻 t_2。对 t_2 时刻的计算可能会遇到如图 6-29 所示的三种过零情况。

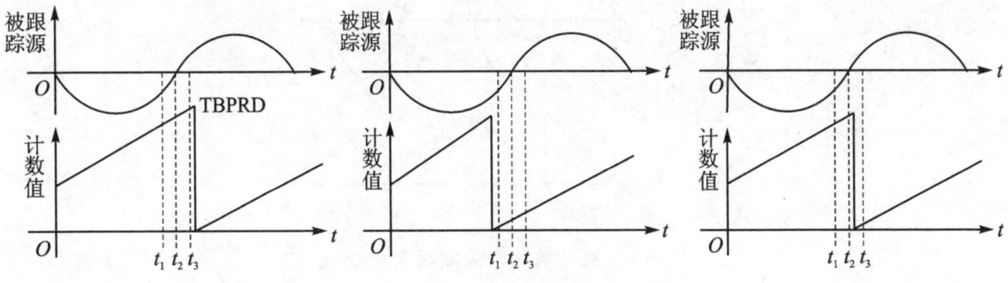

图 6-29　三种过零情况

为计算 t_2 时刻值，可表达为

```
if (t3 < t1)   t3 = t3 + EPwm1Regs.TBPRD
```

$$t_2 = t_1 + \frac{t_3 - t_1}{(\theta_3 + \theta_{360}) - \theta_1}(\theta_{360} - \theta_1)$$

③ 对 PLL1 的角度进行插值得到 180°时对应在 Timer1 上的时刻 t_5，同上。

④ 计算参考正弦波半周期值 T，如图 6-30 所示。

使用 DSP 语言进行描述如下：

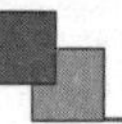

```
T = t5 - t2 或 T = t5 + EPwm1Regs.TBPRD - t2
```

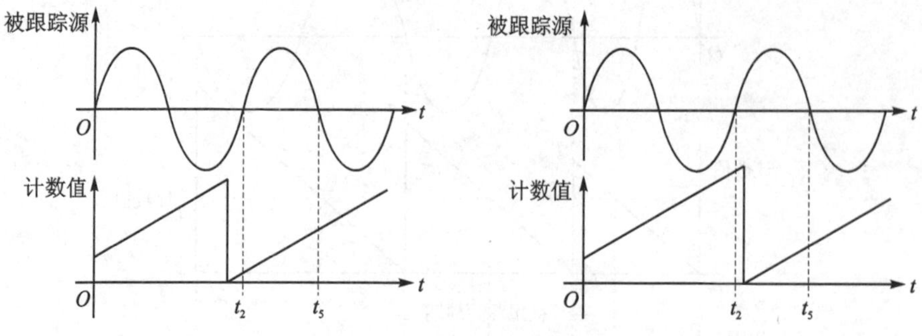

图 6-30 正弦波半周期值

⑤ 设置 Timer1 的周期寄存器的值为 t_5+T。(此步骤操作仅在 180°时进行处理。)

以上步骤即可保证 Timer1 的计数与参考正弦波保持同频同相。对 PWM 的比较寄存器赋一个小于周期寄存器的值,即可得到工频同步脉冲。为避免第⑤步中"设置 Timer1 的周期寄存器的值为 t_5+T"的溢出,当 t_5 值较大时,不更改 Timer1 的周期寄存器的值;为避免图 6-31 所示情况的发生,当 t_5 的值小于一定的值时,不更改 Timer1 的周期寄存器的值。

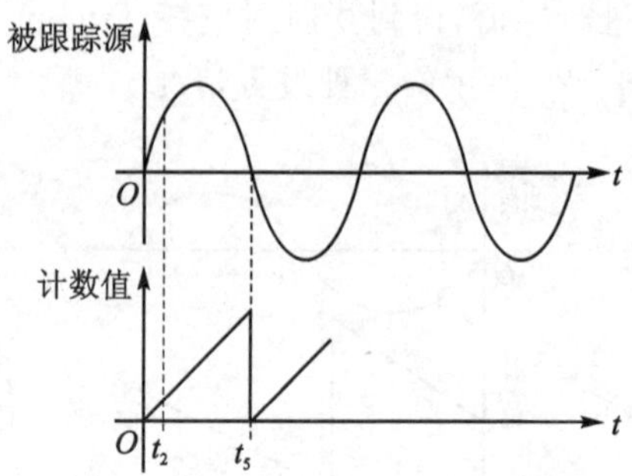

图 6-31 第一个周期异常情况

为避免开始第一个周期计算时的异常,第一工频周期不更改 Timer1 周期寄存器的值。

上述几种情况只会发生在开始形成工频同步信号的时候,后期将不会出现这种情况。主从机均会形成工频同步信号,只有主机会将信号发出。主机只在 180°时更改 Timer1 周期寄存器的值。

程序代码示例如下:

```
//第一次调整 EPwm1Regs.TBPRD 后,更改为 1
int Sync1st = 0;
//工频同步 180°时 EPwm1Regs.TBCTR 已记录的计数器
int TimeCount = 0;
//前一拍的 Timer1 的计数值
int Timer1 = 0;
void SyncSignalGenerate()
{
    //后一拍的 Timer1 的计数值
    int Timer3;
    //0.5 工频周期对应的计数增量
    int SyncPrd_Half;
    int 32temp1,temp2,temp3,temp4;
    //记录 0°时的时刻点,差值处理
    if ((ThetaReference < Theta_90_Count)
        &&(ThetaReference_Old > Theta_270_Count)
        &&(TimeCount >= 1))
    {
        Timer3 = EPwm1RegsTBCTR;
        if (Timer3 < Timer1)
        {
            Timer3 = Timer3 + EPwm1Regs.TBPRD;
        }
        temp4 = (int32)Theta_360_Count - ThetaReference_Old;
        temp2 = ThetaReference + Theta_360_Count - ThetaReference_Old;
        temp3 = Timer3 - Timer1;
        temp1 = (temp3 * temp4) / temp2;
        Theta_0_Count = Timer1 + temp1;
    }
/***********************************************************************
(1) 记录 180°时的时刻点;
(2) 根据 0°到 180°之间 EPwm1Regs.TBCTR 的增量调整 EPwm1Regs.TBPRD;
(3) EPwm1Regs.TBPRD = (180°的 TBCTR) + 0.5 工频周期对应的 EPwm1Regs.TBCTR 的计数增量;
(4) 只在 0°和 180°的 EPwm1Regs.TBCTR 的值都有记录时才会调整 EPwm1Regs.TBPRD,由计数器
    i16TimeCount 保证;
(5) 在第一次调整 EPwm1Regs.TBPRD 中,对 Theta_180_Count 限制在〔5 000,15 000〕之间,这样
    可一次调整到位。
***********************************************************************/
    if ((ThetaReference_Old < Theta_180_Count)
        && (ThetaReference >= Theta_180_Count))
    {
        TimeCount++;
        if (TimeCount >= 7)
        {
            TimeCount = 7;
        }
        Timer3 = EPwm1RegsTBCTR;
        if (Timer3 < Timer1)
```

```
            {
                Timer3 = Timer3 + EPwm1Regs.TBPRD,
            }
            temp4 = (int32)Theta_180_Count - ThetaReference_Old;
            temp2 = ThetaReference - ThetaReference_Old;
            temp3 = Timer3 - Timer1;
            temp1 = (temp3 * temp4)/ temp2;
            Theta_180_Count = Timer1 + temp1;
            if (((TimeCount >= 2) && (Theta_180_Count > Count_Const1)
                && (Theta_180_Count < Count_Const2))
                || (Sync1st != 0))
            {
                Sync1st = 1;
                if (Theta_180_Count < Theta_0_Count)
                {
                    SyncPrd_Half = Theta_180_Count - Theta_0_Count
                                   + EPwm1Regs.TBPRD;
                }
                else
                {
                    SyncPrd_Half = Theta_180_Count - Theta_0_Count;
                }
                EPwm1Regs.TBPRD = Theta_180_Count + SyncPrd_Half;
            }
        }
        Timer1 = EPwm1RegsTBCTR; //保存上一拍的计数值
}
```

2. 工频同步信号的接收

旁路异常时,系统主从机均接收工频同步信号,并跟踪工频同步信号。

通过捕获单元可以得到连续两次工频同步信号上升沿时刻(程序中使用的变量为 SyncClock_Old 和 SyncClock)。SyncClock－SyncClock_Old 为工频时间内所占用的计数值,若考虑开关频率,则可以得到每一个开关周期内锁相的基准步长。

```
void SyncSignalReceive()
{
    CAPSyncFlag = 0;
    Count++;
    if(ECap1Regs.ECFLG.bit.CEVT1 == 1)
    {
        SyncClock_Old = SyncClock;
        SyncClock = ECap1Regs.CAP1;
        ECap1Regs.ECCLR.all = 0xFFFF; // 清所有标志
        CAPSyncClock = SyncClock - SyncClock_Old;
        Count = 0;
        CAPSyncFlag = 1;
    }
```

```
    else if (Count >= Count_LMT)
    {
        Count = 0;
        CAPSyncClock = 0;
        SyncClock = ECap4Regs.TSCTR;
    }
}
```

与 CAP1 模块相关的初始化程序代码：

```
void InitCAP()
{
    //捕获口 1 作为工频同步信号过零捕捉
    //接收同步信号,禁止输出同步信号
    ECap1Regs.ECCTL2.bit.TSCTRSTOP = 0;            //计数停止
    ECap1Regs.ECEINT.all = 0x0000;                 //禁止 CAP 中断
    //配置外设寄存
    ECap1Regs.ECCTL1.bit.PRESCALE = 0;             //每个载波触发一次
    ECap1Regs.ECCTL2.bit.CONT_ONESHT = 0;          //Continuous 模式
    ECap1Regs.ECCTL2.bit.STOP_WRAP = 0;            //出现捕获事件 1 后禁止
    ECap1Regs.ECCTL1.bit.CAP1POL = 0;              //上升沿
    ECap1Regs.ECCTL2.bit.SYNCI_EN = 0;             //同步信号输入禁止
    ECap1Regs.ECCTL2.bit.SYNCO_SEL = 3;            //同步信号输出禁止
    ECap1Regs.ECCLR.all = 0xFFFF;                  //复位所有 CAP1 中断标志
}
```

第 7 章 性能指标测试及常见问题解析

7.1 示波器和探头使用常识

每个测试人员都会使用示波器探头(probe tip),但究竟对探头基础知识了解多少?使用探头应该注意些什么?为了让更多读者了解探头的基础知识及使用技巧,本章将对这些内容展开介绍。

1. 什么是探头

我们需要建立一个简单的概念:什么是探头?探头就是测量点(或信号源)与示波器之间的物理电气连接装置。当然,根据测试的需要,这种连接既可以是一段简单的导线,也可以是复杂的有源差分探头。无论怎样,探头必须在信号源与示波器输入端之间提供一种足够方便的连接关系,如图 7-1 所示。

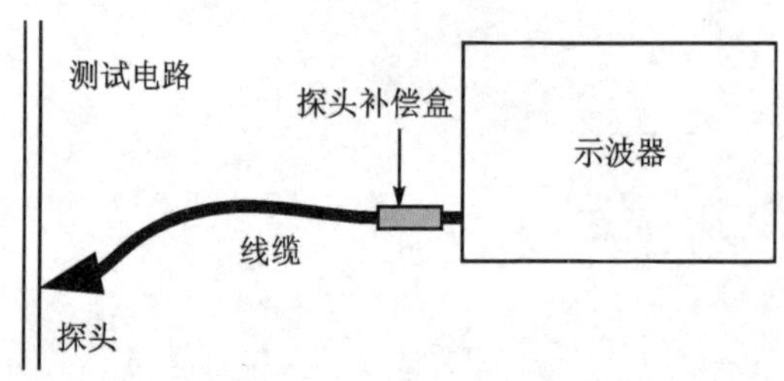

图 7-1 大多数探头由探针、线缆和补偿盒组成

示波器探头涉及以下几个概念:

(1) 物理连接

没有某个固定尺寸和外形的探头能适用于各种场合,在不同场合须选用相应尺寸和形状的探头。

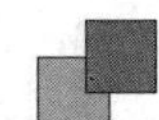

(2) 动态范围

所有探头都有高压安全限制，对于无源探头，一般限制在几百伏到几千伏。另外，探头的输出信号动态范围也不能超出示波器的最大输入电压限制，示波器一般限制在几百伏(1 MΩ 输入)或几伏(50 Ω 输入)。

(3) 带　宽

简单来讲，带宽是指电路信号衰减不超过 3 dB 时对应的频率间隔。实际情况下，为方便地测量被测点，大多数探头有至少 1～2 米的线缆，而线缆长度的增加带来探头频率带宽的减小。为了得到有效测量结果，附加在电路中的探头对电路工作产生的影响必须最小化，且探头检测到的信号必须以足够的保真度传输到示波器输入端口。

(4) 负载效应

我们可以把被测点所在的电路看成是一个模块或信号源，像探头这样的外接设备对信号源的分流作用等效于信号源的附加负载。理想的探头拥有无穷大的阻抗，对被测点就相当于开路。实践中，为保证尽量小的负载效应，我们必须选用合适的探头。

(5) 信号保真度

理想的保真度是探针与示波器之间形成的通路，具有信号幅度无衰减、无限的带宽和全频带下的线性相移的特点。这些理想的要求是无法实现的，在工程实践中同样没有必要。比如我们根本没有必要用无限带宽的探头去测量声频信号，一个 100 MHz 带宽的探头就可用于大多数高频数字、电力电源和其他典型示波器应用场合。当然，在给定的带宽内达到尽可能的信号保真是今后寻求的目标。

(6) 噪声抑制

荧光灯和电动机等就是较为典型的噪声源，附近的电缆和电路中会感应到这些噪声信号。使用屏蔽的探头对于大多数共模信号能达到很好的噪声抑制效果。然而，对于某些低电平信号的噪声抑制仍然是个问题。特别是对于差分测量，共模噪声抑制同样也是一个问题。

2. 实际探头使用限制

我们需要认识到，即使是简单的一根导线也潜伏着非常复杂的电路。对于直流信号，探头只是一对含串联电阻和终端电阻的简单导体，如图 7-2 所示。

然而对于交流信号，随着频率的增加阻抗特性有明显的不同，如图 7-2(b)所示，它们分别由线缆分布电感(L)、分布电容(C)和电阻组成。

(1) 带宽和上升时间(bandwidth and rise-time)限制

由于分布电感、电容的影响，实际选择和使用探头时就会受到带宽和上升时间的限制。

带宽是示波器或探头频率范围，测量超出规定带宽的信号是无效的波形。通常

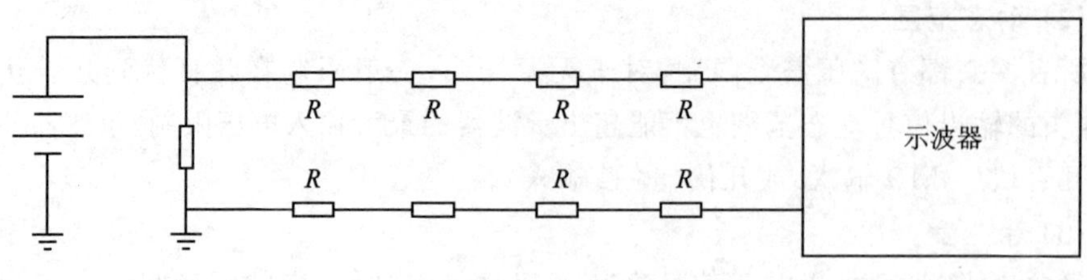

(a) 直流信号的分散电阻R

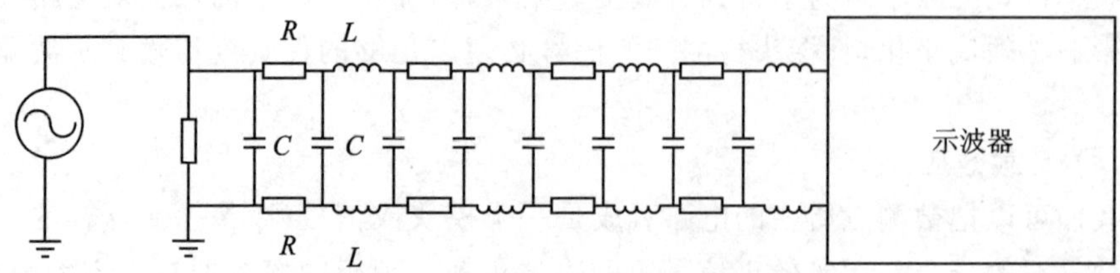

(b) 交流信号的分散电阻R、电感L及电容C

图 7-2　探头电路由电阻、电感、电容组成

规定，对信号进行准确测量时，示波器带宽(f_B)应该大于被测波形频率(f_S)的 5 倍，即

$$f_B > 5f_S \tag{7-1}$$

这个 5 倍规则是确保有足够带宽测量非正弦波形的高次谐波分量，如方波。

同样，示波器必须用足够短的上升时间去测量被测信号波形。为准确测量出脉冲的上升时间或下降时间，探头和示波器的上升时间应该至少比被测脉冲的上升时间要快 3～5 倍。当示波器/探头上升时间是被测脉冲的 3 倍时，测量脉冲上升时间的误差将在 5%以内；当示波器/探头上升时间是被测脉冲的 5 倍时，测量脉冲上升时间的误差将在 2%以内；上升时间比例与测量误差的对比如图 7-3 所示。

当无法查知示波器/探头上升时间(T_r)的规格时，我们可通过厂家提供的带宽(BW)规格得出上升时间，关系式如下：

$$T_r = 0.35/\mathrm{BW} \tag{7-2}$$

(2) 动态范围(dynamic range)限制

所有探头都有高压安全限制，对于无源探头，一般限制在几百伏到几千伏。然而，对于有些有源探头，最大安全电压经常限制在几十伏。超出探头安全工作电压限制会有潜在危害，同样，为保证人身安全，要意识到所测电压大小且不要超出所用探头的电压限制范围。

示波器有幅度灵敏度范围。例如，1 mV～10 V/格是一个典型的灵敏度范围。对于一个 8 格显示的示波器，它的准确测量信号范围为 4 mV～40 V(峰峰值)。

如果使用的是 1× 的探头，那么探头的动态测量范围就与示波器范围一致，是

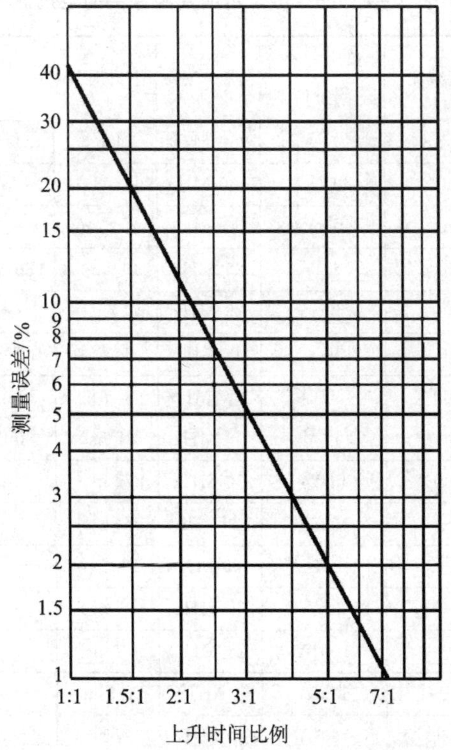

图 7-3　测量误差与上升时间比例(探头/被测信号)之间的关系

4 mV～40 V。如果想测量更宽的电压范围，则可以考虑使用 1×/10×可切换的探头，这样就可测量 4 mV～400 V 的动态范围。然而，使用 1×模式时要关注负载效应。

(3) 负载效应

1×探头的典型阻抗为 1 MΩ，10×探头的典型阻抗为 10 MΩ。通常，我们最关心的是探头的容抗。低频下探头的容抗非常大，可以忽略不计；但随着频率的增加，容抗下降，结果是增加了负载效应、降低了测量系统的带宽和增加了测量系统的上升时间。减小容性负载效应的办法就是尽量选择寄生电容小的探头，表 7-1 已给出常用的几种探头的电抗值。

另外，不可忽视的是，探头的接地导体是一根导线，它是个电感，这个电感与探头的电容在某个频点会产生振铃(ringing)现象。这个振铃现象是不可避免的，它以正弦波逐渐衰减的形式施加在脉冲波形上，如图 7-4 所示。

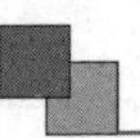

表 7-1　已给出常用的几种探头的电抗值

探头类型	探头名称	衰减比	最大安全测量值	带　宽	上升时间	共模拟制比	电　阻	电容/pF
电压探头	PP002	10×	400 V_p	350 MHz	1 ns	—	10 MΩ	14
	P6138A	10×	300 V_p	400 MHz	0.875 ns	—	10 MΩ	10
	10074C	10×	400 V_p	150 MHz	2.33 ns	—	10 MΩ	15
	P5200	50×	130 V_p	25 MHz	14 ns	80 dB(60 Hz)	4 MΩ	7
		500×	1 300 V_p	25 MHz	14 ns	50 dB(1 MHz)	4 MΩ	7
	P5205	50×	130 V_p	100 MHz	3.5 ns	80 dB(60 Hz)	4 MΩ	7
		500×	1 300 V_p	100 MHz	3.5 ns	50 dB(1 MHz)		7
	P5210	50×	560 V_p	50 MHz	7 ns	80 dB(60 Hz)	8 MΩ	7
		500×	5 600 V_p	50 MHz	7 ns	50dB(1MHz)	8 MΩ	7
	PR1030	—	100 A	20 kHz	17.5 μs	—	10 kΩ	100
		—	1 000 A	20 kHz	17.5 μs	—	10 kΩ	100
电流探头	A6302	—	20 A	50 MHz	7 ns	—	—	—
	A6303XL	—	100 A	10 MHz	35 ns	—	—	—
	A6304XL	—	500 A	2 MHz	175 ns	—	—	—
	CT-4+A6302	—	160 A	20 MHz	17.5 ns	—	—	—
	CT-4+A6302	—	1 000 A	20 MHz	17.5 ns	—	—	—
	TCP312	—	30 A	100 MHz	3.5 ns	—	—	—
	TCP303	—	150 A	15 MHz	23 ns	—	—	—
	TCP404XL	—	500 A	2 MHz	175 ns	—	—	—

注:本表提供的是安全测量值是最大安全测量值,未考虑按频率降额。

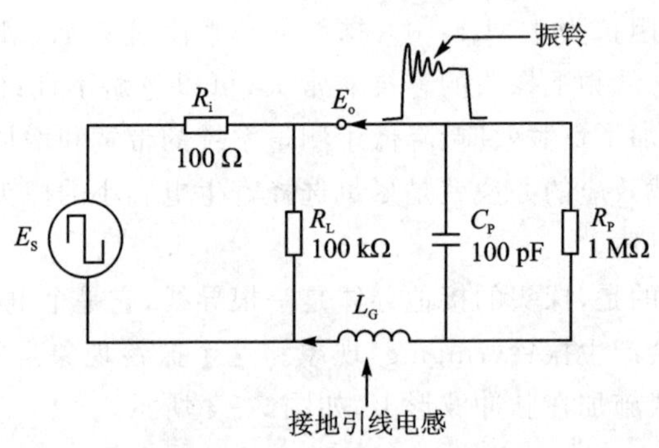

图 7-4　探头的接地导线增加了电路感抗

要减小这种接地效应,必须想办法使振铃频率出现在探头和示波器带宽范围之外,通常的办法就是使探头接地导线尽可能短、尽可能直。

➢ 图7-5所示为2.5 m探头电缆测得的方波信号上升沿波形(被测信号频率为100 kHz);

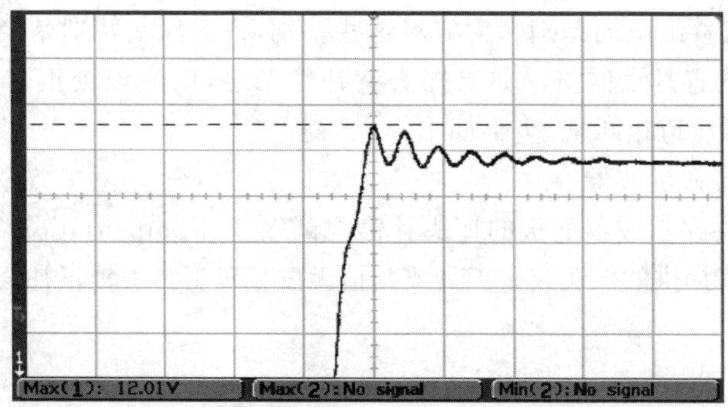

图7-5 2.5 m探头电缆测得的方波信号上升沿波形

➢ 图7-6所示为1.5 m探头电缆测得的方波信号上升沿波形(被测信号频率为100 kHz)。

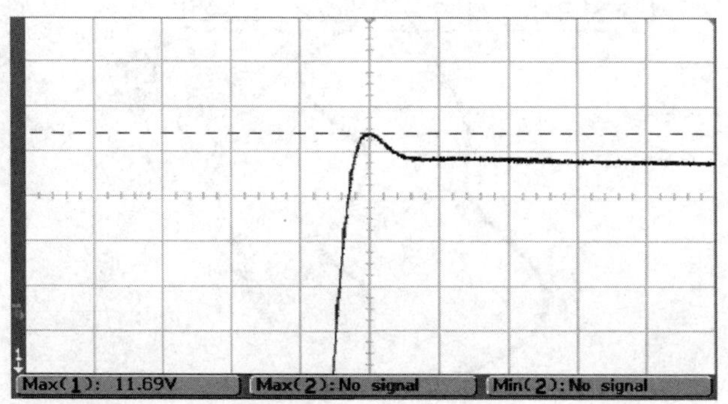

图7-6 1.5 m探头电缆测得的方波信号上升沿波形

3. 选择正确的探头

示波器测量的范围很宽,所以示波器探头的可选种类也非常多。因而,会出现乱用探头的问题。为避免乱用示波器探头、缩小探头选择范围,通常选用示波器手册上推荐的探头。这是很重要的,因为不同的示波器是为不同的带宽、上升时间、灵敏度和输入阻抗而设计的,要得到示波器测量能力的所有优点就需要探头与示波器匹配。

此外,应当根据测量需求选择相应的探头,具体如下:

➢ 根据被测量的类型选择相应的探头;

➢ 根据被测电路尺寸空间限制,使用合适尺寸和形状的探头;

➢ 被测信号幅度是否在示波器和探头的动态范围之内;

➢ 确认被测信号带宽、上升时间是否符合5倍规则,尤其对于非正弦信号;

➢ 关注探头对被测电路的负载效应,尽量选用大电阻、小电容的探头。

4. 对探头进行补偿

大多数探头与特定的示波器输入匹配，然而，示波器之间甚至同一示波器不同的输入通道之间有着细微的差别。为应对这些差别，许多探头特别是衰减探头(如10×和 100×)具备内置补偿网络。如果探头有补偿网络，则应该校正这个网络，使探头与使用的示波器通道相匹配，步骤如下：

① 将探头接入示波器。

② 将探针夹在示波器面板的探头补偿测试端口(Compensation Test Point)上。

③ 使用厂家提供的探头校正工具或其他无磁校正工具去校正补偿网络，如图 7-7 所示。

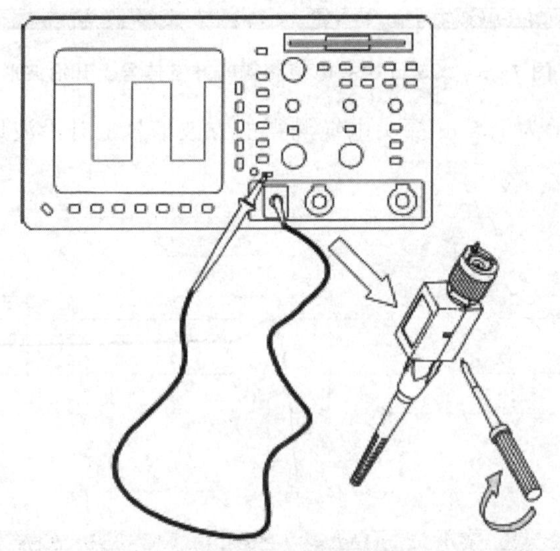

图 7-7　探头补偿校正可在探头头部或在探头的补偿盒上进行

最终获得顶部平坦、没有过冲或圆顶的方波，如图 7-8 所示。

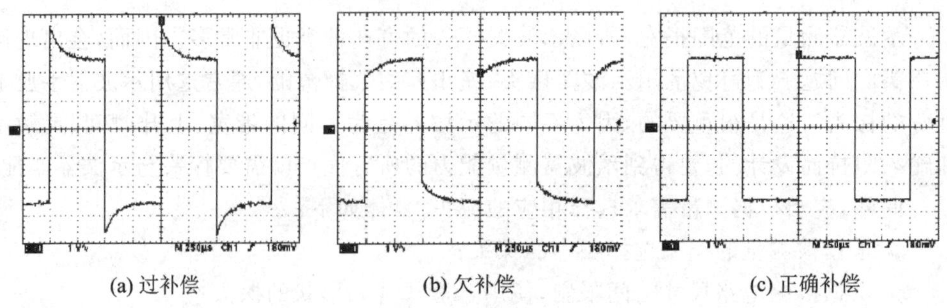

(a) 过补偿　　(b) 欠补偿　　(c) 正确补偿

图 7-8　探头补偿对测量方波信号的影响

④ 如果示波器有内置校准程序，运行这个程序以提高校准精度。

一个没有经过补偿的探头会导致测量误差，特别是在测量脉冲的上升时间和下降时间。为避免这样的误差，每次探头接入示波器时都应该进行一次补偿网络校正。同样，无论何时更换了探头的探针，都应进行一次校正。

5. 探头安全注意事项

使用探头时，为避免人身伤害、防止测试设备及任何有关联的电器产品不受毁坏，须仔细阅读安全注意事项。

为避免可能出现的危险，应按照厂家说明书来使用测试设备。要记住所有的电压、电流在人身伤害或设备毁坏方面均潜在着危险，具体预防措施如下：

- 注意所有测试点的电压、电流等级。
- 查阅探头和测试设备文件，关注每个降额方面的信息。例如，最大输入电压值随频率增加有相应的降额。
- 普通探头接地线只能连接大地(在示波器电源线连接了大地的情况下)。探头通过示波器电源线间接接地，为避免电击和起火，接地线必须连接大地。在连接被测产品的输入或输出端口之前，确保被测产品已正确接地。
- 测试浮地信号时，较多人习惯将示波器电源保护地线断开，并使用隔离变压器将示波器电源线隔离，使用浮地的示波器和普通探头去测量浮地信号，这是极不安全的做法，其接地端子、示波器和探头金属表面都会存在致命危险电压。而且噪声和其他效应通常会损害测量结果。所以切勿除去任何测试设备的电源保护地线，推荐使用差分探头测量浮地信号或使用测量通道隔离的示波器。
- 避免手或身体的其他部位接触到暴露在外的被测电路。
- 确保探头探针与接地夹之间，探针、接地夹与电路其他部分之间在测试过程中不会短路。
- 正确连接探头顺序：探头接入示波器→探头接地夹子接地→将探针连接到测试点。
- 正确断开探头顺序：断开探针与测试点的连接→断开探头接地导线→…。
- 为避免电击或损坏设备，不要在潮湿的环境中使用测量设备，测量设备的具体适应环境范围可查阅相关技术手册。

7.2　额定输出功率

7.2.1　额定输出视在功率和额定输出有功功率

1. 额定输出视在功率

额定输出视在功率是 UPS 的一个重要指标，也是客户选择 UPS 的首要参数。任何一台 UPS 都会标注额定输出视在功率 kV · A，由于 UPS 并不是对任何类型的负载(感性、容性、阻性、整流性等)都可达到标称的额定输出视在功率，而与负载类型有关。所以有些UPS规格书会给出各种负载类型对应的带载能力(视在功率)降额系数。例如,某款UPS规格书的规定如表7-2所列。

表7-2 各种负载类型视在功率降额系数表

负载类型 PF	感性(滞后)					阻性	容性(超前)				
	−0.5	−0.6	−0.7	−0.8	−0.9	1.0	0.9	0.8	0.7	0.6	0.5
额定视在功率降额系数 K	1.00	1.00	1.00	1.00	0.96	0.85	0.76	0.73	0.70	0.69	0.68

从表7-2中可以看出,负载功率因数0.8(滞后)是UPS输出额定视在功率不用降额的临界条件。通常,规格书把该类型负载的功率因数指定为UPS输出额定视在功率时的功率因数。

2. 额定输出有功功率

额定输出有功功率是UPS的另一个重要指标,等于UPS额定输出视在功率乘以输出功率因数。由于UPS并不是对任何类型的负载(感性、容性、阻性、整流性等)都可达到标称的额定输出有功功率,其也与负载类型有关。可以根据额定输出视在功率乘以相应负载的功率因数再乘以表7-2所列的额定视在功率降额系数K,得到UPS能带该类型负载的有功功率。该UPS有功功率带载能力如表7-3所列。

表7-3 各种负载类型有功功率表

负载类型 PF	感性(滞后)					阻性	容性(超前)				
	−0.5	−0.6	−0.7	−0.8	−0.9	1.0	0.9	0.8	0.7	0.6	0.5
额定视在功率降额系数 K	1.00	1.00	1.00	1.00	0.96	0.85	0.76	0.73	0.70	0.69	0.68
有功功率/kW	10	12	14	16	17.3	17.0	13.7	11.7	9.8	8.3	6.8

另外,IEC 62040-3和GB 7260-3标准中的某些测试项目明确规定,UPS输出带额定输出有功功率的负载类型为阻性负载。也就是说,20 kV·A(输出功率因数为滞后)的UPS输出带16 kW阻性负载即为满载。

7.2.2 输出降额及降额系数

为什么有些负载类型需要降额使用?如图7-9所示,首先根据规格书标称的额定视在功率、输出功率因数和UPS输出滤波电容值等参数能计算出UPS输出滤波电容电流I_c、负载电流I_{out}、逆变桥臂额定

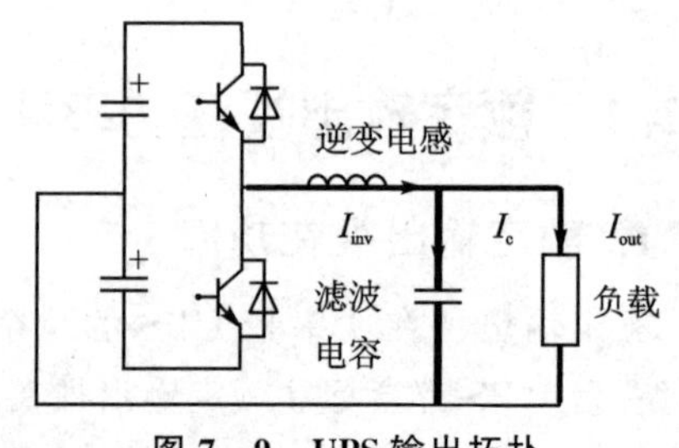

图7-9 UPS输出拓扑

电流 I_{inv}。

由于硬件拓扑已经固定了逆变桥臂的容量，因此为防止逆变桥臂电流超出额定值，那么负载类型不同，其所允许的负载电流就会不同。电流关系矢量图如图 7－10 所示。

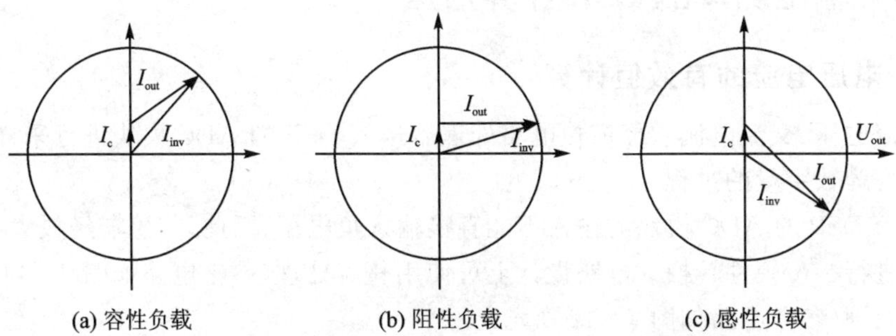

图 7－10　电流关系矢量图

UPS 一般是为感性负载设计的，逆变器的功率器件是根据有功功率设计的，电容器 C 是根据无功功率和滤波功能来设计的。输出滤波电容 C 的作用有两个，分别是向负载提供无功功率、滤除逆变器输出 PWM 的高次谐波而将正弦波解调出来。

从图 7－10 可以明显看出，允许负载电流 I_{out}：容性＜阻性＜感性，所以在功率因数数值上比规格书标称值大的感性负载、阻性负载以及所有的容性负载均须降额使用。

从图 7－10 还可以看出，针对不同类型负载，UPS 会有不同的带载能力（视在功率），这是因为输出滤波电容电流 I_c 的存在。如果 UPS 输出没有交流滤波电容，则 UPS 逆变桥臂电流 I_{inv} 就会等于负载电流 I_{out}；那么不管负载类型如何都无须降额使用了，甚至规格书也就没有必要标注额定输出功率因数或负载功率因数了。

表 7－2 中的具体降额系数是如何计算的呢？

以 20 kV・A（输出功率因数为 0.8）的 UPS 为例，假设该 UPS 某相输出滤波电容为 300 μF，UPS 输出相电压为 220 V，计算过程如下：

① 计算电容功率为

$$P_c = \omega c u^2 = 314 \times 300 \times 10^{-6}\ \text{F} \times 220\ \text{V} \times 220\ \text{V} \approx 4.56\ \text{kV} \cdot \text{A} \tag{7-3}$$

② 负载的阻性成分为

$$20 \times 0.8 = 16\ \text{kV} \cdot \text{A} \tag{7-4}$$

③ 负载的感性成分为

$$\sqrt{20^2 - 16^2} = 12\ \text{kV} \cdot \text{A} \tag{7-5}$$

④ UPS 逆变桥臂额定容量为

$$p = \sqrt{16^2 + (12 - 4.56)^2} \approx 17.6\ \text{kV} \cdot \text{A} \tag{7-6}$$

该额定容量下，可带阻性负载 $p = \sqrt{17.6^2 - 4.56^2} \approx 17.0\ \text{kV} \cdot \text{A}$，所以带阻性负

载的功率降额系数 $K=17/20=0.85$。

同理,可计算出其他负载类型的降额系数,部分感性负载的降额系数可能会大于1,规格书一般仍然会规定为1,最后可得到表 7-2 中的降额系数。

7.2.3 输出功率的 DSP 计算方法

1. 电压电流的有效值计算

交流电压、交流电流须经模拟电路处理后送入 DSP 的 ADC 模块进行采样,完成模拟量变为数字量的过程。

由于 DSP 的 ADC 模块的输入不能直接输入负电压,因此,传感器经放大电路后还需要进行一步硬件转换。电路设计上可使用整流处理(参考电路如图 7-11 所示)或偏置处理(参考电路如图 7-12 所示)。

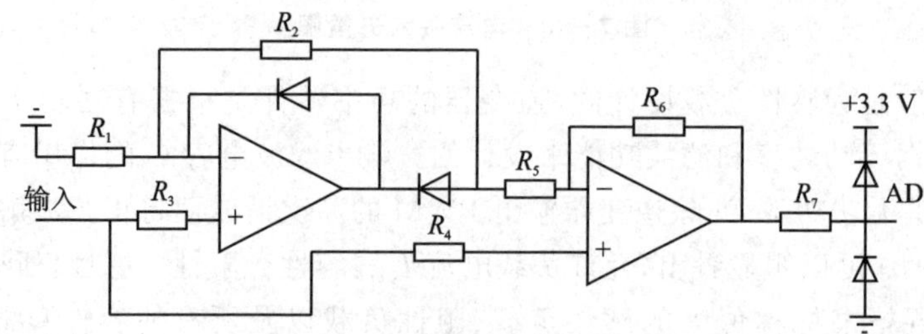

图 7-11 整流处理电路

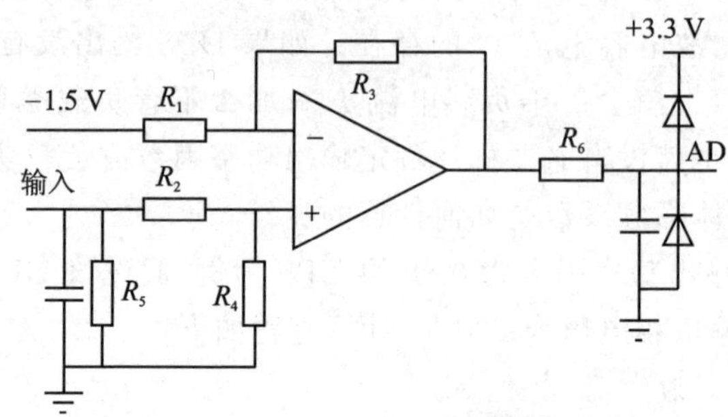

图 7-12 偏置处理电路

(1) 数学模型的搭建

根据所学的电路知识,以电压 $U(t)=\sqrt{2}U\sin(\omega t+\phi_U)$ 为例,交流电压电流的有效值如下式所示:

$$U_{\mathrm{RMS}}=\frac{1}{T}\sqrt{\int_0^T[U(t)]^2\mathrm{d}t} \tag{7-7}$$

式中:$T=2\pi$;$U(t)=\sqrt{2}U\sin(\omega t+\phi_U)$。

由于 DSP 只能处理离散数据,所以根据所学的数学知识,将式(7-7)所示的连

续的数学模型离散化，如下：

$$U_{\mathrm{RMS}}=\frac{1}{N}\sqrt{\sum_{i=0}^{N}[U(i)]^2\,\mathrm{d}i} \tag{7-8}$$

式中，N 为一个周期的采样点；$U(i)$为 A/D 采样时刻的电压量。

(2) 程序代码设计

正式进行算法计算之前，须将 A/D 采样后的数字量进行数据定标，之后可参考如图 7-13 所示的流程图。

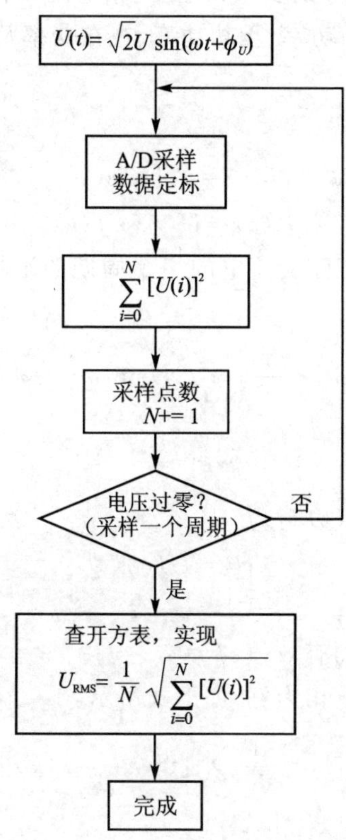

图 7-13　计算有效值的流程图

2. 功率计算

功率的计算离不开采样的电压与电流，电路的处理、数据的定标可参考之前的章节。对于三相对称负载来讲，不论是 Y 形接法还是 Delta 接法，其功率的计算均可按照下面进行，这部分内容在电路原理中也有阐明。

有功功率，如下式所示：

$$\begin{cases}P=3U_{\mathrm{Phase}}I_{\mathrm{Phase}}\cos\phi\\P=\sqrt{3}U_{\mathrm{Line}}I_{\mathrm{Line}}\cos\phi\end{cases} \tag{7-9}$$

无功功率,如下式所示:

$$\begin{cases} Q = 3U_{\text{Phase}} I_{\text{Phase}} \sin\phi \\ Q = \sqrt{3} U_{\text{Line}} I_{\text{Line}} \sin\phi \end{cases} \tag{7-10}$$

视在功率,如下式所示:

$$\begin{cases} S = 3U_{\text{Phase}} I_{\text{Phase}} \\ S = \sqrt{3} U_{\text{Line}} I_{\text{Line}} \end{cases} \tag{7-11}$$

式中:U_{Phase}、I_{Phase}、U_{Line}、I_{Line} 分别表示相电压、相电流、线电压及线电流有效值。

如何在 DSP 中实现有功功率、无功功率、视在功率及功率因数,须根据电路原理中的数学模型入手。

(1) 数学模型的搭建

令 $U(t)=\sqrt{2}U\sin(\omega t+\phi_U)$,$I(t)=\sqrt{2}U\sin(\omega t+\phi_I)$,则瞬时功率如下式所示:

$$P(t)=U(t)\cdot I(t) \tag{7-12}$$

根据有功功率的定义,正弦交流电的一个周期的平均功率,以单相为例,如下式所示:

$$\begin{aligned} P &= \frac{1}{T}\int_0^T [U(t)\times I(t)]\mathrm{d}t = \frac{1}{T}\int_0^T [\sqrt{2}U\sin(\omega t+\phi_U)\times\sqrt{2}U\sin(\omega t+\phi_I)]\mathrm{d}t \\ &= \frac{1}{T}\int_0^T UI[\cos\phi - \cos(2\omega t-\phi)]\mathrm{d}t \end{aligned} \tag{7-13}$$

因此,有功功率和视在功率可以写为

$$\begin{cases} P = UI\cos\phi \\ S = U\cdot I \end{cases} \tag{7-14}$$

式中:U、I 分别是电压电流的有效值;$\phi=\phi_U-\phi_I$。

将公式进行离散化,以单相为例,如下式所示:

$$\begin{cases} P = \dfrac{1}{N}\sum\limits_{k=0}^{N}[U(k)\times I(k)] \\ S = U\cdot I \end{cases} \tag{7-15}$$

进一步可得

$$Q = \frac{1}{N}\sum_{k=0}^{N}\left[U(k)\cdot I\left(k-\frac{N}{4}\right)\right] \tag{7-16}$$

由式(7-15)和式(7-16)可以看出,有功功率的累加可以在定时中断中进行,如图 7-14 所示。由于无功功率的计算需要当前时刻的电压与 1/4 周期之前时刻的电流相乘,因而需要保存 1/4 个周期的电流采样数据,如图 7-15 所示。

由于该电流采样数据存储空间初始化时为零,因此,在第一个周期计算获得的无功功率并不准确,一般不直接参与控制。

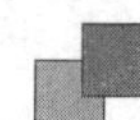

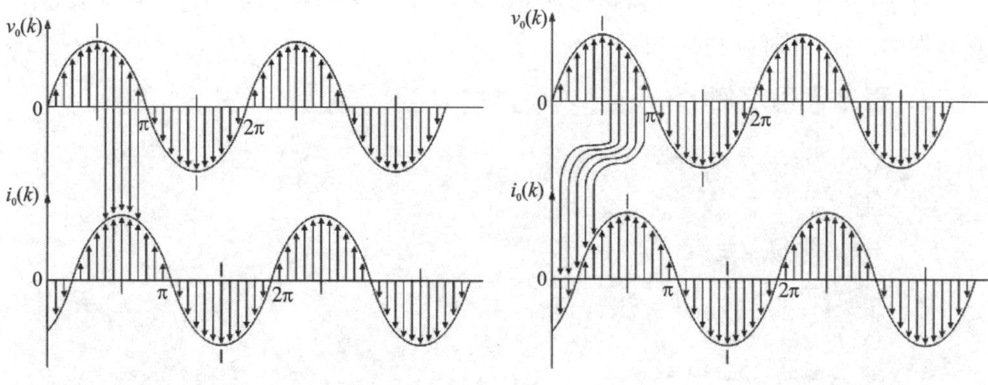

图 7 - 14　有功功率计算示意图　　　　图 7 - 15　无功功率计算示意图

(2) 程序代码设计

有功功率计算流程图如图 7 - 16 所示。

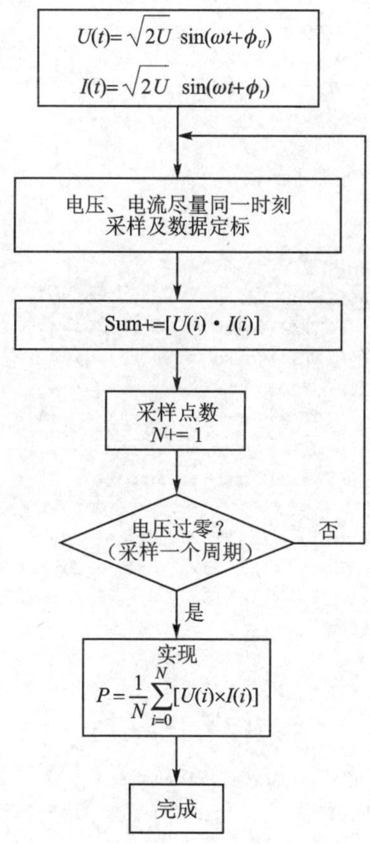

图 7 - 16　有功功率计算流程图

对于视在功率的计算，只需将计算出的电压、电流有效值相乘即可。特别需要注意数据的定标，此时应左移 12 位。

3. 程序代码示例

```
//A/D 采样及数据定标子函数
void ADC_Sample ()
{
    //电压、电流采集
    ADC_Volta = AdcMirror.ADCRESULT0;
    ADC_Voltb = AdcMirror.ADCRESULT1;
    ADC_Voltc = AdcMirror.ADCRESULT2;
    ADC_Curra = AdcMirror.ADCRESULT3;
    ADC_Currb = AdcMirror.ADCRESULT4;
    ADC_Currc = AdcMirror.ADCRESULT5;
    //数据定标,定标系数均为 Q12
    Volta = ((INT32)ADC_Volta * KVolt) >> 12;
    Curra = ((INT32)ADC_Curra * KCurr) >> 12;
    Voltb = ((INT32)ADC_Voltb * KVolt) >> 12;
    Currb = ((INT32)ADC_Currb * KCurr) >> 12;
    Voltc = ((INT32)ADC_Voltc * KVolt) >> 12;
    Currc = ((INT32)ADC_Currc * KCurr) >> 12;

}
//电压、电流及功率计算预处理子函数
void RMS_POWER_PreDeal()
{
    //计算电压平方和(Q20 格式)
    VoltaSum.dword += (((INT32)Volta * Volta) >> 4);
    VoltbSum.dword += (((INT32)Voltb * Voltb) >> 4);
    VoltcSum.dword += (((INT32)Voltc * Voltc) >> 4);
    //计算电流平方和(Q20 格式)
    CurraSum.dword += (((INT32)Curra * Curra) >> 4);
    CurrbSum.dword += (((INT32)Currb * Currb) >> 4);
    CurrcSum.dword += (((INT32)Currc * Currc) >> 4);
    //计算瞬时功率和 (Q20 格式)
    ActivePowerA_Sum.dword += (((INT32)Volta * Curra) >> 4);
    ActivePowerB_Sum.dword += (((INT32)Voltb * Currb) >> 4);
    ActivePowerC_Sum.dword += (((INT32)Voltc * Currc) >> 4);
    ……//饱和限幅处理省略
    if(过零点检测有效)
    {
        VoltaSumCal = VoltaSum;
        CurraSumCal = CurraSum;
        ActivePowerA_SumCal = ActivePowerA_Sum;
        ActivePowerA_Sum = 0;
        VoltaSum = 0;
        CurraSum = 0;
```

```
        VoltBSumCal = VoltbSum;
        CurrBSumCal = CurrbSum;
        ActivePowerB_SumCal = ActivePowerB_Sum;
        ActivePowerB_Sum = 0;
        VoltbSum = 0;
        CurrbSum = 0;

        VoltcSumCal = VoltcSum;
        CurrcSumCal = CurrcSum;
        ActivePowerC_SumCal = ActivePowerC_Sum;
        ActivePowerC_Sum = 0;
        VoltcSum = 0;
        CurrcSum = 0;
    }
}
//电压、电流及功率计算子函数
void RMS_POWER_Cal()
{
    long  temp;
    //A 相电压、电流有效值计算,PointCnt 为进入中断的次数
    temp = VoltaSumCal / PointCnt;
    VoltaRMS = isqrt(temp);                                    //Q10
    temp = CurraSumCal / PointCnt;
    CurraRMS = isqrt(temp);                                    //Q10
    //B 相电压、电流有效值计算,PointCnt 为进入中断的次数
    temp = VoltbSumCal / PointCnt;
    VoltbRMS = isqrt(temp);                                    //Q10
    temp = CurrbSumCal / PointCnt;
    CurrbRMS = isqrt(temp);                                    //Q10
    //C 相电压、电流有效值计算,PointCnt 为进入中断的次数
    temp = VoltcSumCal / PointCnt;
    VoltcRMS = isqrt(temp);                                    //Q10
    temp = CurrcSumCal / PointCnt;
    CurrcRMS = isqrt(temp);                                    //Q10
    //计算功率
    temp = ActivePowerA_SumCal.dword / PointCnt;
    PowerA = (temp >> 10);                                     //有功功率 Q10
    SA = (((INT32)VoltaRMS) * CurraRMS) >> 10;                 //视在功率 Q10
    temp = ActivePowerB_SumCal.dword / PointCnt;
    PowerB = (temp >> 10);                                     //有功功率 Q10
    SB = (((INT32)VoltbRMS) * CurrbRMS) >> 10;                 //视在功率 Q10
    temp = ActivePowerC_SumCal.dword / PointCnt;
    PowerC = (temp >> 10);                                     //有功功率 Q10
    SC = (((INT32)VoltcRMS) * CurrcRMS) >> 10;                 //视在功率 Q10
}
```

7.2.4 额定输出功率测试方法及常见问题

1. 测试方法

当某 UPS 的规格书和设计确定下来后,应如何测试呢?步骤如下:

① 首先测试 UPS 软件设计是否满足规格书声称的额定输出视在功率和输出功率因数。UPS 输出带指定功率因数的负载,然后逐渐增加直至 UPS 满载。记录此时的输出视在功率和有功功率,并判断是否已达到规格书声称的额定输出视在功率值。

② 根据 UPS 额定输出视在功率、输出功率因数、额定输出电压频率以及输出滤波电容等参数计算 UPS 的降额系数 K_0,得到各种类型负载的降额系数表,然后将规格书提供的负载降额系数 K 填入相应表格表进行对比。

③ 根据 UPS 软件得出 UPS 对各种类型负载量的限制系数 K_1。当某个负载类型的 $K_1 > K_0$ 时,说明此时 UPS 逆变桥臂电流大于额定电流,要特别关注此时 UPS 的关键器件应力是否符合降额要求。整流性负载(非线性负载)不同于线性负载,所以必须单独关注该负载下的关键器件应力是否符合降额要求。当 $K_1 < K$ 时,说明此负载类型的负载量限制达不到规格书要求。

2. 常见疑问分析

问题一:额定视在功率相同的两台 UPS,对于客户而言,标称的输出功率因数越高越好还是越低越好(以设计能达到标称值和标准要求为前提)?

答:越高越好。UPS 标称的输出功率因数均为感性负载条件而不是整流性负载条件,输出功率因数越高,则该 UPS 对各种负载类型的带载能力(包括视在功率和有功功率)越强,当然对 UPS 硬件的承受能力要求也越高。

问题二:仅用带整流性负载的功率因数来衡量 UPS 带载能力是否合适?

答:目前正在使用的是信息产业部标准 YD/T1095—2000,其要求的输出功率因数是指带非线性负载(即整流性负载)的功率因数。注意,不要和厂家声称的输出功率因数概念混淆!相同功率容量的整流性负载,其功率因数越低,负载电流的峰值比越大,那么电流峰值越高、谐波含量越多,对 UPS 逆变器硬件的要求越高。目前市场上的主流为双变换器 UPS,不仅需要衡量逆变器的带载能力,而且需要衡量整流器的带载能力。整流器主要承受的是负载的有功成分,对于功率因数越小的负载,有功分量就越小,对整流器的硬件要求就越低。

所以对于双变换器 UPS,仅用整流性负载衡量 UPS 的综合带载能力已经不太适用了。况且按照标准要求,单相输出功率超出 33 kV·A 的大容量 UPS,输出所带的整流性负载为阻性负载并联纯整流性负载,所以已无法实现较小功率因数的整流性负载。

7.3　浅谈功率因数及负载性质

7.3.1　功率因数

根据IEC 62040－3国际标准，存在几种功率因数，它们在概念上非常相近，很多书籍混淆，因此这里直接给出英文定义：

Displacement power factor（位移功率因数）：displacement component of the power factor；ratio of the active power of the fundamental wave to the apparent power of the fundamental wave。

Input power factor（输入功率因数）：ratio of the input active power to the input apparent power with the UPS operating in normal mode，at rated input voltage，rated load and with a fully charged energy storage system。

Load power factor（负载功率因数）：characteristics of an a. c. load in terms expressed by the ratio of active power to apparent power assuming an ideal sinusoidal voltage。

输入/负载功率因素定义很明确，是反映交流负载特性的一个词（简而言之，固定负载的功率因素也是固定的），表明负载从电源获取有功功率的能力；负载功率因素越大，表明其从电源获取的有功功率越多。

UPS既是负载的源，又是电网（或油机）的负载，那么可以将"UPS＋load"看成一个整体。为了从电网获取最大的有功功率，同时降低对电网的谐波污染，通常采用PFC实现输入功率因素为1。功率因素为1就意味着"UPS＋load"负载特性为纯阻性（PFC本质上是通过控制开关占空比改变"UPS＋load"负载特性，使等效电路近似为纯电阻）。因此，输入功率因素与负载功率因素本质上并无区别。输入功率因数与负载功率因数的关系如图7－17所示。

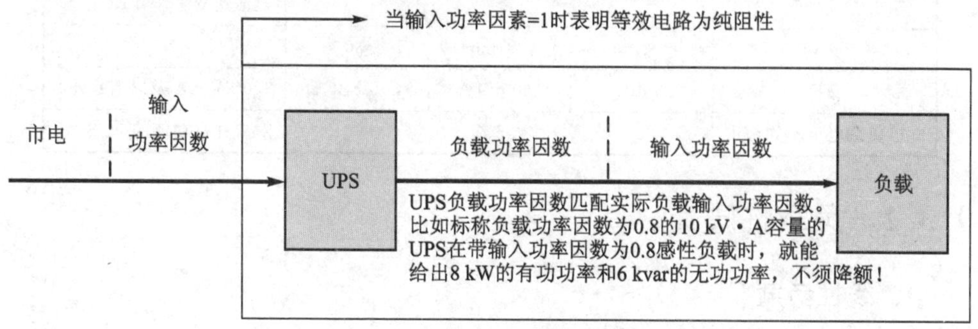

图7－17　输入功率因数与负载功率因数的关系

"输出功率因数"——不但用户、厂家这么称呼，甚至参加制定标准的起草者也这么称呼。然而 IEC 标准中并没有“输出功率因数”这种说法,看来这个词是存在误导的。

所谓控制 UPS 的输出,其实是控制 UPS 的输出电压为标准正弦波形。UPS 监控面板显示的 PF 值一般指负载功率因数。既然功率因数表示的是交流负载特性,那么所谓的 UPS 输出功率因素怎么测呢?必须空载时才可以测量,因为一旦带载,测出的就是负载的功率因数,这是一个毫无意义的数据,侧面证明了“输出功率因数”这种称呼是错误的。

行标制定者也意识到了“输出功率因数”这种叫法的不妥,因此可在 YD/T 1095—2000(见表 7-4)~YD/T 1095—2008(见表 7-5)中可看出明显的修正。

按照正确的叫法——“负载功率因数”,人们决不会与 UPS 电源相联系,因为 UPS 的输出功率自然是按照负载的需要输出的(UPS 逆变控制的目标是输出正弦化的波形)。但如果按照“输出功率因数”这个错误的叫法,那么就自然会认为 UPS 的输出有功功率不论在任何负载情况下都是固定不变的,容易产生误解。

表 7-4　YD/T 1095—2000 中的部分电气性能

参数名称	数　值			备　注
输出功率因数	≤0.8			
输出电流峰值系数	≥3:1			电池逆变工作方式
过载能力	10 min	1 min	30 s	正常工作,过载 125%
噪声	<50 dB(A)	<60 dB(A)	<70 dB(A)	
并机负载电流不均衡度	≤5%			对有并机功能的 UPS

表 7-5　YD/T 1095—2008 中的部分电气性能

参数名称	数　值			备　注
输出有功功率	≥额定容量×0.7 kW/(kV·A)			
输出电流峰值系数	≥3			电池逆变工作方式
过载能力(125%)	≥10 min	≥1 min	≥30 s	
噪声	<50 dB(A)	<60 dB(A)	<70 dB(A)	400 kV·A 及以上除外
并机负载电流不均衡度	≤5%			对有并机功能的 UPS

7.3.2　负载性质

1. 线性负载

根据 IEC 62040-3 标准定义,线性负载可用如下公式表示:

$$I = U/Z$$

式中:I 为负载电流;U 为 UPS 提供的电压;Z 为恒定的阻抗。

因而，线性负载可理解成输出所带的阻性负载、容性负载或感性负载。

2. 非线性负载

根据 IEC 62040－3 标准定义，非线性负载是指：Load where the parameter Z (load impedance) is no longer a constant but is a variable dependent on other parameters, such as voltage or time。其示意图如图 7－18 所示。

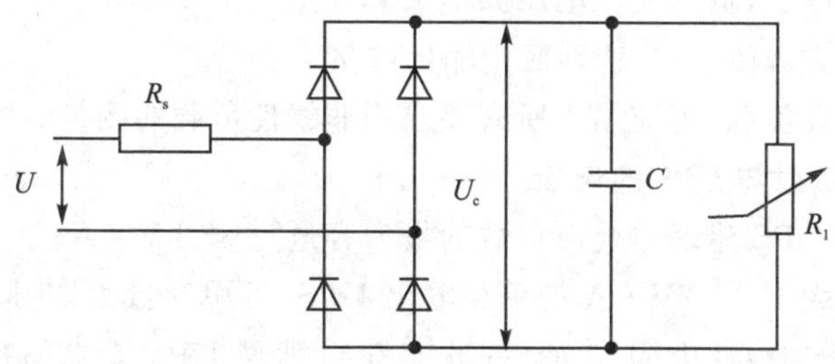

图 7－18　非线性负载示意图

根据相关定义，图 7－18 所示的电路被称为非线性负载，就是因为在输入端施加正弦电压 U 时，当电压瞬时值大于电容上的直流电压时，电源给负载 R_1 供电并向电容充电。当电压瞬时值小于电容上的直流电压时，因为二极管的阻断作用，电源不再供电，而由电容放电使负载保持电流的连续性。所以这个负载对于电源呈现的阻抗是随电压瞬时值的大小而改变的。

线性负载与非线性负载表现出来的区别是："二者都施加正弦电压时，线性负载的电流是正弦的，而非线性负载的电流是非正弦的"。

单相整流/容性负载可用如图 7－18 所示电路进行模拟，这些模拟负载可多个并联。

(1) 计算方法

- U 为 UPS 额定输出电压，单位为 V。
- F 为 UPS 输出频率，单位为 Hz。
- U_c 为整流输出电压，单位为 V。
- S 为整流/容性负载的视在功率，当负载功率因数为 0.7 时，70%的视在功率作为有功功率消耗在 R_s 和 R_1 中。
- R_1：负载电阻。
- R_s：串联线性电阻，用于模拟电源线上的压降。
- 纹波电压≤5% U_c 的电压峰值，功率因数为 0.7 时，R_1、C 的时间常数为 0.15 s，即 $R_1 \cdot C = 0.15$ s(50 Hz、60 Hz 系统均可按此考虑)。

考虑到峰值电压、线电压波形畸变、电源线上的电压降以及整流输出电压的波纹，则整流输出电压的平均值 U_c 为(忽略整流二极管压降)

$$U_c = 1.414 \times 0.92 \times 0.96 \times 0.975 \times U = 1.22\,U$$

R_s、R_1 和 C 的值可以通过下列计算确定：

$$R_s=0.04\times U^2,\quad R_1=U_c^2/0.66\ \text{s},\quad C=0.15/R_1$$

注：实际元器件误差应满足下列要求，即 C 的误差不大于±25%，R_s 的误差不大于±10%。

(2) 测量方法

- 非线性负载下，输入交流电压波形失真度不大于 8%。
- 调整电阻 R_1，使 UPS 达到额定输出容量。
- 调整非线性负载，可应用于所有要求用非线性负载的测量。

(3) 非线性负载与 UPS 的连接

- 单相输出 UPS 建议非线性负载的最大容量为 33 kV·A。
- 额定容量大于 33 kV·A 的单相输出 UPS，可用容量为 33 kV·A 的非线性负载、仅增加线性电阻与 R_1 并联来获得满足 UPS 要求的视在功率及有功功率。
- 为单相负载设计的三相输出 UPS，3 个相同的单相非线性负载可连接于相间或线间(单相非线性负载的整流输出电压 U_c 应分别为相电压或线电压)，连接方式取决于 UPS 的输出供电方式，其总容量可到 100 kV·A。
- 额定容量大于 100 kV·A 的三相输出 UPS，可采用上述第 3 条非线性负载，然后在每个线性负载上增加线性电阻，使其总容量达到 UPS 所要求的额定容量及有功功率。

7.4 三相电压不平衡度的计算方法

只要系统为三相输入或三相输出就会涉及三相不平衡度概念，现在很多标准对产品的输入或输出三相不平衡度均有规定，如 GB/T 3859.1—1993、IEC 62040.3—1999、GB/T 7260.3—2003、YD/T 1095—2000 等。很多读者对不平衡度的计算存在疑问，也有部分读者使用了不正确的计算方法(三相电压有效值两两相减，得到最大差值后除以额定电压作为不平衡度结果)。

国家标准 GB/T 15543—1995 对不平衡度的计算方法做了详细规定，标准中涉及的概念和公式来由，读者不一定清楚，这里对该标准进行较详细的介绍。

1. 国标规定的三相电压不平衡度计算方法

从 GB/T 15543—1995 标准可以找到不平衡度的准确计算式。

在有零序分量的三相系统中应用对称分量法分别求出正序分量和负序分量，并由下式求出不平衡度：

$$\varepsilon_u=\frac{U_2}{U_1}\times 100\% \tag{7-17}$$

式中：U_1 为三相电压的正序分量方均根值；U_2 为三相电压的负序分量方均根值。

在没有零序分量的三相系统中，当已知三相量 a、b、c 时，用下式求不平衡度：

$$\varepsilon = \sqrt{\frac{1-\sqrt{3-6L}}{1+\sqrt{3-6L}}} \times 100\% \tag{7-18}$$

式中：$L=\dfrac{a^4+b^4+c^4}{(a^2+b^2+c^2)^2}$。

2. 对称分量法

(1) 对称三相系统

三相中的电压 $\boldsymbol{U}_a$、$\boldsymbol{U}_b$、$\boldsymbol{U}_c$ 对称，只有一个独立变量，如图 7-19 所示。如果三相相序为 a、b、c，则由 $\boldsymbol{U}_a$ 得出其余两相电压：

$$\begin{cases}\boldsymbol{U}_b=\alpha^2\boldsymbol{U}_a \\ \boldsymbol{U}_c=\alpha\boldsymbol{U}_a\end{cases}$$

式中：$\alpha=\mathrm{e}^{\mathrm{j}2\pi/3}=\cos 2\pi/3+\mathrm{j}\sin 2\pi/3$。

(2) 不对称三相系统

三相中的电压 $\boldsymbol{U}_a$、$\boldsymbol{U}_b$、$\boldsymbol{U}_c$ 互不相关，即幅值大小不一定相等，相位关系不固定，如图 7-20 所示。

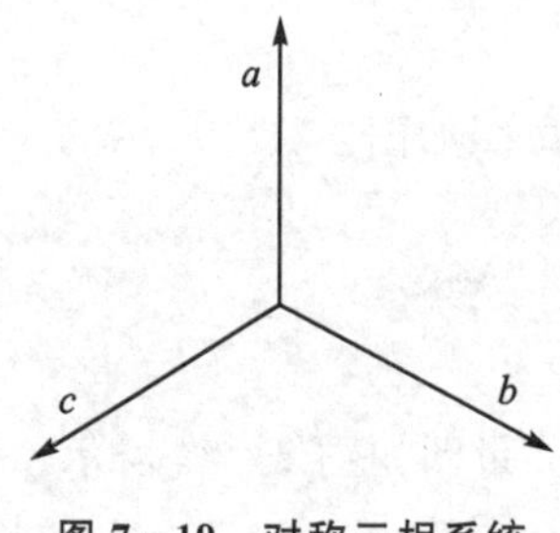

图 7-19 对称三相系统

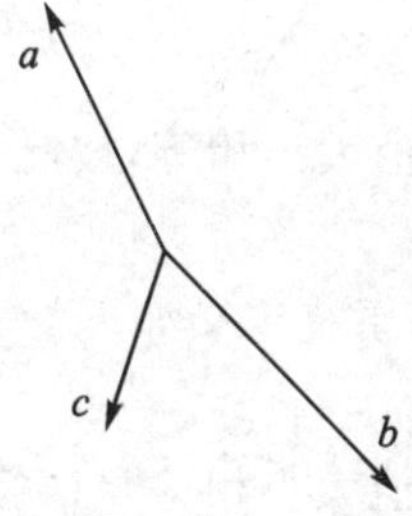

图 7-20 不对称的三相系统

虽然不对称的三相系统千变万化，但它们都能被分解为 3 个独立的对称系统，即正序系统、负序系统和零序系统。分解示意图如图 7-21 所示。

不对称三相电压的分解式如下：

$$\begin{cases}\boldsymbol{U}_a=\boldsymbol{U}_{a+}+\boldsymbol{U}_{a-}+\boldsymbol{U}_{a0} \\ \boldsymbol{U}_b=\boldsymbol{U}_{b+}+\boldsymbol{U}_{b-}+\boldsymbol{U}_{b0} \\ \boldsymbol{U}_c=\boldsymbol{U}_{c+}+\boldsymbol{U}_{c-}+\boldsymbol{U}_{c0}\end{cases} \tag{7-19}$$

① 正序系统定义如下：

$$\boldsymbol{U}_{b+}=\alpha^2\boldsymbol{U}_{a+} \tag{7-20}$$

$$\boldsymbol{U}_{c+}=\alpha\boldsymbol{U}_{a+} \tag{7-21}$$

式中：

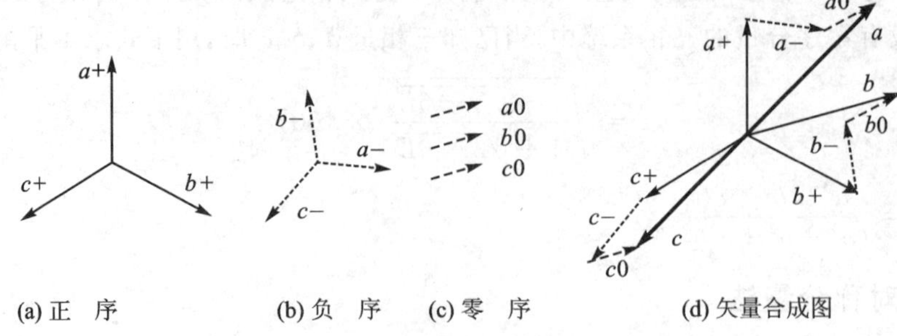

图 7-21　矢量合成图

$$\alpha = e^{j2\pi/3} = \cos\frac{2\pi}{3} + j\sin\frac{2\pi}{3} \tag{7-22}$$

每相幅值大小相等,彼此相位差 120°,相序按照如图 7-22 所示的 $a_+ \to b_+ \to c_+$ 顺时针旋转。

② 负序系统定义如下:

$$\boldsymbol{U}_{b-} = \alpha \boldsymbol{U}_{a-} \tag{7-23}$$

$$\boldsymbol{U}_{c-} = \alpha^2 \boldsymbol{U}_{a-} \tag{7-24}$$

式中:

$$\alpha = e^{j2\pi/3} = \cos\frac{2\pi}{3} + j\sin\frac{2\pi}{3} \tag{7-25}$$

每相幅值大小相等,彼此相位差 120°,相序按照如图 7-23 所示的 $a_- \to c_- \to b_-$ 逆时针旋转。

③ 零序系统定义如下:

$$\boldsymbol{U}_{b0} = \boldsymbol{U}_{a0} = \boldsymbol{U}_{c0} \tag{7-26}$$

三相幅值大小相等并且相位角相等。零序矢量图如图 7-24 所示。

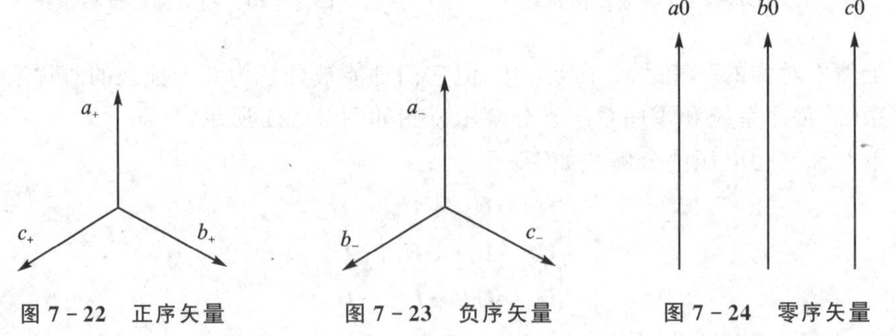

图 7-22　正序矢量　　图 7-23　负序矢量　　图 7-24　零序矢量

进一步可以推出如下公式:

$$\begin{cases} \boldsymbol{U}_{a+}=\dfrac{1}{3}(\boldsymbol{U}_a+\alpha\boldsymbol{U}_b+\alpha^2\boldsymbol{U}_c) \\ \boldsymbol{U}_{a-}=\dfrac{1}{3}(\boldsymbol{U}_a+\alpha^2\boldsymbol{U}_b+\alpha\boldsymbol{U}_c) \\ \boldsymbol{U}_{a0}=\dfrac{1}{3}(\boldsymbol{U}_a+\boldsymbol{U}_b+\boldsymbol{U}_c) \end{cases} \tag{7-27}$$

同理，也可推出 $\boldsymbol{U}_b$ 和 $\boldsymbol{U}_c$ 的正序、负序和零序分量。进一步求得三相不平衡度的计算公式：

$$\varepsilon_u=\frac{U_2}{U_1}\times 100\%=\frac{|\boldsymbol{U}_{a-}|}{|\boldsymbol{U}_{a+}|}\times 100\% \tag{7-28}$$

如图 7-25 所示，假定与不平衡三相电压 $\boldsymbol{A}$、$\boldsymbol{B}$、$\boldsymbol{C}$ 对应的线电压向量为 $\boldsymbol{K}$、$\boldsymbol{L}$、$\boldsymbol{M}$，则

$$\boldsymbol{K}=\boldsymbol{A}-\boldsymbol{B},\quad \boldsymbol{L}=\boldsymbol{B}-\boldsymbol{C},\quad \boldsymbol{M}=\boldsymbol{C}-\boldsymbol{A}$$

进一步可得

$$3\boldsymbol{U}_{a+}=\boldsymbol{B}+\boldsymbol{K}+\alpha\boldsymbol{B}+\alpha^2(\boldsymbol{B}-\boldsymbol{L}) \tag{7-29}$$

我们知道，

$$\alpha=\mathrm{e}^{\mathrm{j}2\pi/3}=\cos\frac{2\pi}{3}+\mathrm{j}\sin\frac{2\pi}{3} \tag{7-30}$$

所以，

$$\alpha^2+\alpha+1=0 \tag{7-31}$$

进一步可推出：

$$3\boldsymbol{U}_{a+}=\boldsymbol{K}-\alpha^2\boldsymbol{L} \tag{7-32}$$

即

$$\overrightarrow{AQ}=3\boldsymbol{U}_{a+}=\boldsymbol{K}-\alpha^2\boldsymbol{L} \tag{7-33}$$

同理可得

$$\overrightarrow{AP}=3\boldsymbol{U}_{a-}=\boldsymbol{K}-\alpha\boldsymbol{L} \tag{7-34}$$

不平衡度可写为

$$\varepsilon_u=\frac{U_2}{U_1}\times 100\%=\frac{|\boldsymbol{U}_{a-}|}{|\boldsymbol{U}_{a+}|}\times 100\%=\frac{|\boldsymbol{K}-\alpha\boldsymbol{L}|}{|\boldsymbol{K}-\alpha^2\boldsymbol{L}|}\times 100\% \tag{7-35}$$

对称分量法是不平衡度计算方法的定义，当然可以用于任何三相系统中。

3. 不平衡度计算公式的推导——解析几何法

不含零序分量的三相电量（如三相线电压、无中线的三相电流等）可以求出三相不平衡度的更为简洁的算式。如图 7-26 所示，可采用解析几何的方法推导 AP、AQ 和 K、L、M 之间的数值关系。根据海伦公式可以得出△ABC 的面积：

$$\Delta=\frac{1}{2}LH=\sqrt{S(S-K)(S-L)(S-M)} \tag{7-36}$$

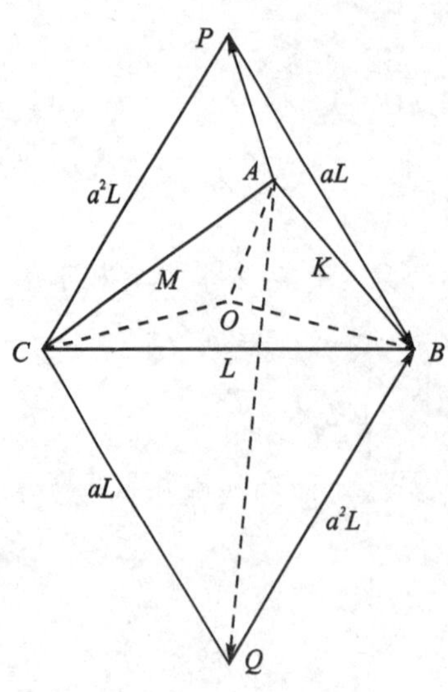

图 7-25 不平衡三相电压与线电压关系

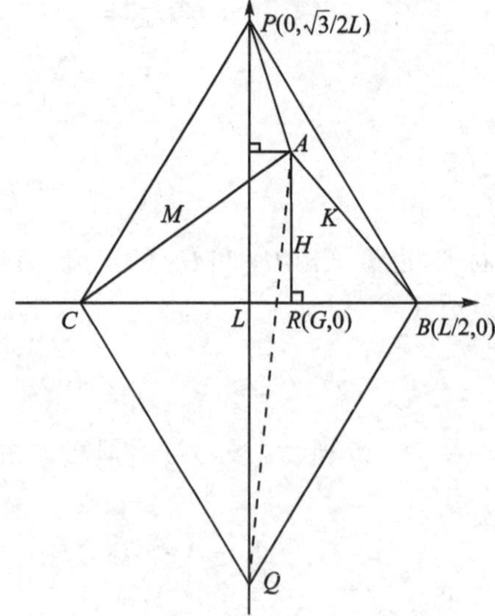

图 7-26 解析几何法示意图

将 $S=\frac{1}{2}(K+L+M)$ 代入式(7-36)得

$$LH=2\Delta=\frac{1}{2}(K^2+L^2+M^2)\sqrt{1-2\frac{K^4+L^4+M^4}{(K^2+L^2+M^2)^2}} \tag{7-37}$$

再由直角三角形$\triangle ARC$ 和$\triangle ARB$ 可得

$$\begin{cases} M^2=H^2+\left(\frac{L}{2}+G\right)^2 \\ K^2=H^2+\left(\frac{L}{2}-G\right)^2 \end{cases} \tag{7-38}$$

两式相加可得

$$M^2+K^2=2H^2+\frac{L^2}{2}+G^2 \tag{7-39}$$

即

$$H^2+\frac{3}{4}L^2+G^2=\frac{1}{2}(M^2+K^2+L^2) \tag{7-40}$$

由图 7-26 可知：

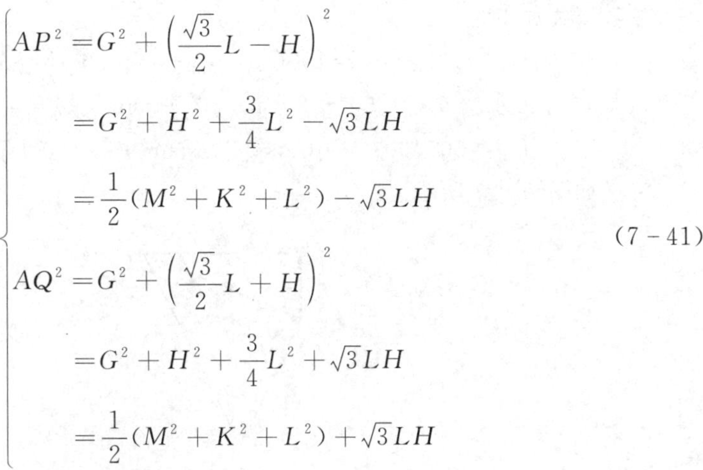

$$\begin{cases} AP^2 = G^2 + \left(\dfrac{\sqrt{3}}{2}L - H\right)^2 \\ \quad = G^2 + H^2 + \dfrac{3}{4}L^2 - \sqrt{3}LH \\ \quad = \dfrac{1}{2}(M^2 + K^2 + L^2) - \sqrt{3}LH \\ AQ^2 = G^2 + \left(\dfrac{\sqrt{3}}{2}L + H\right)^2 \\ \quad = G^2 + H^2 + \dfrac{3}{4}L^2 + \sqrt{3}LH \\ \quad = \dfrac{1}{2}(M^2 + K^2 + L^2) + \sqrt{3}LH \end{cases} \tag{7-41}$$

将式(7-39)代入式(7-41)，可得不平衡度为

$$\varepsilon_u = \frac{|K - \alpha L|}{|K - \alpha^2 L|} \times 100\% = \frac{|AP|}{|AQ|} \times 100\% = \sqrt{\frac{1 - \sqrt{3 - 6\beta}}{1 + \sqrt{3 - 6\beta}}} \times 100\% \tag{7-42}$$

式中：

$$\beta = \frac{K^4 + L^4 + M^4}{(K^2 + L^2 + M^2)^2} \tag{7-43}$$

K、L、M 分别为三相线电压有效值。

式(7-43)是国标 GB/T 15543—1995 的 B2 表达式。该公式只是在数值上计算三相电量的不平衡度，那么是否能用于有零序分量的三相系统呢？当然可以，如上推导只是用到了线电压矢量和为零，但并没有要求相电压矢量和为零：

$$\boldsymbol{U}_{a0} = \frac{1}{3}(\boldsymbol{U}_a + \boldsymbol{U}_b + \boldsymbol{U}_c) = 0 \tag{7-44}$$

无论三相系统是否存在零序分量，只要能获得不含零序分量的三相电量（如三相线电压、无中线的三相电流等），就可根据式(7-43)得到正确的不平衡度计算结果。不平衡度的公式如下：

$$\varepsilon_u = \frac{|K - \alpha L|}{|K - \alpha^2 L|} \times 100\% = \frac{|A - \alpha B|}{|A - \alpha^2 B|}$$

其中，

$$A + B + C = 0 \tag{7-45}$$

4. 实例分析——有零序的三相系统

设不对称三相相电压分别为

$$\begin{cases} U_a = \sqrt{2} \times 100\cos(\omega t + 30°) \\ U_b = \sqrt{2} \times 80\cos(\omega t - 60°) \\ U_c = \sqrt{2} \times 50\cos(\omega t + 90°) \end{cases} \tag{7-46}$$

复数形式如下：

$$\begin{cases} U_a = 100\angle 30^\circ = 100(\cos 30^\circ + \mathrm{j}\sin 30^\circ) = 86.6 + \mathrm{j}50 \\ U_b = 80\angle -60^\circ = 80(\cos 60^\circ - \mathrm{j}\sin 60^\circ) = 40 - \mathrm{j}69.3 \\ U_c = 50\angle 90^\circ = 50(\cos 90^\circ + \mathrm{j}\sin 90^\circ) = 0 + \mathrm{j}50 \end{cases} \tag{7-47}$$

矢量如图 7-27 所示。

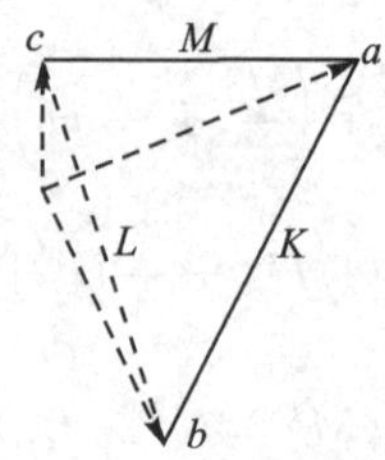

图 7-27　零序的三相系统实例中的矢量图

(1) 对称分量法

正序分量为

$$\begin{aligned} U_{a+} &= \frac{1}{3}(U_a + \alpha U_b + \alpha^2 U_c) \\ &= \frac{1}{3}\left[(86.6 + \mathrm{j}50) + \left(-\frac{1}{2} + \mathrm{j}\frac{\sqrt{3}}{2}\right)(40 - \mathrm{j}69.3) + \left(-\frac{1}{2} - \mathrm{j}\frac{\sqrt{3}}{2}\right)(0 + \mathrm{j}50)\right] \\ &= 56.6 + \mathrm{j}31.43 \end{aligned} \tag{7-48}$$

负序分量为

$$\begin{aligned} U_{a-} &= \frac{1}{3}(U_a + \alpha^2 U_b + \alpha U_c) \\ &= \frac{1}{3}\left[(86.6 + \mathrm{j}50) + \left(-\frac{1}{2} - \mathrm{j}\frac{\sqrt{3}}{2}\right)(40 - \mathrm{j}69.3) + \left(-\frac{1}{2} + \mathrm{j}\frac{\sqrt{3}}{2}\right)(0 + \mathrm{j}50)\right] \\ &= -12.2 + \mathrm{j}8.33 \end{aligned} \tag{7-49}$$

零序分量为

$$\begin{aligned} U_{a0} &= \frac{1}{3}(U_a + U_b + U_c) = \frac{1}{3}[(86.6 + \mathrm{j}50) + (40 - \mathrm{j}69.3) + (0 + \mathrm{j}50)] \\ &= 42.2 + \mathrm{j}10.23 \end{aligned} \tag{7-50}$$

说明该不对称三相相电压含有零序分量。

进一步得出不平衡度为

$$\varepsilon_u = \frac{|U_{a-}|}{|U_{a+}|} \times 100\% = \frac{|-12.2 + \mathrm{j}8.33|}{|56.6 + \mathrm{j}31.43|} \times 100\% = 22.8\% \tag{7-51}$$

(2) 解析几何法

由于该例的三相相电压含有零序分量，所以不能直接根据相电压使用式(7-43)计算不平衡度。为获取不含零序分量的三相电量，我们可以通过相电压求得三相线电压或在系统中实测出三相线电压值。

求得三相线电压有效值分别为

$$\begin{cases} K=\sqrt{A^2+B^2}=\sqrt{100^2+80^2}=128 \\ L=\sqrt{B^2+C^2+2BC\cos(180^\circ-150^\circ)} \\ \quad =\sqrt{80^2+50^2+2\times 80\times 50\times 0.866}=125.8 \\ M=A\cdot\sin 60^\circ=100\times 0.866=86.6 \end{cases} \tag{7-52}$$

再根据解析几何法公式可以得出不平衡度为

$$\varepsilon_u=\sqrt{\frac{1-\sqrt{3-6\beta}}{1+\sqrt{3-6\beta}}}\times 100\%=22.8\% \tag{7-53}$$

可以发现，在有零序分量的三相系统下，使用解析几何法得出的不平衡度结果与对称分量法结果一致。

5. 实例分析无零序的三相系统

设不对称三相相电压分别为

$$\begin{cases} U_a=\sqrt{2}\times 100\cos(\omega t+0^\circ) \\ U_b=\sqrt{2}\times 57.74\cos(\omega t-150^\circ) \\ U_c=\sqrt{2}\times 57.74\cos(\omega t+150^\circ) \end{cases} \tag{7-54}$$

复数形式如下：

$$\begin{cases} U_a=100\angle 0^\circ=100(\cos 0^\circ+\mathrm{j}\sin 0^\circ)=100 \\ U_b=57.74\angle -150^\circ=57.74(\cos 150^\circ-\mathrm{j}\sin 150^\circ)=-50-\mathrm{j}28.87 \\ U_c=57.74\angle 150^\circ=57.74(\cos 150^\circ+\mathrm{j}\sin 150^\circ)=-50+\mathrm{j}28.87 \end{cases} \tag{7-55}$$

矢量如图 7-28 所示。

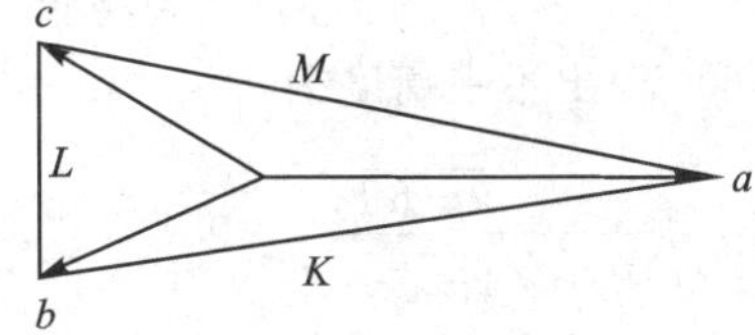

图 7-28　无零序的三相系统实例中的矢量图

(1) 对称分量法

正序分量为

$$\begin{aligned}U_{a+}&=\frac{1}{3}(U_a+\alpha U_b+\alpha^2 U_c)\\&=\frac{1}{3}\left[100+\left(-\frac{1}{2}+\mathrm{j}\frac{\sqrt{3}}{2}\right)(-50-\mathrm{j}28.87)+\left(-\frac{1}{2}-\mathrm{j}\frac{\sqrt{3}}{2}\right)(-50+\mathrm{j}28.87)\right]\\&=66.66\end{aligned} \tag{7-56}$$

负序分量为

$$\begin{aligned}U_{a-}&=\frac{1}{3}(U_a+\alpha^2 U_b+\alpha U_c)\\&=\frac{1}{3}\left[100+\left(-\frac{1}{2}-\mathrm{j}\frac{\sqrt{3}}{2}\right)(-50-\mathrm{j}28.87)+\left(-\frac{1}{2}+\mathrm{j}\frac{\sqrt{3}}{2}\right)(-50+\mathrm{j}28.87)\right]\\&=33.33\end{aligned} \tag{7-57}$$

零序分量为

$$U_{a0}=\frac{1}{3}(U_a+U_b+U_c)=\frac{1}{3}[100+(-50-\mathrm{j}28.87)+(-50+\mathrm{j}28.87)]=0 \tag{7-58}$$

说明该不对称三相相电压不含零序分量,可得出不平衡度为

$$\varepsilon_u=\frac{|U_{a-}|}{|U_{a+}|}\times 100\%=\frac{|33.33|}{|66.66|}\times 100\%=50\% \tag{7-59}$$

(2) 解析几何法

① 求得三相线电压有效值或在系统中实测,分别为

$$\begin{cases}K=\sqrt{A^2+B^2+2AB\cos(180°-150°)}\\\quad=\sqrt{100^2+57.74^2+2\times 100\times 57.74\times 0.866}=152.75\\L=B=C=57.74\\M=\sqrt{A^2+C^2+2AC\cos(180°-150°)}\\\quad=\sqrt{100^2+57.74^2+2\times 100\times 57.74\times 0.866}=152.75\end{cases} \tag{7-60}$$

根据解析几何法公式可以得出不平衡度为

$$\varepsilon_u=\sqrt{\frac{1-\sqrt{3-6\beta}}{1+\sqrt{3-6\beta}}}\times 100\%=50\% \tag{7-61}$$

② 由于该例的三相相电压已经不含零序分量,所以也可以直接根据相电压有效值计算出不平衡度:

$$\varepsilon_u=\sqrt{\frac{1-\sqrt{3-6\beta}}{1+\sqrt{3-6\beta}}}\times 100\%=50\% \tag{7-62}$$

可见,使用解析几何法得出的无零序分量的三相电压不平衡度结果与对称分量

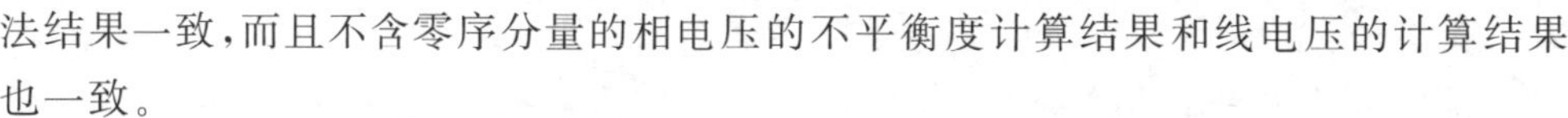

法结果一致，而且不含零序分量的相电压的不平衡度计算结果和线电压的计算结果也一致。

7.5　逆变器输出性能指标

7.5.1　常见测试指标

1. 谐波的定义及测试方法

对周期性非正弦电量进行傅里叶级数分解时，除了得到与电网基波频率相同的分量，还得到一系列大于电网基波频率的分量，这部分电量称为谐波。谐波频率与基波频率的比值($n=f_n/f_1$)称为谐波次数。电网中有时也存在非整数倍谐波，称为非谐波(Non-harmonics)或分数谐波。谐波实际上是一种干扰量，"污染"电网。

使用下式计算信号的 THD：

$$\mathrm{THD}=\sqrt{\frac{1}{A_1^2}(A_2^2+A_3^2+A_4^2+A_5^2+A_6^2+A_7^2+\cdots)} \tag{7-63}$$

式中：A_1 是基波的幅值；A_2、A_3、A_4、A_5、…分别是二、三、四、五、…次谐波的幅值。选取不同数量的谐波分量可以计算出对应的 THD 值。

采用 WAVESTAR 软件进行分析可以得到完整谐波分析数据，图 7-29 为分析得出的柱形图，从图中可以针对各次谐波异常的状况采取相应的对策进行改善。

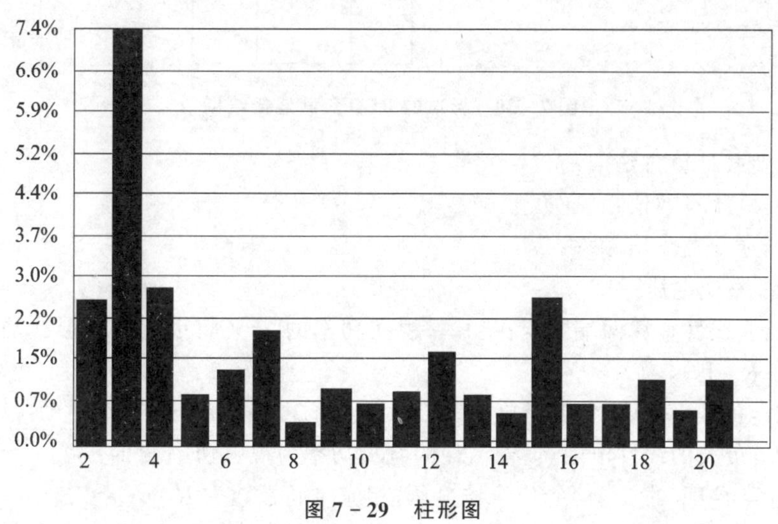

图 7-29　柱形图

2. 波峰因数定义及测试方法

波峰因数定义为交流信号峰值与有效值之比(峰均比)，典型的波峰因数是：

➢ 正弦波：1.414；

- 方波：1；
- 25%的占空比的脉冲：2。

波峰因数(CREST FACTOR)的概念在 UPS 行业用来衡量 UPS 带非线性负载的能力，对线性负载而言，正弦波电流峰值 I_{peak} 与均方根值 I_{rms} 之比为 1.414∶1；对非线性负载而言，波峰因数则被认定为，在相同的有功功率条件下，非线性负载的电流峰值与非线性负载电流均方根值之比。

计算参考公式为

$$\Gamma_{\text{Crest-factor}} = \frac{I_{peak}}{I_{rms}} \tag{8-64}$$

3. RCD 标准负载及测试方法

在 EN50091 标准中，标准的 RCD 负载连接结构如图 7－30 所示。单相稳态基准的非线性负载可以由整流桥、电容器和可变电阻器构成。电阻 R_s 可以在整流桥的交流侧也可以在直流侧。

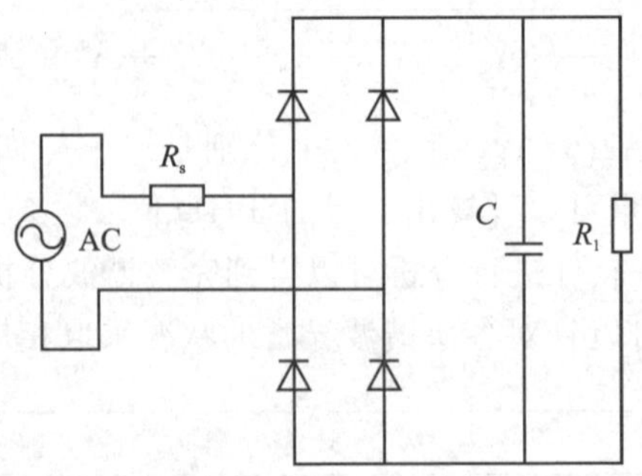

图 7－30　标准的 RCD 负载连接结构

(1) 负载计算方法

- U：电压有效值；
- F：逆变器输出频率；
- U_c：整流电压；
- S：非线性负载两端的视在功率，视在功率的 70%将以有功的形式消耗在 R_1 和 R_s 上；
- R_1：负载电阻，设定其消耗有功功率为总的视在功率 S 的 66%；
- R_s：负载的线性电阻，设定消耗的有功功率为视在功率 S 的 4%；
- 电容器 U_c 的 5%峰峰值纹波电压，相应时间常数为 $R_1 \cdot C = 7.5/f$；
- 根据峰值电压、电网电压畸变、电网电缆压降和整流电压的纹波，整流电压平均值 U_c 可以表示为 $U_c = \sqrt{2} \times 0.92 \times 0.96 \times 0.975 \times U = 1.22U$。

假设二极管桥的电压降忽略不计，电阻 R_s、R_1 和电容 C(单位：F)的值按下式计算：

$$\begin{cases} R_s = 0.04 \times U^2/S \\ R_1 = U_c^2/(0.66 \times S) \\ C = 7.5/(f \times R_1) = 0.15/R_1 \end{cases} \tag{7-65}$$

(2) 实验方法

- 额定输出电压下，将基准非线性负载实验电路接至交流输入电源；
- 为实验负载供电时，交流输入电源阻抗引起的交流输入波形畸变应不大于8%(IEC 61000-2-2的要求)；
- 调节电阻 R_1 直至逆变输出视在功率 S 等于额定值；
- 电阻 R_1 调整后，将基准非线性负载加至逆变设备的输出，此后不再调整。

4. 功率因素定义及测试方法

UPS有两个功率因数：输入功率因数和输出功率因数。

- 输入功率因数表示UPS对电网有功功率吸收的能力及对电网影响的程度；
- 输出功率因数表示UPS对非线性负载的适应能力。

输入功率因数的提高对输入电网有利，因为它减小了对电网的干扰。输入PF的定义公式如下：

$$\mathrm{PF} = \frac{P}{S} = \frac{V_1 I_1 \cos\phi}{V_1 I_{\mathrm{rms}}} = \frac{I_1}{I_{\mathrm{rms}}} \times \cos\phi = \gamma \cdot \cos\phi \tag{7-66}$$

式中：I_1 表示输入基波电流有效值；I_{rms} 表示输入电流有效值；γ 表示电流的失真系数；$\cos\phi$ 表示基波电压与基波电流之间的相移因数。

UPS的输出功率因数表示适应不同性质负载的能力，而不单是提供有功功率的百分比。UPS输出功率因数为0.8的含义是：当负载功率因数为0.8时，就可以获得100%的UPS额定功率；当负载功率因数为0.6时，上述UPS的输出功率就会大打折扣。

在《GB 7260—87 不间断电源设备》标准中，对“负载功率因数”定义为理想正弦波电压情况下，有功功率对视在功率之比。在之后的技术要求中规定，在正弦波条件下，负载功率因数为0.7～0.9(滞后)，额定为0.9。1993年，《GB/T 14715—93 信息技术设备用不间断电源通用技术条件》标准中也提出了负载功率因数的概念，并在术语部分做出与1987年标准相同的解释。但在之后的技术要求中，负载功率因数的指标定为0.8。

5. 暂态响应定义及测试方法

暂态响应的定义：负载突加或突卸后，电压过零点第一个周期内的有效值与之前一个周期有效值的比值，如图7-31和图7-32所示。

暂态响应测量时必须注意测量母线电压及输出电流的变化。

加载后暂态响应计算公式如下：

$$\tau = \frac{V_{\text{加载后一个周期}}}{V_{\text{加载前一个周期}}} \times 100\% \qquad (7-67)$$

卸载后暂态响应计算公式如下：

$$\tau = \frac{V_{\text{卸载后一个周期}}}{V_{\text{卸载前一个周期}}} \times 100\% \qquad (7-68)$$

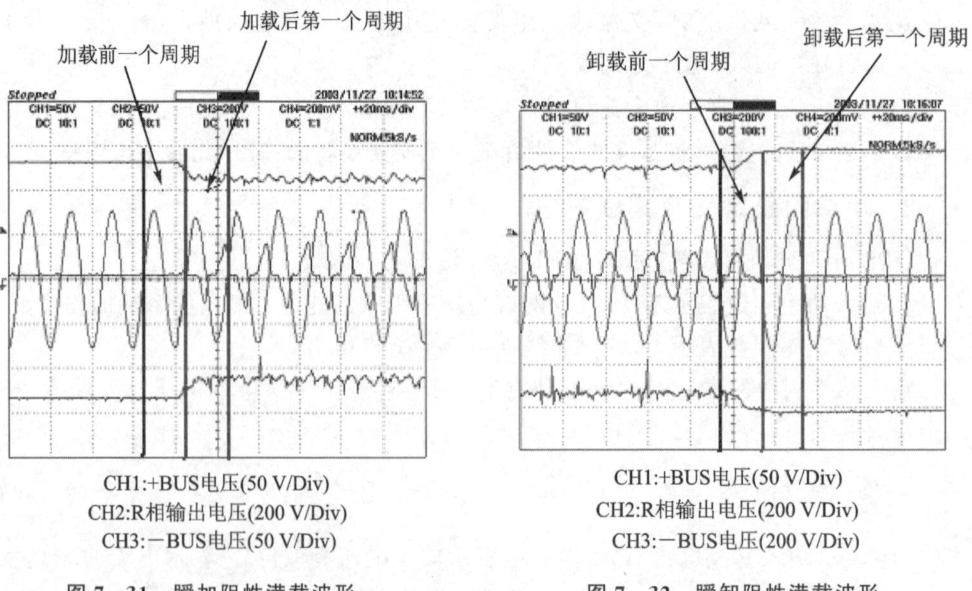

图 7-31　瞬加阻性满载波形

图 7-32　瞬卸阻性满载波形

6. 整机规格标签的定义及测试方法

整机规格标签表示整机的工作性能，应该包括带载能力、充电能力等，建议标识的信息参考下式进行计算：

$$\begin{cases} I_{\text{out}} = \dfrac{P_{\text{整机输出功率}}}{V_{\text{out}}} \\ I_{\text{in}} = \dfrac{P_{\text{整机输出功率}}}{\eta_{\text{整机效率}} \times V_{\text{in-normal}}} + I_{\text{chgr}} \end{cases} \qquad (7-69)$$

7.5.2　测试内容及指标

本小节主要讨论在线式 UPS 测试内容的含义及相关指标，依据的标准有 IEC 62040-3—1999、GB/T 7260.3—2003、YD/T 1095—2008、GB/T 15543—1995。

逆变器输出性能测试的主要内容包含输出稳压精度测试、输出电压不平衡度测试、输出电压 THDu 测试、输出直流分量测试、频率本振精度测试、输出三相相位差测试、输出动态响应及恢复时间测试、逆变跟踪旁路能力和频率跟踪速率、逆变与旁路的相位差测试、逆变过载能力和过载逻辑测试、并机系统空载环流、并机均流度。

1. 输出稳压精度测试

输出稳压精度是衡量 UPS 输出电压稳定度的指标，受 UPS 直流母线电压、输出负载、环境温度、并机均流和负载功率因数的影响。测试电路如图 7-33 所示。

YD/T 1095 标准如表 7-6 所列。

表 7-6　输出稳压精度 YD/T 1095 标准

编　号	项　目	技术要求		
		Ⅰ	Ⅱ	Ⅲ
7	输出电压稳压精度	±1%	±2%	±3%

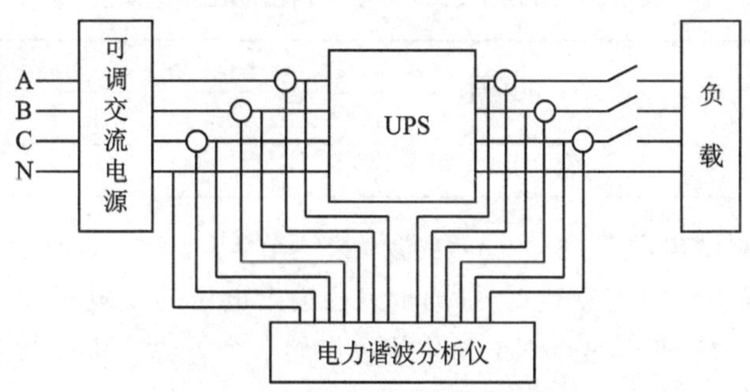

图 7-33　输出稳压精度测试电路

YD/T 2165 标准如表 7-7 所列。

表 7-7　输出稳压精度 YD/T 2165 标准

编　号	项　目	技术要求	
		Ⅰ	Ⅱ
6	输出稳压精度	≤±1%	±2%

测试步骤：测试电路如图 7-33 所示，调节 UPS 输出电压至下限值，输出接额定阻性负载，用电力谐波分析仪或电压表测量 UPS 输出电压 U_a。调节 UPS 输入电压表至上限值，输出空载，用电力谐波分析仪或电压表测量 UPS 输出电压 U_b。输出电压稳定度如下：

$$S_1 = \frac{U_a - U_0}{U_0} \times 100\% \tag{7-70}$$

$$S_2 = \frac{U_b - U_0}{U_0} \times 100\% \tag{7-71}$$

式中：U_0 为 UPS 系统输出额定电压。

2. 输出电压不平衡度测试

输出电压不平衡度指三相输出电压的不平衡程度，用输出电压的负序分量与正序分量的方均根值的百分比表示。

影响因素:UPS 直流母线电压、输出负载、并机均流与负载功率因素。

YD/T 1095 标准如表 7-8 所列。

表 7-8 YD/T 1095 标准下输出电压不平衡度

编 号	项 目	技术要求		
		Ⅰ	Ⅱ	Ⅲ
10	输出电压不平衡度	≤5%		

YD/T 2165 标准如表 7-9 所列。

表 7-9 YD/T 2165 标准下输出电压不平衡度

编 号	项 目	技术要求	
		Ⅰ	Ⅱ
10	三相电压不平衡度	≤3%	

平衡负载:测试电路如图 7-34(a)所示,调节 UPS 输入电压及频率为额定值,UPS 输出接平衡阻性额定负载,分别测量三相输出电压的线电压 U_{AB}、U_{BC}、U_{CA}。如图 7-34(b)所示,O 和 P 是以 CA 为公共边作的 2 个等边三角形的 2 个顶点。电压不平衡度的计算公式如下:

$$Y_v = \frac{OB}{PB} = \frac{U_n}{U_p}\% \tag{7-72}$$

式中:Y_v 为电压不平衡度;U_p 为电压的正序分量,单位为 V;U_n 为电压的负序分量,单位为 V。

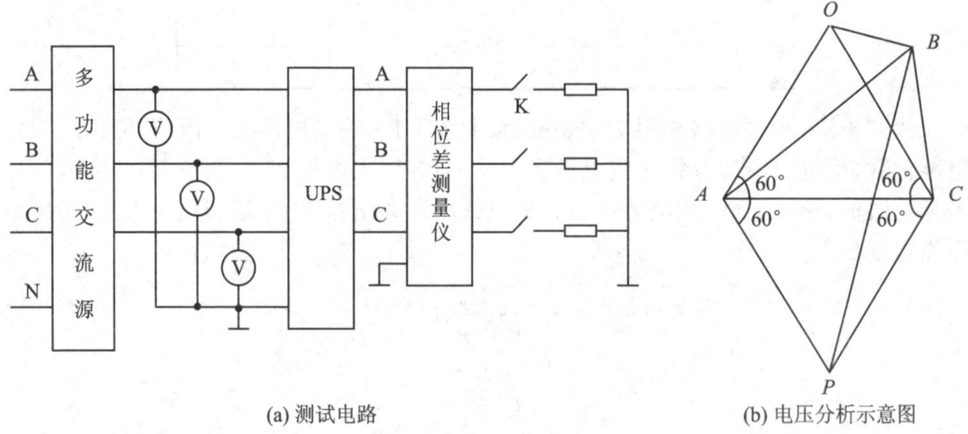

(a) 测试电路

(b) 电压分析示意图

图 7-34 不平衡度测试电路及电压分析示意图

100%不平衡负载:测试电路如图 7-34(a)所示。调节 UPS 系统输入电压及频率

为额定值，使 UPS 系统三相输出中的任意一相按额定线性负载。其他两项均为空载，分别测量 UPS 系统输出线电压，由图 7-34(b)及式(7-72)计算输出电压不平衡度。

3. 输出电压 THD 测试

① 输出电压 THD 是衡量电压正弦度的指标。

② 影响因素：母线电压、输出负载、并机均流度以及负载功率因素对并机输出电压 THD 的影响。

③ 部分系列 UPS 对阻性过载下的输出 THD 和输出电压各次谐波(IEC 1000-2-2)有要求。

④ 测试仪器测量最高谐波次数不超过 40 次。

YD/T 1095 标准如表 7-10 所列。

表 7-10　YD/T 1095 标准下输出电压 THDu

编　号	项　目	技术要求			说　明
		Ⅰ	Ⅱ	Ⅲ	
9	输出波形失真度	≤2%	≤3%	≤5%	阻性负载
		≤4%	≤6%	≤8%	非线性负载

YD/T 2165 标准如表 7-11 所列。

表 7-11　YD/T 2165 标准下输出电压 THDu

编　号	项　目	技术要求		说　明
		Ⅰ	Ⅱ	
9	输出波形失真度	≤2%	≤3%	阻性负载
		≤4%	≤6%	非线性负载

测试电路如图 7-34(a)所示，输入电压波形失真度应≤5%，输出分别接额定阻性负载与非线性负载，用电力谐波分析仪分别测量 UPS 在正常工作和电池逆变工作方式时的输出波形失真度。

4. 输出直流分量测试

- UPS 逆变供电时，其输出的直流分量应小于规定值。
- UPS 输出接时间常数为 10 s 的低通滤波器，用万用表的直流电压挡测量滤波输出，测量值为 UPS 输出电压的直流分量。
- IEC 标准规定：输出电压的 10 s 平均值应小于方均根值的 0.1%。

5. 频率本振精度测试

当旁路频率在可跟踪范围之外时，逆变器输出频率不再跟踪旁路频率，而是进行本振。输出频率本振精度是衡量 UPS 输出本振频率稳定度的指标。

影响因素:负载类型。

YD/T 1095 标准如表 7-12 所列。

表 7-12 YD/T 1095 标准下频率本振精度

编 号	项 目	技术要求		
		Ⅰ	Ⅱ	Ⅲ
8	输出频率	(50±0.5)Hz		

YD/T 2165 标准如表 7-13 所列。

表 7-13 YD/T 2165 标准下频率本振精度

编 号	项 目	技术要求	
		Ⅰ	Ⅱ
7	输出频率	(50±0.5)Hz	

UPS 在电池逆变的工作方式下输出接额定阻性负载,用电力谐波分析仪测量输出频率值。

6. 输出三相相位差测试

输出三相相位差是衡量 UPS 输出三相电压相位差精度大小的指标。UPS 在正常模式和电池逆变工作时,三相输出基波的相位差应小于规定值。

YD/T 1095 标准如表 7-14 所列。

表 7-14 YD/T 1095 标准下输出三相相位差

编 号	项 目	技术要求		
		Ⅰ	Ⅱ	Ⅲ
13	输出电压相位偏差	≤2°		

YD/T 2165 标准如表 7-15 所列。

表 7-15 YD/T 2165 标准下输出三相相位差

编 号	项 目	技术要求	
		Ⅰ	Ⅱ
13	三相电压相位偏差	≤2°	

在正常工作方式和电池逆变工作方式下,UPS 的三相输出接平衡额定阻性负载,用相位差计测量输出三相电压的相位差。

7. 动态响应及恢复时间测试

突加/突卸阻性负载后,UPS 的切换都会在一定程度上影响输出电压值,该指标衡量 UPS 输出电压瞬态调节能力。

影响因素:负载类型、母线电压、并机均流。

YD/T 1095标准如表7-16所列。

表7-16 YD/T 1095标准下动态响应及恢复时间

编 号	项 目	技术要求		
		Ⅰ	Ⅱ	Ⅲ
11	动态电压瞬变范围	±5%		
12	电压瞬变恢复时间	≤20 ms	≤40 ms	≤60 ms

YD/T 2165标准如表7-17所列。

表7-17 YD/T 2165标准下动态响应及恢复时间

编 号	项 目	技术要求	
		Ⅰ	Ⅱ
11	电压动态瞬变范围	≤5%	
12	电压瞬变恢复时间	60 ms	

1）动态电压瞬变范围的考核

UPS在正常工作方式时,输出接阻性负载,用断路器或接触器使输出电流从零突加至额定值,再由额定值突减至零。用示波器分别测量两次电流突变时输出电压的瞬变值。

2）电压瞬变恢复时间

在正常工作方式及电池逆变方式时,输出接线性负载,用断路器或接触器使输出电流由零突加至额定值,再由额定值突减至零。用示波器分别测量两次电流突变时输出电压恢复到220×(1±0.03)V范围内所经过的时间。

8. 逆变跟踪旁路能力和频率跟踪速率

逆变跟踪旁路能力指旁路超出可跟踪范围时,逆变电压和旁路电压不同步;当旁路在可跟踪范围之内时,逆变电压应和旁路电压同步。频率跟踪速率指当旁路频率在可跟踪范围内波动时,逆变器输出仍能以一定的速率进行跟踪。

① YD/T 1095标准如表7-18所列。

表7-18 YD/T 1095标准下逆变跟踪旁路能力和频率跟踪速率

编 号	项 目	技术要求		
		Ⅰ	Ⅱ	Ⅲ
5	频率跟踪范围	50×(1±0.04)Hz可调		
6	频率跟踪速率	0.5~2 Hz/s		

- 频率跟踪范围:UPS 输出接额定阻性负载,调节 UPS 的输入频率,以 50 Hz 为基准正向、负向变化,直至 UPS 输出频率不再跟踪输入频率变化。
- 频率跟踪速率:输入频率从跟踪范围下限至上限突变时,输入频率突变范围与输出频率跟踪至输入频率上限所用时间的比值(Hz/s)。

② YD/T 2165 标准如表 7-19 所列。

表 7-19 YD/T 2165 标准下逆变跟踪旁路能力和频率跟踪速率

编 号	项 目	技术要求	
		Ⅰ	Ⅱ
8	频率跟踪速率	0.2～2 Hz/s	

频率跟踪速率:输入频率从跟踪频率范围下限至上限突变时,输入频率突变范围与输出频率跟踪至输入上限所用时间(Hz/s)。

9. 逆变与旁路的相位差测试

当旁路在可跟踪范围内,逆变跟踪旁路时,逆变不一定和旁路完全同相位,可能存在一定的相位差;该相位差应该在规格设计的范围之内,以免系统在逆变与旁路之间切换时产生大的环流。若规格书没有定义此项指标,则可以不做本项测试。

10. 逆变过载能力和过载逻辑测试

逆变器在输出过载的情况下能够在一定时间内继续工作,超出时间则应发出声光告警,超过过载能力时切换到旁路供电。

① YD/T 1095 标准如表 7-20 所列。

表 7-20 YD/T 1095 标准下逆变过载能力和过载逻辑

编 号	项 目	技术要求		
		Ⅰ	Ⅱ	Ⅲ
19	过载能力(125%)	≥10 min	≥1 min	≥30 s

UPS 输入电压、频率为额定值,输出接阻性负载,调节输出电流,将输出功率增加到额定有功功率的 125%时,用计时器记录 UPS 能正常工作的时间。

② YD/T 2165 标准如表 7-21 所列。

表 7-21 YD/T 2165 标准下逆变过载能力和过载逻辑

编 号	项 目	技术要求	
		Ⅰ	Ⅱ
19	功率模块过载能力(125%)	≥10 min	≥1 min

UPS 系统输入电压、频率为额定值，输出接线性负载，调节输出电流，将输出功率增加到功率模块额定功率的 125%时，输出电压应在稳压精度范围内，用计时器记录系统能正常工作的时间。

11. 并机系统空载环流

空载环流是衡量并机系统在空载下，各单机输出电流均流度的指标。

影响因素：单机母线电压、逆变跟踪方式。

YD/T 2165 标准如表 7－22 所列。

表 7－22　YD/T 2165 标准下并机系统空载环流

编　号	项　目		技术要求	
			Ⅰ	Ⅱ
22	空载环流度	模块每相额定输出＜4 kV·A	≤10%	
		模块每相额定输出≥4 kV·A	≤5%	

UPS 系统空载时，测量单机输出端的电流。

12. 并机负载电流不均流度

并机均流度是衡量并机系统 UPS 之间负载均分程度的指标。

影响因素：单机母线电压、主从机逆变跟踪方式、负载类型。

YD/T 1095 标准如表 7－23 所列。

表 7－23　YD/T 1095 标准下并机负载电流不均流度

编　号	项　目	技术要求			说　明
		Ⅰ	Ⅱ	Ⅲ	
21	并机负载电流不均衡度	≤5%			对有并机功能的 UPS

将两台或两台以上同型号同容量并机功能的 UPS，按生产厂商的技术要求将 UPS 的输出端并联，并联后的输出功率为总额定功率的 95%。

同时测量每台 UPS 的输出电流，输出电流不均衡度计算公式如下：

$$Y_1 = \left| \frac{\dfrac{I_m - I_o}{n}}{\dfrac{I_o}{n}} \right| \tag{7-73}$$

式中：Y_1 为负载电流不均衡度（取最大值）；I_m 为并联系统中单台输出最大与最小电流；I_o 为输出总电流；n 为并机台数。

YD/T 2165 标准如表 7－24 所列。

表 7-24　YD/T 2165 标准下并机负载电流不均流度

编　号	项　目		技术要求	
			Ⅰ	Ⅱ
20	输出电流不均衡度	模块每相额定输出<4 kV·A	≥10%	
		模块每相额定输出≥4 kV·A	≥5%	

UPS 系统输入额定电压，输出分别接 50%、100%额定线性负载，分别测量输出电流。对于分散旁路的系统，在旁路工作状态下测量模块旁路电流。电流不均衡按如下公式计算：

$$Y_1 = \left| \frac{\dfrac{I_m - I_o}{n}}{\dfrac{I_o}{n}} \right| \tag{7-74}$$

式中：Y_1 为输出电流不均衡度(取最大值)；I_m 为输出最大与最小电流；I_o 为模块输出额定电流；n 为功率模块数量。

参考文献

[1] John A Camara. Electrical Engineering Practice Problems for the Power, Electrical/Electronics, and Computer PE Exams [M]. 8 ed. Professional Publications,2009.

[2] Luo FangLin, Ye Hong. Advanced DC/AC Inverters: Applications in Renewable Energy: Power Electronics, Electrical Engineering, Energy, and Nanotechnology[M]. CRC Press, 2017.

[3] Pai M A, Sen Gupta D P. Small Signal Analysis of Power Systems[M]. Alpha Science International Ltd,2016.

[4] TMS320C28x Extended Instruction Sets Technical Reference Manual. 2015.

[5] 马骏杰. 嵌入式DSP的原理与应用：基于TMS320F28335[M]. 北京：北京航空航天大学出版社,2016.

[6] 马骏杰. DSP原理与应用：基于TMS320F28075[M]. 北京：北京航空航天大学出版社,2017.

[7] 阮新波,王学华,潘冬华,等. LCL型并网逆变器的控制技术[M]. 北京：科学出版社,2015.

[8] 谢少军. 非隔离光伏并网逆变器及其控制技术[M]. 北京：科学出版社,2017.

[9] 艾瑞克·孟麦森. 电力电子变换器:PWM策略与电流控制技术[M]. 冬雷,译. 北京：机械工业版社,2016.